"十二五"普通高等教育本科国家级规划教材

# 走进电世界

## ——电气工程与自动化（专业）概论

### （第二版）

主编　孙元章　李裕能

编写　胡　钋　樊亚东

主审　潘　垣

中国电力出版社

CHINA ELECTRIC POWER PRESS

## 内 容 提 要

本书为"十二五"普通高等教育本科国家级规划教材。

全书共分 11 章，比较详尽地介绍了电气工程的基础知识及其在国民经济中的地位和作用，电力工业的特点，国内外电力工业发展的差距，电力系统及其组成，高电压与绝缘技术的基本任务及其特点，电力电子技术及其应用前景，我国电力通信系统的现状与未来，自动化控制系统的组成和类型，建筑电气与智能楼宇等专业基本知识。全书内容丰富、资料翔实，对专业的演化脉络描述得比较清晰，对专业领域进行了全景式的介绍，展示了电气工程专业的应用前景。

本书可作为高等院校电气工程与自动化专业的本科教材，也可作为高职高专和函授的相关教材，同时可作为对电类专业知识感兴趣的读者的参考用书。

**图书在版编目（CIP）数据**

走进电世界：电气工程与自动化（专业）概论/孙元章，李裕能主编．—2 版. —北京：中国电力出版社，2015.8（2023.6 重印）

"十二五"普通高等教育本科国家级规划教材

ISBN 978-7-5123-7840-7

Ⅰ. ①走… Ⅱ. ①孙…②李… Ⅲ. ①电气工程-高等学校-教材②自动化技术-高等学校-教材 Ⅳ. ①TM②TP2

中国版本图书馆 CIP 数据核字（2015）第 166035 号

中国电力出版社出版、发行

（北京市东城区北京站西街 19 号 100005 http：//www.cepp.sgcc.com.cn）

三河市万龙印装有限公司印刷

各地新华书店经售

\*

2009 年 8 月第一版

2015 年 8 月第二版 2023 年 6 月北京第二十一次印刷

787 毫米×1092 毫米 16 开本 19 印张 460 千字

定价 **50.00** 元

**版 权 专 有 侵 权 必 究**

本书如有印装质量问题，我社营销中心负责退换

# 序

　　电气工程专业是一门历史悠久的专业。19 世纪上半叶安培发现电流的磁效应、法拉第发现电磁感应定律，19 世纪下半叶麦克斯韦创立的电磁理论为电气工程奠定了基础。19 世纪末到 20 世纪初，西方国家的大学陆续设置了电气工程专业来传播、应用、发展与电气工程相关的知识。1908 年，交通大学前身——南洋大学堂设置了电机专修科，这是我国大学最早的电气工程专业，至今已超过一个世纪。经过一百多年的不断发展，电气工程专业已逐步发展成为一个新兴的电气工程学科。至今，电气工程学科已形成为学科覆盖面广、学科理论体系完善、工程实践成功、应用领域宽广的一门独立学科。它给人类社会的许多方面带来了巨大而深刻的影响。近一百年来，电气工程专业在我国高等教育中一直占据着十分重要的地位，为国家培养了大批的科技、管理人才，他们为我国电气工程的建设及其他领域的工作作出了巨大的贡献。

　　从广义上讲，电气工程学科涵盖的主要内容是研究电磁现象的规律及应用有关的基础科学、技术科学及工程技术的综合。它包括电磁形式的能量及其相关信息的产生、传输、控制、处理、测量与相关的系统运行，设备制造等多方面的内容。电气工程学科所依据的基本原理大都是由物理学、数学等纯科学中提取出来的。依据其基本原理，结合技术、工艺、经济等各方面的条件，研究可供应用的电气工程技术，制造出适应各种需要的电气工程产品。与电气工程技术直接有关的部门已形成庞大的工业体系，有关的理论也有许多分支。在 19 世纪末，电工技术已形成了电力和电信两大分支；进入 20 世纪以后，电工技术的发展更为迅速，应用电磁现象的技术门类日益增多，已发展和形成了许多独立的学科，如无线电技术、电子技术、自动控制技术、计算机技术等，构成了一个庞大的电气信息学科群。

　　本书比较详尽地介绍了电气工程的基础知识及其在国民经济中的地位和作用，电力工业的特点，国内外电力工业发展的差距，电力系统及其组成，高电压与绝缘技术的基本任务及特点，电力电子技术及其应用前景，我国电力通信系统的现状与未来，自动化控制系统的组成和类型，建筑电气与智能楼宇等专业基本知识。全书内容丰富、资料翔实，对专业的演化脉络描述得比较清晰，对专业领域进行了全景式的介绍，展示了电气工程专业的应用前景。

要培养知识广博、具有创新意识和实践能力的高素质人才，本科教育是关键，而其基础则是通识教育。在当今信息技术日益进步、高新科技迅猛发展的时代，通识教育的范畴也相应地得到了拓宽。因此，在教学过程中应避免专业划分过细、知识结构单一、素质教育薄弱等缺点，而需要更加注重通识教育的整合性、目的性和确定性，加强基础知识的学习和创新能力的提升，本书在这方面展示了非常鲜明的特点，例如，它知识涵盖面广，包含了众多专业的基本情况介绍，贯串了"加强基础、淡化专业"的人才培养宗旨，因而非常适合广大高三学生及刚入大学的新生阅读。

本书以科普的视角对相关专业概貌作了系统性的描述。因此我深信，通过浏览或学习本书，广大学生和普通读者一定会对电气工程与自动化专业的人才培养目标、教学计划、课程体系和学习方法建立更加全面的认识，对拟从事专业的发展历程，现实状况以及演变趋势有更多的了解，有效地拓宽专业视野，全面提高综合素质，适应终身学习和职业流动的现代化潮流。通过对电气工程与自动化发展现状以及面临的一些机遇与挑战的了解，青年读者可以"因地制宜"，选择比较感兴趣或擅长的方向重点学习，有效地贯彻了"因材施教，分流培养"的教学改革方针，十分有利于人才的脱颖而出和茁壮成长。

本书内容取材广泛，注重知识结构的系统性、完整性和内容的启发性，文字表述深入浅出，不涉及深入的专业知识和数学公式，简明易懂，图文并茂，讲述技术领域及其应用内容面较宽，考虑到了电气工程学科本身的科学性与系统性；本书编写体系合理，内容组织方法新颖，着力拓宽学生知识面。在写作手法上采用了历史与当代并举而以介绍现代科技进展为重点的方法，体现了人文精神和科学技术的有机交融，打破了一般这类教材在写作手法上的局限性，因而是一本难得的好书。

潘垣

2009 年 7 月

# 前言

本书自 2009 年 8 月出版以来，已历经 8 次印刷，可见其颇受读者的欢迎。当 2012 年 9 月本书入选教育部首批"十二五"普通高等教育本科国家级规划教材后，就开始筹备出第二版了。作为一部电气工程与自动化（专业）概论的教材，其内容理所当然应反映出近几年来电气学科领域的新发展。为此，在第一版的基础之上，第二版新增了近几年在电工理论中对记忆电阻器研究所取得的新成果；还新增了电气工程与自动化技术领域的无线电能传输、智能电网、现代电力电子技术在智能电网中的应用、电力系统通信等新技术。

在第 3 章中增加了记忆电阻器的研究内容。记忆电阻器是一种可以记忆自身历史的元件，即使在电源被关闭的情况下仍具备这一功能。记忆电阻器可以使电脑在电池电量耗尽后很长时间仍能保存信息。这项发现将有可能用来为制造非易失性存储设备、更高能效的计算机等铺平了道路，将对电子科学与信息技术的发展产生重大的影响。

第 4 章中补充了无线电能传输的内容。现在已经问世的无线电能传输有以下四种。第一种是电磁感应无线电能传输方式。该方式是利用电磁感应原理传输电能，它传输功率大，效率高，目前已应用在轨道交通方面。第二种是直接应用了电磁波能量可以通过天线发送和接收的原理。由于传输功率太小，其应用范围不大。第三种是谐振耦合电能无线传输方式。该方式利用了电路中的电感与电容产生谐振的原理来传输电能，理论上电能的传输功率、传输距离不受限制。第四种是电场式传输技术。该技术传输距离较远，功率较大，且能够克服电磁干扰和金属障碍物造成的能量传输阻断。

第 6 章中增加了智能电网的内容。所谓智能电网，就是以物理电网为基础，将现代先进的传感测量技术、通信技术、信息技术、计算机技术、电力电子技术、设备制造技术、控制技术等与物理电网高度集成而形成的新型电网。它以充分满足用户对电力的需求和优化资源配置、确保电力供应的安全性、可靠性和经济性；满足环保约束、保证电能质量、适应电力市场化发展为目的，实现对用户可靠、经济、清洁、互动的电力供应和增值服务。

在第 8 章中新增了智能电网中的电力电子技术内容。现代电力电子技术是以功率处理为对象，以实现高效率和高品质用电为目标，通过采用电力半导体器件，并综合自动控制、计算机技术和电磁技术，实现电能的获取、传输、变换和利用。在智能电网的设计框架中，电力电子技术无疑是一大关键支撑技术，它可以强化、优化电网，保障大电网安全稳定，促进可再生能源的有效利用，改善电网电能质量。

这次还对第一版教材的第 9 章第五节与第六节的内容，进行了重新修订。对于我国电力通信事业而言，它主要经历了五个发展阶段，即从同轴电缆到光纤传输、从纵横模式到程控模式的交换机制转变、从硬件到软件的技术转变、从定点通信到移动通信、从模拟网到数字通信网等。伴随着信息技术的发展，电力通信新技术也日新月异，它在一定程度上推动了电力事业的进步。经过多年实践，不管是发电设备的装机容量与发电量，还是电网的规模，我国电力通信都领先于世界。

参加本版修订工作的有孙元章、李裕能、胡钋和樊亚东等教授。这次的修订内容经潘垣院士仔细审阅，谨表示衷心感谢。

书中内容的不足与错误，恳请读者予以指正，以便改进。

联系地址：湖北省武汉市武汉大学电气工程学院。

编 者

2015 年 5 月

为贯彻落实教育部《关于进一步加强高等学校本科教学工作的若干意见》和《教育部关于以就业为导向深化高等职业教育改革的若干意见》的精神，加强教材建设，确保教材质量，中国电力教育协会组织制订了普通高等教育"十一五"教材规划。该规划强调适应不同层次、不同类型院校，满足学科发展和人才培养的需求，坚持专业基础课教材与教学急需的专业教材并重、新编与修订相结合。本书为新编教材。

电气工程专业大学新生在其入学后的初始学习阶段所遇到的主要问题，是对自己将要学习的专业知之甚少。在一、二年级基本上都是学习基础课程和专业基础课程，如高等数学、大学物理、电路理论、电磁场理论等，这些课程几乎都是理论分析与理论推导，学生在对专业毫无了解的情况下，学习起来感到十分盲目，缺乏兴趣。直到三、四年级学习专业课程时，才发现基础理论课程的重要性，但为时已晚。编者经过多年的教学改革研究后，认为有必要对一年级新生开设一门专业介绍课程《走进电世界——电气工程与自动化（专业）概论》。通过本课程的学习，学生会全面、系统地了解所要学习的专业，包括电气工程与自动化专业的人才培养目标及教学计划、电气工程与自动化专业的课程体系与学习方法等；其次是对自己将要从事的专业有全面的认识，特别是电气工程与自动化专业的历史发展沿革、电气工程与自动化专业的设置方向、电气工程与自动化专业的发展趋势等。这样非常有利于学生尽早了解与认识自己所学的专业，以便提前制定比较完善的大学学习规划。

开设本课程的另一目标，就是希望对刚入学的新生在他们的科学与工程技术研究与探索学习的处女航，即在他们入学后的第一门课程中，通过对电气科学技术艰难发展与复杂演化的漫长历程以及科学家在其中所经历的失败、突破与成功的介绍，着重引导学生深切感受前辈科学家们实事求是的科学态度，认真学习他们勇于探索的理性怀疑思想，大力弘扬他们无畏攀登的科学献身精神。这种教学内容与方法对于促进学生创新意识的早期建立会起到其他课程所无法替代的作用。

因此，本课程旨在培养大学生对科学的崇尚与追求精神、勇于创新的综合素质，特别是在市场经济的大潮中的正确价值观走向、科学与人文思维的交互方式，专业基本知识面的扩大等方面无疑都是大有好处的，它构成了现代大学工科多元创新与多层面教育中必不可少的头一个重要组成部分。

本书编写大纲由孙元章教授主持制定，内容共分11章。其中，第5、6章由孙元章教授编写；第1~3章由李裕能教授编写；第4、8、9章由胡钋教授编写；第7、10、11章由樊亚东副教授编写。

全书由潘垣院士精心审阅并提出了许多宝贵的建议，谨在此表示衷心感谢。

限于编者的水平，书中恐有所差错，敬请广大读者批评指正。

编　者

2009 年 7 月

# 目 录

# 1

# 电气工程与高等教育

教育要面向现代化，面向世界，面向未来。

——邓小平

## 1.1 电气工程学科

### 1.1.1 术语简介

刚进入大学的学生，会遇到关于学科、专业等方面的一些新名词、新概念。为了便于学生更好地了解自己的学科专业，以下简要地介绍一些相关的名词与术语。

（1）科学。科学（Science）是运用范畴、定理、定律等思维形式反映现实世界各种现象的本质和规律的知识体系，是社会意识形态之一。按研究对象的不同，科学可分为自然科学、社会科学和思维科学，以及总结和贯穿于三个领域的哲学和数学。

自然科学又分为基础科学和技术科学。基础科学包括数学、物理、化学、天文学、生物学等学科；技术科学包括电工学、电子学、机械学、固体力学、流体力学、建筑学、地质学等学科。社会科学包括哲学、法学、历史学、经济学等学科。电气工程学科属于自然科学。科学的目的是揭示事物发展的客观规律，探求真理，作为人们改造自然、改造社会的指南。

科学来源于社会实践，服务于社会实践。它是一种在历史上起推动作用的革命力量。在现代，科学技术是第一生产力。科学的发展和作用受社会条件的制约。现代科学正沿着学科高度分化和高度综合的方向蓬勃发展。

（2）技术。技术（Technology）是指人类运用自然科学原理和根据生产实践经验来改变或控制其环境的手段和行动，它是人类活动的一个专门领域。技术的任务是利用自然和改造自然，以其生产的产品为人类服务。技术按其种类可分为工程技术（如机械、电气、电子、能源、动力、化工、建筑、测量、计算机等）、农业技术（如种植、畜

牧、造林、园艺等）、医疗技术（如中医、西医、临床）等。

（3）工程。工程（Engineering）是指应用科学知识使自然资源最好地为人类服务的专门技术。但工程不等于技术，它还受到政治、经济、法律、美学、环境等非技术因素的影响。技术存在于工程之中。工程有时也来表示某一特定的研究项目、建设项目，如"探月工程"、"南水北调工程"等。

科学与工程两者之间是存在许多差别的。科学的目的是认识世界，发现一般真理；而工程的任务是改造世界，合理利用科学、技术、管理等知识来解决某一特定的实际问题。科学是一项个体活动；而工程则是一项集体活动，从事某一项工程的所有成员都要注意在集体中的协调与配合，才能使工程进展顺利。

20世纪的前50年，基础科学中数学、物理、化学等学科迅速发展；而后50年，基础科学的相关知识才被工程技术专家应用到工业、农业、军事和现代生活中，可见由科学转换到工程的周期是相当长的；而在当今信息社会，由科学转换到工程的周期在不断缩短。

在目前，信息科学、生命科学、材料科学迅速发展，把这些科学转换到工程技术应用领域的任务将由当代大学生来承担。

（4）系统。系统（System）是指由相互关联、相互制约、相互影响的一些部分组成的具有某种功能的有机整体。随着科学技术的发展，出现了许多复杂的大型系统。例如，电力系统是由许多各种类型的发电厂、输电网、配电网、负荷构成的一个庞大系统，其功能是发电、输电、配电和用电；互联网系统、交通系统、生态系统等也都是当今世界上的大型系统。某一大型系统内部，还可以包含多层子系统。

（5）信息。信息（Information）是指符号、信号或消息所包含的内容，用来消除人们对客观事物认识的不确定性。信息是人们与客观世界相互作用过程中与客观世界进行交换的内容的名称。信息普遍存在于自然界、人类社会和人的思维之中，它无处不在，无时不有。信息论的创始人香农把信息定义为信源的不定度。对接收信息的系统（信宿）而言，未收到消息前不知道产生消息的系统（信源）发出的是什么信息。而只有收到消息后，才能消除产信源的不定度。信息反映了社会发展的全貌，它不断地产生、发展和更替，形成一个巨大资源。

（6）控制。控制（Control）是指为了改善系统的性能或达到特定目的，通过信息采集、加工而施加到系统的作用。有些系统可以进行人工控制或干预，称为可控制系统；反之为不可控制系统。可控系统由控制部分和受控部分组成，两者间由双向信息流来联系。

（7）管理。管理（Management）是指为了充分利用各种资源来达到一定目标而对社会或其组成部分施加的一种控制。管理是一项专门学问，在信息社会，借助于计算机及其网络、数据库及其管理系统来实现管理自动化、办公自动化。在电力系统中，许多部门都使用管理信息系统来实现资源共享，达到管理、办公自动化的目的。

## 1.1.2　电气工程学科及其涵盖的内容

我国普通高等教育的学科划分为12个门类，分别是哲学（01【门类编号，下同】）、经济学（02）、法学（03）、教育学（04）、文学（05）、历史学（06）、理学（07）、工学（08）、农学（09）、医学（10）、军事学（11）和管理学（12）。其中，工学包括地矿、材料、机械、仪器仪表、能源动力、电气信息、土建、水利、测绘、环境与安全、化工与制药、交通运输、海洋工程、轻工纺织食品、航空航天、武器、工程力学、生物工程、农业工程、林业工程、公安技术等 21 个学科类，共有 79 个本科专业。电气信息学科类下属 5 个一级学科，分别是电气工程（0808【一级学科编号，下同】）、电子科学与技术（0809）、信息与通信工程（0810）、控制科学与工程（0811）和计算机科学与技术（0812）。

第二次技术革命所引发的产业革命使人类的生产力大大提高，其主要推动力就是由电力技术和电子技术为基础而形成的电气工程学科。经过 100 多年的发展，电气工程学科已形成为一门学科的覆盖面广、学科理论体系已经逐渐完善、其工程实践成功、应用领域宽广的独立学科。它给人类社会的许多方面带来了巨大而深刻的影响。

传统的电气工程定义为"用于创造产生电气与电子系统的有关学科的总和"。这一定义本来已经十分宽广，但随着科学技术的飞速发展，21 世纪的电气工程概念已经远远超出了上述定义的范畴。由于电气工程领域知识宽度的巨大增长，要求重新检查甚至重新构造电气工程的学科方向、课程设置及其内容，以便使电气工程学科能有效地回应社会的需求和科技的进步。

从广义上讲，电气工程学科涵盖的主要内容是研究电磁现象的规律及应用有关的基础科学、技术科学及工程技术的综合。这包括电磁形式的能量、信息的产生、传输、控制、处理、测量及其相关的系统运行、设备制造技术等多方面的内容。19 世纪末，电工科学技术已形成了电力和电信两大分支。进入 20 世纪以后，电工科学技术的发展更为迅速，应用电磁现象的技术门类日益增多，发展和形成了许多独立的学科，如无线电技术、电子技术、自动控制技术等。电工科学技术通常主要是指电力工程及其设备制造的科学技术。

电工科学技术所依据的基本原理大都是由物理学、数学等纯科学中提出来的。依据基本原理，结合技术、工艺、经济等各方面的条件，研究可供应用的电工技术，制造出适应各种需要的电工产品，就是电工学科的主要领域。与电工技术直接有关的部门已形成庞大的工业体系，有关的理论也有许多分支。电力工业与社会生产、公众生活、文化教育等各方面有着十分密切的关系，是现代社会的重要支柱。

电气工程一级学科下属 5 个二级学科，分别是电机与电器（080801【二级学科编号，下同】）、电力系统及其自动化（080802）、高电压与绝缘技术（080803）、电力电子与电力传动（080804）和电工理论与新技术（080805）。电气工程学科涵盖的主要内容有：电机与拖动技术；发电厂一次、二次设备及主接线，电力网动态及稳定性，电力系统经济运行，电力系统实时控制，电能转换；高压电器，高电压测试技术，过电压防护；电力电子器件，电力电子装置，电力传动；电网络理论、电磁场理论及其应用，信号分析与处理，电力系统通信与网络，电力信息技术，计算机科学与工程等。

### 1.1.3　电气工程学科的发展趋势

随着基础理论研究的逐步深入，科学技术的不断进步，全新的设计理念、设计方法的提出，在今后若干年内，它们会对电气工程学科的发展趋势产生较大的影响。

（1）信息技术的进步将对电气工程学科的发展产生决定性影响。信息技术广泛地定义为包括计算机、世界范围高速宽带计算机网络及通信系统，以及用来传感、处理、存储和显示各种信息等的相关支持技术的综合。信息技术对电气工程的发展具有特别大的支配性影响。信息技术持续以指数速度增长，在很大程度上取决于电气工程中众多学科领域的持续技术创新。反过来，信息技术的进步又为电气工程领域的技术创新提供了更新、更先进的工具基础。

（2）电气工程学科与物理科学的相互交叉面拓宽，将为电气工程学科的发展带来新的机遇。由于三极管的发明和大规模集成电路制造技术的发展，固体电子学在20世纪的后50年对电气工程的成长起到了巨大的推动作用。电气工程与物理科学间的紧密联系与交叉仍然是今后电气工程学科发展的关键，并且将拓宽到生物系统、光子学、微机电系统等领域。21世纪中的某些最重要的新装置、新系统和新技术将来自这些领域。

（3）快速变化的新技术、新方法将为电气工程学科提供更科学的技术方案。工程技术的飞速进步和分析方法、设计方法的日新月异，使得我们必须每隔几年就要对工程问题过去的解决方案重新进行全面思考或审查，力求寻找更科学、更有效的工程技术方案。这对高等院校如何设计电气工程与自动化专业的课程体系，如何制定教学计划、培养目标，都有很大影响。

电气工程学科注重理论研究与工程实践相结合，加强理论基础，拓宽专业知识面。随着电气工程科技进步和自动化水平的提高，电气工程学科专业技术人才必须掌握信息技术、自动化技术和计算机技术。

## 1.2　电气工程学科在我国高等教育中的地位

### 1.2.1　电气工程学科的地位

电气工程是现代科技领域中的核心学科之一，更是当今高新技术领域中不可缺少的关键学科。正如电子技术的巨大进步才推动了以计算机网络为基础的信息时代的到来一样，正是电工技术的进步才改变了人类的生产方式和生活方式。从某种意义上讲，电气工程的发达程度代表着国家的科技进步水平。正因为如此，电气工程的教育和科研一直在发达国家大学中占据十分重要的地位。在美国排名前50位的大学中，相当数量的学校都设置有电气工程专业。我国知名的部属大学中，多数学校都设置有电气工程与自动化专业（或电气工程及其自动化专业）。

电气工程专业是一门历史悠久的专业。19 世纪上半叶，安培发现电流的磁效应，法拉第发现电磁感应定律。19 世纪下半叶，麦克斯韦的电磁理论为电气工程奠定了基础。19 世纪末到 20 世纪初，西方国家的大学陆续设置了电气工程专业。我国电气工程专业高等教育开始的时间并不晚，早在 1908 年南洋大学堂（交通大学前身）就设置了电机专修科，这是我国大学最早的电气工程专业，至今已有一个世纪。1917 年交通大学的电机专修科设置了电讯门，这是我国最早的无线电专业，后来逐步发展成如今的电子信息技术、计算机科学与技术专业群。1932 年清华大学率先设置了电机系，其后，1934 年武汉大学创建电机系。近 100 年来，电气工程专业在我国高等教育中一直占据着十分重要的地位，为国家培养了大批的科技、管理人才，他们为我国电气工程的建设及其他领域的工作作出了巨大的贡献。

解放初期，国家面临大规模的经济建设，急需大量的工程建设人才。1952 年，我国在大学中学习前苏联经验，进行了院系调整。此后，在国内形成了一大批以工科为主的大专院校，这些学校数量多、影响大，在我国高等教育中占据相当重要的地位。这些学校几乎都设置有电气工程专业。近几年来，我国在高等院校进行了大规模的合并、重组，使大学的格局发生了很大变化，但是在理、工科实力强大的大学中，无不将电气工程专业作为学校的支柱性专业。从传统意义上说，机械、电气、土木、化工、材料等专业是工科专业中的几个基本大类。其中，机械、电气又是所有工科专业中最具基础性的专业。全国设置电气工程类专业的大学数量在逐年增多：1994 年有 90 所学校；时隔 5 年后的 1999 年变为 123 所学校；再过两年后的 2001 年增加到 163 所学校；到 2006 年更是猛增至 276 所学校。近十余年来，我国设置电气工程类专业的大学数量迅速增加，一方面说明了我国对电气工程专业人才的需求相当旺盛，另一方面，说明电气工程专业在我国高等教育中占据十分重要的地位。

习惯上称电气工程专业为强电专业。强电专业是工科中历史最悠久的专业之一，后来，随着科学技术的不断进步，无线电、电子、计算机、信息等弱电专业开始出现并不断发展壮大，形成一个很大的专业群，并和传统强电专业共同组成电气信息类。可以说，所有的弱电专业都是强电专业派生和再派生出来的。同时，传统强电专业在专业设置、人才培养模式、教学内容、课程体系等方面都面临巨大的挑战。

## 1.2.2 近年来我国电气工程高等教育的改革

现代大学的使命是传播知识、发展知识、应用知识。所谓传播知识就是要把前人归纳出的本学科的基础理论，发明的相关技术及分析问题与解决问题的方法传授给青年学生，这就是教学工作；所谓发展知识就是要开展科学研究，可以对本学科的基础理论进行深入探讨，也可以对本学科已有的应用技术加以改进，提出新的技术发明或新的分析问题与解决问题的方法；所谓应用知识就是要把前人归纳出的本学科的基础理论，或借鉴其他学科的技术而进行本学科的技术转化，开发出新产品为社会、生产服务。大学的首要任务是传播知识——把教学放在首要地位。21 世纪大学面临的挑战是教育全球化和以学生为中心的教学；而学生面临的挑战是终身学习。面对这样的形势，高等教育的

改革是必然的趋势。当然，电气工程高等教育的改革也在所难免。

**一、近年来电类专业设置的调整**

在 1993 年国家教育部颁布的专业目录中，工学门类中与"电"有关的专业分为"电工类"（强电）与"电子信息类"（弱电）两个分支。其中，电工类包含 5 个专业，分别是电力系统及其自动化、电机电器及其控制、高电压与绝缘技术、电气技术、工业自动化；而电子信息类更是包含 14 个专业。两者合计，与电相关的专业共有 19 个。这种专业划分方式的缺陷是专业划分太细，专业面太窄。按这样的模式培养出来的学生知识面狭窄，很难适应社会需求。

在 1998 年国家教育部颁布的最新专业目录中，与强电有关的专业有 3 个，即基本专业目录中的电气工程及其自动化专业、自动化专业和引导性专业目录中的电气工程与其自动化专业。如果用强电、弱电来描述，这三个专业的定位应当是：电气工程及其自动化专业是以强电为主，强弱电相结合的专业；自动化专业是以弱电为主，强弱电相结合的专业；电气工程与自动化专业是强弱电相结合，两者并重的专业。由于引导性专业目录专业范围更宽，它大体上覆盖了 1993 年电工类中的 5 个专业，且更具有超前性。

**二、近年来电气工程专业的教学改革**

教学改革是高等教育永恒的话题。近几年，我国高等教育改革的力度较大，也十分引人注目。从专业的角度讲，电气工程与自动化专业的教学改革，涉及以下几方面的内容：转变教育思想和教育观念，使电气工程专业人才培养模式符合社会的实际需求；对国内外电气工程专业高等教育开展调查、比较研究，使电气工程与自动化专业人才培养方案和教学计划既符合国情也兼顾与国际接轨；对教学内容、课程体系进行整合与优化，建设面向 21 世纪课程的优秀教材；注重培养学生的实践能力和创新能力。更具体地讲，主要有以下几方面的内容：

（1）注重素质教育是教学改革的核心。素质包含思想素质和专业素质，素质是在人的先天生理基础上，经过后天教育和社会环境影响，由知识内化而形成的相对稳定的品质。素质教育包含品德、知识、能力三个要素。品德是指思想素质，品德是素质形成的保证；知识和能力是指专业素质，知识是素质形成的基础，能力是素质的外在表现。从重视传授知识、培养能力到重视传授知识、培养能力的同时，更加重视提高素质，是教学改革的一次突破。在传授知识和能力培养这两个方面，更加重视能力培养。在能力培养方面，特别强调创新能力、创造能力、创业能力的培养。

（2）在教育思想上强调以人为本。教育不仅是社会的需要，也是个人的发展需要。学校的任务之一是培养人，是把学生培养成为高素质的、具有创造精神的人。在任何时候，教育都要把培养人放在第一位，使学生既有健全的人格，又有专业才能。

（3）在课程设置上注重人文与专业基础理论知识教育。自 1995 年开始的加强大学生文化素质教育即是具体体现。在教学过程中，倡导科学精神与人文精神相结合。科学精神指实事求是，追求真理、独立思考和勇于创新的精神；人文精神指人对自然、对他人、对自己的基本态度。只有两者结合才能培养出高素质的人才。加强基础、拓宽专业面也是教学改革的一个方向。适当增加公共基础课程和专业基础教学内容的比重，为提高学生的自学能力、为终身学习打下基础；拓宽专业面，弱电向强电渗透，强电与弱电相结合，可以拓宽学生就业面，增强学生的适应能力。

（4）在教育方法上注重灵活性，提倡和谐教育。注意激发学生的学习兴趣，培养学生的自学能力，注意学生个性的培养和发展。要因材施教，提倡启发式教学。还要教育学生树立终身学习的思想，在大学期间的学习内容、学习方法都要与终身学习相适应。

经过学校的精心培养与学生自身的四年刻苦学习，电气工程与自动化专业的毕业生应获得以下几个方面的知识和能力：

（1）掌握较扎实的数学、物理等自然科学的基础知识，具有较好的人文社会科学、管理科学基础以及外语综合能力；掌握计算机软件编程、硬件基本原理及应用等知识。

（2）较系统地掌握本专业领域宽广的技术基础理论知识，主要包括电工理论、电子技术、电机学、信息处理、控制理论，并能适应电气工程与自动化领域的工作。

（3）具有较强的工程实践技能，具有较熟练的电子技术与计算机应用能力。

（4）了解电气工程与自动化领域的前沿理论、技术，具有开发新系统与新装置、运用新技术的初步能力。

（5）掌握文献检索、资料查询的基本方法，具有一定的科研与实际工作能力。

## 1.3 电气工程与自动化专业本科培养方案

### 1.3.1 社会对高级工程技术人才的素质要求

随着科学技术的迅猛发展，社会的不断进步，要求组成社会的每一个成员所具有的综合素质也在逐步提高，而对于高级工程技术人才的综合素质要求就更高。教育是人类社会能保持持续发展并不断进步提高的功能性重要措施，其教导、培养社会成员具有一定的知识、能力与素质，使他们能够致力于社会的发展，显露出各自的社会价值。可见，教育不仅是为了培养人才，即丰富他们的知识，提高他们的能力，养成并提升他们的素质；同时，还要使所培养出来的人才能为社会所用，以推动社会的进步与发展。高等教育最根本的目标是要培养社会所需要的有用人才。

对社会发展而言，教育具有基础性、先导性和全局性的特点。在信息时代、知识经济和经济全球化已经到来的今天，国际之间的竞争是以经济实力与综合国力来抗衡的，而其实质是科技水平、教育质量和人才素质之间的竞争。可以说，当今已是"财富源于人力资源"的新时代。高等学校应该是培养和造就高素质创造性人才的摇篮；是认识未知世界、探求客观真理、为人类解决面临的重大课题提供科学依据的前沿阵地；是知识创新、推动科学技术成果向现实生产力转化的重要力量；是民族优秀文化

与世界先进文明成果交流借鉴的桥梁。

由于科学技术发展，学科交叉融合的倾向日趋加大，并有不断加强与深化的趋势；工程技术领域项目任务的完成，也往往需要跨学科专业知识的综合。因此，我国高等教育领域开展了拓宽专业口径、增强适应性的教学改革，提出了"高等教育本科阶段是在通识教育基础上的宽口径专业教育"的概念，指明了高等教育本科阶段既不是狭窄的仅针对某一特殊行业的专业教育，也不是普及性的通识教育，而是具有一定职业性质、针对性较宽的专业教育，其人才培养目标是要能够胜任相应专业的有关技术、管理或服务工作。也就是，高等教育为社会培养人才的目的是要能为社会直接输送劳动生产力，增强社会的人力资源。

在工程技术领域，由项目或产品的研制生产过程可知，首先要将反映自然客观规律的理论知识转化为工程项目方案或产品设计方案；然后将方案转化为工程实施计划，即确定实现方案或生产产品的工艺流程、操作程序、方法手段及其管理模式等工程技术问题；最后才是完成项目或形成产品的技能操作和相应的服务。工程项目和产品生成过程中三个阶段的工程技术工作，需要不同类型的人才去承担，并分别称为工程型、技术型和技能型人才。此外，在工程技术领域还存在一些需要发现和研究客观自然规律的工作，从事这类工作的人才，则称为学术型人才。

我国高等工程教育的人才培养目标是：培养适应国家现代化建设所需要的，具有高综合素质，德、智、体全面发展，获得工程师基本训练的、有工程实践能力和创新精神的高级工程技术人才；毕业后主要在工业生产第一线从事专业领域内的设计、制造、试验、研究和产品开发工作，也可从事管理、经营和教学工作。社会赋予工程师的职能是改造世界、创造世界，与科学家去探索、发现世界的职能有所不同。现代工程所具有的科学性、社会性、实践性、创新性、复杂性等特点日益突出，其工作内容也在不断扩展。作为现代工程师，应能综合运用科学的知识、方法和技术手段来分析并解决各种工程问题，承担工程科学与技术的开发与应用任务。在知识方面，要掌握坚实的自然科学知识和宽广的人文社会科学知识；在能力上，要具有收集处理信息的能力、获取新知识的能力、分析与解决问题的能力、组织管理能力、综合协同能力、表达沟通能力、社会活动能力，还要不断增强创新能力和工程实践能力；在品德方面，要具备基本的伦理道德、社会公德和良好的职业道德，此外还应有很强的事业心、高度的责任感、不断进取的毅力、团结协作精神和良好的个人修养。高等学校在人才培养过程的每个环节中，都要考虑并体现对人才知识、能力与素质构建的作用；培养环节的设置，要有合理、科学的结构，以有效提高所培养人才的综合能力与素质，确保培养质量的稳定与提高。

## 1.3.2  电气工程与自动化专业范围

电气工程与自动化专业的专业范围主要包括电工基础理论、电气装备制造与应用、电力系统运行与控制三个部分。电工理论是电气工程的基础，主要包括电路理论和电磁场理论。这些理论是物理学中电学和磁学的发展和延伸。而电子技术、计算机硬件技术等是由电工理论不断发展而诞生的，电工理论是它们的重要基础。电气装备制造主要包括发电机、电动机、变压器等电机设备的制造，也包括开关、用电设备等电器与电气设备的制造，还包括电力电子设备的制造、各种电气控制装置、电子控制装置的制造以及电工材料、电气绝缘等内容。电气装备的应用则是指上述设备和装置的应用。电力系统主要指电力网的运行和控制、电气自动化等内容。当然，制造和运行不可能截然分开，电气设备在制造时必须考虑其运行，如电力系统由各种电气设备组成，其良好的运行必然要依靠良好的设备。

### 1.3.3 电气工程与自动化专业人才培养目标

电气工程与自动化专业是按国家教育部工程类引导性专业目录设置的宽口径专业，主要特点是电气工程与自动化相结合、强电与弱电相结合、电工技术与电子技术相结合、软件与硬件相结合、理论研究与技术应用相结合、理论与实践结合，培养经济和社会发展需要的强弱电兼顾的复合型高级人才。

电气工程与自动化专业人才的培养目标是：培养适应我国社会主义建设需要的德、智、体全面发展的，能够从事与电气工程有关的系统运行、自动控制、电力电子技术、信息处理、试验分析、研制开发、经济管理以及电子与计算机技术应用等领域工作的宽口径复合型高级工程技术人才。电气工程与自动化专业学生主要学习电工技术、电子技术、电气控制、电力系统、计算机技术与应用等方面较宽领域的工程技术基础和一定的专业知识，具有解决电气控制技术问题及电力系统分析的基本能力。电气工程与自动化专业毕业生应获得以下几方面的知识和能力：

（1）掌握较扎实的数学、物理、化学等自然科学的基础知识，具有较好的人文社会科学、管理科学基础和外语综合能力。

（2）系统地掌握电气工程与自动化专业领域必需的较宽的技术基础理论知识，主要包括电工基础理论、电子技术、信息处理、控制理论、电力系统分析、计算机软硬件基本原理与应用等。

（3）获得较好的电气工程与自动化专业工程实践训练，具有较熟练的计算机应用能力；具有电气工程与自动化专业领域内 1~2 个专业方向的专业知识与技能，了解电气工程与自动化专业学科前沿的发展趋势。

（4）具有较强的工作适应能力，具有一定的科学研究、科技开发和组织管理的实际工作能力。

学生主要掌握电工理论、电子学、控制理论、电气工程基础、高电压技术、电力系统运行与控制、信息和通信技术以及计算机应用等方面较宽广的工程技术基础和一定的专业知识，掌握一定人文社会和经济管理知识。要求学生具备优秀电气工程技术分析、系统运行与控制技术的基本能力，具有较强的创新意识。

电气工程与自动化专业课程体系模块如图 1-1 所示。

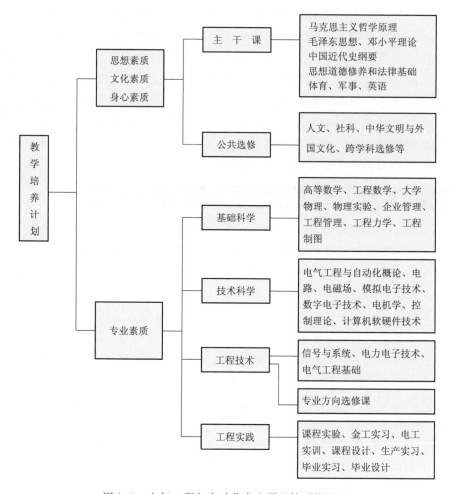

图 1-1　电气工程与自动化专业课程体系模块图

### 1.4 大 学 的 教 学

### 1.4.1　大学教学任务

高等学校的主要任务是教学和科研，而教学任务主要体现在以下几个方面。

**一、传授科学文化知识**

教学的首要任务是系统地向学生传授科学、文化知识。知识是人类对客观事物本质的认识，是人类在长期的征服自然、改造自然活动中实践经验的高度总结和概括。小学、中学教育是基础教育，学生接受的是一种不分专业的普通文化科学知识教育，只是为他们成为合格的劳动者打下基础。而高等教育是专业化教育，是在普通教育的基础上进一步实施的，按不同学科门类、专业设置所规定的公共基础理论教育、专业基础教育和专业教育，为国家现代化建设培养各种专门人才。大学教育不仅要向学生传授相关专业所必需的基础理论知识，而且还要向学生传授专业知识。

高等学校向受教育者传授科学、文化的理论知识，对于工科学生，还包括进行实践技能的训练。实践技能是在理论知识的指导下来完成某种实际任务的能力，比如按照工程设计的要求，准确、熟练地完成一项技术操作或完成一项测试实验。这些实践技能的训练不仅使学生获得正确使用仪器、仪表、设备的技能，还使他们获得一些读、写、算等方面数据处理的技巧。

理论知识和实践技能既有区别又相互联系。理论知识偏重于懂不懂的问题、为什么要这样做的问题；实践技能偏重于会不会的问题、如何做的问题。实践技能是在掌握理论知识的基础上培养起来的；而掌握了实践技能，反过来又可以加深对理论知识的理解和掌握。

### 二、提高学生综合素质

高等学校不仅要传授系统的科学、文化知识，还要开发学生的智力，培养学生的能力，提高学生的综合素质。第三次技术革命以来，科学技术高速发展，专业知识不断更新，被形象地称为知识爆炸。要解决学习时间有限与知识无限之间的矛盾，为大学生面临的终身学习打下基础，最重要的办法是在大学期间培养学生的学习方法、学习能力。除了在大学期间为他们进行严格的基础理论训练外，还要把科学的思维方法、获取知识的本领教给学生。只有掌握了基础理论和科学的方法，才能根据实际工作的需要，在所从事的领域不断更新专业知识，为适应社会的要求创造条件。

高等教育在传授科学知识的同时，还要进行科学思维训练，不断培养学生的自学能力、创造能力、创新能力和创业能力。

学校还应大力开展体育活动。体质和体能是大学生全面发展的重要方面，只有拥有健康的身体，才可能有效地开展工作和学习。通过体育锻炼可以提高学生的身体机能及脑力、体力劳动的能力。

### 三、帮助学生树立科学世界观

高等学校的教学过程是全方位的教育过程。它既是传授知识、培养能力的过程，也是传播思想、培养品德的过程。对于大学生而言，如果没有正确的人生观、世界观，就不可能对社会作出有益的贡献，也就不能算是合格的大学生。如何结合大学生实际，有目的地开设思想素质、文化素质、身心素质等方面的课程，对大学生进行思想教育，培养他们的科学世界观，使思想素质教育寓于传授知识过程之中，这是现代大学教学的一项重要任务。

以上各项教学任务，是相互联系、相互影响的。传授知识是基础，形成科学的世界观是方向，增强体质是保证，培养大学生的综合能力是最终目标。

### 1.4.2 大学教学特点

#### 一、教学进度快

在中学教育阶段的六年时间里，学生还处于少年向青年的过渡期，学生的理解能力

和逻辑思维能力还处于逐步增长阶段。在教学过程中，老师总是围绕着课本，逐字逐句地对学生进行讲授；对所学内容，一般都要反复讲、反复练习；每堂课程学习的内容，都相当少。在中学阶段整整六年时间里，一般就只学习了 10 几门课程。

在大学教育阶段的四年时间里，学生已处于人生精力最旺盛的青春时期，学生的理解能力和逻辑思维能力有了很大程度的提高。大学教师的教学过程和中学相比，是完全不一样的。课堂上，老师主要是把一些基本原理提纲性、概括性地提出来，把问题的思路讲清、重点和难点讲透；教材中的内容，有的讲，有的也可能不讲；有时一次课就概括了书中几十页的内容，许多具体的内容要学生自己去研读。另外，教师讲的内容与教材的内容也往往并不完全吻合。特别是在高年级上专业课时，老师常常会引用一些参考资料或最新的理论、观点，有时会讲述自己科研过程中的经验与体会。在大学阶段的四年时间里，一般要学习 40 几门课程。

## 二、教学形式多

在大学，课堂讲授不再是唯一形式。除课堂教学外，还有课堂讨论、辅导课、习题课、答疑课等，授课手段上还会更多地采用电化教学、多媒体教学及其他计算机辅助教学方法。此外，还有大量的实践性教学环节，如课程实验、课程设计、毕业设计，还有金工实习、电工实训、生产实习、毕业实习、军事训练等。这些构成了大学教学的有机组合，缺少任何教学环节或不能通过任何教学环节的教学要求，都不能成为一名合格的大学生。

另外，学校、学院还定期组织部分学生参加全国性的竞赛活动，如数学建模比赛、电子设计大赛等。

## 三、教学内容系统性强

中学教学是向学生传授基础科学和普通文化知识，其目的是为广大学生将来继续深造或一般职业培训打好基础，基本不考虑学生将来所从事职业的具体要求。大学教育则完全不同，虽然大学教育仍然还有一部分基础教育，但它是一种与专业相关的定向基础教育，具有明显的针对性。大学的教学活动是紧紧围绕培养现代化建设所需的专门人才而进行的，其教学内容除了所有大学生都应具备的思想素质、文化素质、身心素质等人文、社会科学内容外，专业知识的教学内容、知识结构具有系统性。为了把学生培养成为某一方向的专门人才，大学各个专业的教学计划都是精心制定的，其教学内容也是经过认真选择和组织的。这一方面是要让学生掌握坚实的理论基础知识，另一方面还要使他们具有较全面的专业知识，同时还要提高他们的实际动手能力。大学的课程设置与教学内容是一个有机的整体，就像一条环环相扣的知识链条，不可断裂。

大学学习知识的广度和深度比中学都有了很大的拓展。这就要求学生在学习过程中，除学好教材上的内容外，还要适当选择一些参考资料阅读，尽可能地扩大自己的知识面，并经常关注与本专业有关的各种信息，以便于更准确地把握本专业的发展方向。

## 四、教与学关系相对松散

在中学期间，由于学生的知识水平和心理水平的限制，他们的自我控制能力和自我管理能力较差。在教学过程中，学生在老师严格的管理和具体的指导下，以简单、机械、有序的方式来学习和掌握文化基础知识。中学生每天的课程总是排得满满的，几乎都没有什么空闲时间，听课、做作业、自习都是集中在教室来完成的。在诸多因素的影响下，学生处于一种注入式的被动学习中。学生的课余时间几乎也都是在老师或家长的严格监督下度过的。

由于大学生的自我控制能力、自我管理能力已逐步增强，大学生的学习生活则完全不同。公共基础课和专业基础课一般都是大班上课，几个班的学生集中在一间大教室听课，老师与学生之间很少交流；在正常的教学活动结束后，老师和学生在一起的机会和时间也很少。大学学习是一种自主学习方式，在学习过程中学生拥有更多的自由。

**五、学生拥有更多自由时间**

中学生每天的课程总是排得满满的，几乎都没有什么空闲时间，听课、做作业、自习都是集中在教室来完成的。学习时间和学习内容有严格的规定和限制。

而在大学，一般工科专业新生每周排课为 25 学时左右，平均每天授课约 5 学时，这就意味着大学生拥有更多的自由时间和空间。课表上没有作安排的时间并不表示无事可做，许多练习都要利用课外时间来完成。为了适应这一教学特点，大学生必须学会有效地安排自己的课余时间，并根据教学进度、学习任务合理安排时间，来提高学习效率。另外，大学生还应学会利用图书馆查阅资料，利用实验室开展课外科技活动，丰富自己的学习生活，使自己增长知识、增长才干。

## 1.5 大 学 的 学 习

### 1.5.1 学习过程

学习过程是一个心理活动过程，是把认知活动与意向活动相结合，互相促进、协调发展的过程。在这个心理活动中，知识、技能、认知因素、意向因素结合在一起，简称为学习过程"四结合"。一个完整的学习过程可分为学习、保持和再现三个阶段，保持和再现的性质是由学习的性质决定的。若学习是机械的，保持和再现也必定是机械的。

**一、知识学习过程**

知与不知的矛盾贯穿于整个学习过程的始终。只有通过学习，才能使自己由不知转化为知，由知之不多转化为知之较多。积累知识是学习过程的首要任务，知识学习的过程是积累与贯通相结合的过程。人们的知识不是与生俱来的，而是后天通过学习的途径，从无到有，从少到多，一点一滴积累起来的。当积累到一定的程度后，便会经过综合概括，把零碎不全的知识融会贯通，使感性知识上升为理性知识。可以说，积累是贯通的基础，贯通是积累的归宿。人们的知识学习过程总是积累——贯通——再积累——再贯通，螺旋式上升，以至无穷。现在一般把学习划分为感知阶段、理解阶段、巩固阶段和应用阶段四个阶段。人的认知因素与意向因素自始至终都参与知识学习的全过程。在这个学习过程中，必须调动各种积极因素，通过各种手段来丰富学习者的感性知识，

以提高学习效率。只有充分感知外界事物，获得丰富的感性知识，才能更好地理解、掌握和运用知识。

**二、技能学习过程**

学习者不仅要认识客观世界，还要改造客观世界。要改造客观世界，必须将知识转化为技能，才能掌握改造客观世界的本领。技能学习的目的就是为了提高改造客观世界的本领。技能学习的过程是尝试与熟练相结合的过程，在技能形成的初期，学习者在特定的目的与知识的指导下，总是试着去干，试着操作。而在这个阶段，还是一个一个动作去完成。当反复操作几次后，成功的动作便会连接起来，形成一连串的熟练动作，使初步技能转化为技巧。也就是说，熟练必须以试干为条件，试干必须以熟练为目标。试干——熟练——再试干——再熟练，人们的多种多样的技能，就是这样形成的。在技能学习过程中，现在一般也把它划分为定向阶段（讲解示范）、分解阶段（单个动作）、综合阶段（连锁动作）和自动化阶段（熟练动作）四个阶段。技能的形成，也要求学习者的认知因素与意向因素都积极参与其中，发挥应有的作用。

### 1.5.2 影响学习的因素

进入大学的一批学生原本都是中学时期的佼佼者，为什么在大学几年会急剧地拉大差距呢？是什么因素对大学生的学习效果产生影响？要回答这些问题，还是需要从心理学角度进行分析。学习是一项极其复杂的心理活动过程，众多学科的研究表明，在学习活动中，有多种因素参与这个过程。换句话说，任何知识和技能的学习过程都包含一系列复杂的心理活动。影响学习的因素有智力因素和意向因素两类。

**一、智力因素**

智力因素直接参与了知识和技能学习的全过程。智力因素是观察力、记忆力、想象力、思维力和注意力五种因素的有机结合。它是保证和强化人进行学习活动的重要心理因素。在学习过程中，智力因素的主要功能是对各种知识、技能进行接受（输入）和加工、处理与输出。对某一具体的学习活动而言，智力因素相当于学习系统中的执行者或操纵者。智力因素与先天和后天个人心理特征都有关系。

**二、意向因素**

意向因素间接参与学习活动，它是促使学习活动启动、维持的心理因素，一般是指学习需要、动机、理想、兴趣、好奇心、求知欲、追求、情感情绪、意志毅力等。意向因素虽然不直接参与对知识的输入、加工、处理等过程，但它是学习过程的启动者和调节、推动者。意向因素具有动力、定向、引导、维持、强化等一系列作用。智力因素和意向因素构成了学习活动的心理基础。它们分别具有各自的结构、功能和相互联系、相互作用的依存关系，都是通过一定的机制有机结合与运行的。

学习的目的性属于意向因素的范畴。有的学生具有明确的学习目的——获取知识、增长才干，在为人民服务、为国家服务的同时，实现自我的人生价值。他们对待学习是一种积极、主动的态度，他们能根据实际情况制定出切实可行的学习计划，以极大的热情投身到知识的海洋汲取营养，掌握在未来激烈竞争的社会中生存与发展的本领。只有树立正确的人生观和世界观，确立为人民服务的理想，才能持之以恒地对待学习。

由于学习的目的不同，产生的学习动力也不同。学习目的不明确的人，在学习过程中特别容易患忽冷忽热的毛病；而学习目的不正确的人往往表现为心胸狭隘，个人利益高于一切，严重影响与同学和老师的关系，或者容易受到社会上各种不良思潮和风气的影响。

学习方法在学习过程中具有引导作用。针对具有不同特点的课程而采用与之相应的正确学习方法，就可以取得好的效果；采用不正确的学习方法，不仅学习吃力，而且得不到好的结果。

环境因素直接影响到学习者的情感与情绪。大学不是与世隔绝的书斋，社会、家庭的任何变化都会影响学生的学习情绪。我国正在建立社会主义的市场经济，这从整体上对于我国社会经济的进步有着十分重大的意义。但是，有些学生不能正确把握自己，急功近利，过早地希望到市场上一试身手，不能专心致力于课程学习，这样必然会影响自己的学习成绩。其次，大学生过多地将时间花在谈恋爱上也是影响学习的一个重要因素。尤其是刚刚入学不久的大学生，年龄太小，涉世不深，一旦沉入爱河，往往不能自拔，整天神不守舍，注意力不集中，如何能学好功课呢？

从中学步入大学的新生，开始了早已向往的人生最重要的历程。当短暂的新鲜感淡忘之后，面对全新的环境，许多学生会感到不适应：对新的集体生活、管理方式、远离父母不适应；对大学的授课方式、教学进度、学习方法不适应；对同学中高手云集、自我认识不适应。这些环境的变化会直接影响学生的情感、情绪，也会影响学习。

家庭经济条件也直接影响到学习者的情感、情绪，当然也是影响学习的一个因素。由于大学不再是义务教育的阶段，国家目前实行有限收费的制度，这对改善教学条件，发展我国的教育事业都有非常积极的作用。但是，这必然会对部分来自农村的学生和城市低收入家庭的学生产生影响。国家和学校已经采取了助学贷款等政策，在高校设立了各种各样的奖学金，这为解决部分学生的困难起到很大的作用。随着我国经济的进一步发展，相信这会得到进一步的改善。作为学生，务必要正确对待经济条件，不能因为家庭经济条件优越就养成乱花钱的恶习，也不能因为经济一时的困难就丧失学习的信心。正确的态度是积极争取优异成绩，为改善学习环境尽可能创造条件，尽量节约开支，同学间互相支持。同学中不要拿经济条件来攀比，更不要讲究排场、乱花钱；相互比较的是学习，是所具有的知识水平和从事实际工作的能力。

### 1.5.3　大学生的学习方法

**一、确立目标、激发动机**

目标是行动的指南，学习和做其他的事情一样，都必须确定适当的目标。目标明确，能诱发人的学习动机，引导和维持学习方向。没有目标或目标不明确，就会丧失动力，迷失方向。目标的确立，要根据社会的需要，个人的兴趣、条件和爱好来判定。但目标制定要科学合理，切合自己的实际。目标定得太高，期望值过大，高不可攀，终成泡影；目标定得太低，起不到激励作用。所以要把目标置于较高处，以召唤人们艰苦攀

登，争取胜利。

学习动机是激励和推动人们进行学习活动、达到某种目标的动力，是影响学习的主要因素。人们的学习活动是由多种动力激励、维持和导向的，要完成艰苦的学习任务不仅要作出不懈的努力，还要具有坚忍不拔、顽强奋斗的精神，以及在遭受挫折和失败时的忍耐性，而这些都要靠动机来维持和推动。动机的产生要靠"需要"和"刺激"来诱发。"需要"能激发动机，动机又可以导向目标、引发行为，行为实现目标，满足"需要"，这是一个循环链，环环相扣，相互制约，相互促进。大学生要能客观地、全面地、一分为二地看待自己；经常分析影响自己学习动力的外因和内因；及时提醒、调整自己的行为；善于在逆水行舟时锻炼自己的意志和毅力，从多方面激发和培养学习动力。

### 二、调控心理、优化心境

学习是一个复杂的心理过程，包括认知、情感、意志、注意力等多种因素的综合作用。无数事实证明，学习时的心理状态不同，学习效果就不一样。由于各种因素的影响，人的心理过程是不断变化的，喜怒哀乐、平静、烦躁时有发生。但是人与动物的区别是自己可以能动地调控心理状态。调控心理状态的方法有饮食调控、习惯调控和意志调控。① 饮食调控：据医学资料，对一般人来说摄入较多的蛋白质会使人兴奋，碳水化合物则会使人平静，而高糖、低蛋白质饮食易使人精神不振。② 习惯调控：生理学认为，人的生活规律受生物钟影响，人的各种器官，人的情绪变化，一天中按一定的程序进行。在 24 小时内，有兴奋期、过渡期和抑制期，这三期因人而异。每个人根据自己的最佳期和最差期，科学安排学习、锻炼、娱乐和休息是大有益处的。③ 意志调控：意志是克服困难的一种心理状态，为一定的目标所支配并调节着一个人的行为。意志产生的力量是无法衡量的，大学生具备了坚强的意志，就能保持旺盛的学习动力，扫除学习上的各种障碍。

### 三、科学用脑、提高效率

大脑是学习的物质基础，是心理现象的发源地，也是人的生理活动的指挥枢纽。生理学家研究表明：当人的脑细胞工作时，它所需要的血液量比肌肉细胞多 15～20 倍，脑的耗氧量占全身耗氧能量的 1/4 左右。如果血液氧气供应不足，脑细胞就会疲劳和困倦。这时如果仍坚持看书学习，表面上珍惜时间，实际效率很差，久而久之，还会伤害身体，得不偿失。要让大脑休息有三种方法，一是保证充足的睡眠，这是必需的。二是体育锻炼。因为体育锻炼使人体器官的各种功能得到改善，不仅锻炼了肌肉，也锻炼了大脑，使大脑皮层下兴奋和抑制得到调节，神经疲劳得以缓解，同时神经系统的稳定性、灵活性和反映能力都得到提高。三是科学用脑。脑科学研究表明，大脑两半部是有分工的，右半脑主形象思维，左半脑主抽象思维，而丘脑主管运动。要提高学习效率，除发挥丘脑作用外，要使大脑的左右半部密切配合，交叉使用，大脑的总能量就能提高5～10 倍以上。使两半部协调、配合的方法是抽象思维和形象思维交叉进行，如看了一段时间的抽象性强的读物后，再看形象性强的读物，这是大脑积极休息的好方法。

### 四、及时复习、增强记忆

心理学家研究了遗忘规律，认为人的记忆和遗忘同时发生，遗忘的速度是先快后慢，识记的内容在 20min 后几乎忘掉 2/3，以后逐渐缓慢。所以课后要及时复习。根据记忆原理，复习要多次进行，因为外界信息第一次刺激大脑皮层下的痕迹尚未消失时，重复刺激就会使痕迹印象进一步加深，反复循环刺激还有利于精确、牢固地记忆，也利于理解。在学习中要尽量做到当天功课当天复习完毕，最好每周对所学内容进行一次小结，每月进行一次总结，将每章每节的内容归纳整理，这样做不仅巩固了所学知识，还避免期末搞突击。

**五、科学运筹、巧用时间**

时间对每个人都绝对公平，但每个人对时间的运用所产生的效益却大相径庭。时间是学习的物质基础。要高效利用时间，就必须学会科学地运筹时间。每天什么时间干什么，要科学统筹，合理安排。可根据自身生物钟的规律和切身体验，巧妙利用时间。另外，运筹时间要考虑各人的心境和生理变化因素。同样的时间，由于心理状态不同，学习效果大不一样。还有灵活机动、见缝插针也是利用时间的好形式，如果把点滴时间利用起来，日积月累就相当可观了。

当然，每一个人也可以根据自己的实际情况，总结出一些实用的学习方法。

### 思 考 题

1.1 电气工程学科的主要任务是什么？电气工程学科包含哪些二级学科方向？

1.2 简述电气工程学科在我国高等教育中的地位。

1.3 大学教学有哪些特点？大学生应如何适应这些特点？

1.4 简述电气工程与自动化专业的特色和培养要求。

1.5 通过本章学习，谈谈你对大学学习的初步规划。

# 电磁学理论的建立和通信技术的进步

> 自从牛顿奠定理论物理学的基础以来，物理学的公理基础的最伟大变革，是由法拉第和麦克斯韦在电磁现象方面的工作所引起的。
>
> ——爱因斯坦

## 2.1 人类对电磁现象的早期研究

### 2.1.1 人类对电磁现象的早期观察

人类从自然界的电闪雷鸣和天然磁石开始注意到电磁现象。在古代中国，人们认为有雷公电母这些神仙用雷电作为惩罚坏人的武器；欧洲斯堪的那维亚半岛人相信雷电是雷神的锤子在敲打；希腊人则认为雷电是宙斯发怒时的吼声和射出的箭。早在公元3000多年前中国的殷商时期，甲骨文中就有了"雷"和"电"的形声字，西周初期，在青铜器上就已经出现了加雨字头的"電"字。

在希腊和中国的古代文献中，都有关于天然磁石吸铁和摩擦琥珀吸引细微物体的记载。公元2500年前，希腊学者泰勒斯（Thales of Miletus）记录下毛皮与琥珀互相摩擦后，毛皮和琥珀吸引轻小物体的现象。中国东汉时期，王充（公元27~97年）在《衡论》中记载"顿牟掇芥，磁石引针"。这里的"顿牟"指琥珀，"掇芥"是说经过摩擦的琥珀能吸取轻小的东西，这正是中国古人对静电现象的形象描述。王充在《论衡》中还写道："夫雷，火也。阴阳分事则相校轸，校轸则激射，激射为毒，中人则死，中木木折，中屋屋毁。"文中的意思是说，当两种因素分离的时候，有相互的作用力。这种作用是很激烈的，产生的火焰能使人死、树折、屋毁。东晋时期，郭璞在《山海经图赞》中解释："磁石吸铁，玳瑁取芥，气有潜通，数也亦会。"郭璞的话是说，磁石与铁、玳瑁与芥籽之间，由于都有潜通的"气"，因此能相互吸引。这里的"气"，也就是指的静电。

在汉墓中出土的司南是最早应用磁现象的实物。司南的复制模型如图2-1所示。司南由一个用天然磁石磨成的勺和一个铜制的方盘组成，盘的中央光滑，四周有表示方向的刻度。使用时置勺底于盘中央，勺停止转动时，勺柄就指向南方。

图2-1 司南的复制模型

### 2.1.2 人类对电磁现象的早期实验研究

近代电磁现象研究始于16世纪的欧洲。英国医生、电磁学研究的先驱者吉尔伯特（William Gilbert，1544~1603，见图2-2）发现天然磁石摩擦铁棒，能使铁棒磁化。吉尔伯特是第一位用科学实验证明电磁现象的科学家，他用实验验证了大地磁场的存在。他把一块大的天然磁石磨制成一个大石球，用小铁丝制成小磁针放在磁石球上面，观察小磁针的取向。他发现，在天然磁石球的作用下，小磁针的偏转与地球上的指南针极为相似。由此吉尔伯特联想到地球可能是一块大磁体，它与磁针之间的同极相斥、异极相吸的作用引起了指南针的朝南、北方向的偏转。他还对磁倾角现象进行了解释，认为这是由于指南针在地球的不同纬度上受力的方向与该纬度的水平方向有一个夹角的缘故。1600年他在《地磁论》一书中指出，磁针指南是由于地球本身是一个巨大磁体。他还由希腊文"琥珀"（ηλεκτρου）创造了英文的"电"（electricam）

图2-2 电磁学先驱吉尔伯特

一词并沿用到1646年；其后，才由布朗根据英语语法将"electricam"改为"electricity"。

1663年，德国物理学家盖利克（Oho Von Guericke，1602~1686）研制出摩擦起电的简单机器。

1729年，英国学者格雷（Stephen Gray，1670~1736）发现电可以沿金属导线传导。他在对电荷传递的研究中，发现电的传导性能并不取决于物体的颜色，而取决于构成物体的物质类别。同是一根细丝，金属丝能导电，而蚕丝就不导电。因而他把物体划分为电性物体（导电体）与非电性物体（非导电体）两类。格雷还进行了第一个使人体带

电的实验，证明人体是电性物体。

1733 年，法国化学家杜菲（Du Fay，1693～1739）通过实验发现电荷有两种，分别称为"正电"和"负电"。后来还通过实验总结出"同性相斥，异性相吸"的特性。

在实验过程中，人们都希望把产生的电荷保存起来。荷兰莱顿大学物理学教授马森布罗克（PieterVon Musschenbrock，1692～1761）与德国卡明大教堂副主教冯·克莱斯特（Ewald Georg Von Kleist，1700～1748）分别于 1745 年和 1746 年独立研制出储电瓶——莱顿瓶。它是一个金属衬里的玻璃瓶，由瓶口的软木塞插入一根金属棒，瓶内装有半瓶水。它能储存由起电机产生的大量静电，可供放电实验使用。

当时，莱顿瓶的发明不仅促进了静电学研究，使电获得了更大的名声，而且还具有实用价值。人们纷纷效仿莱顿瓶的放电实验，有人用莱顿瓶的火花放电杀死老鼠、鸟和其他动物，也有人用莱顿瓶的放电火花点燃酒精、火药。最为壮观的实验是在巴黎女修道院，卡尔特教团的修士们用铁丝把每两个人之间连接起来，形成一个长 900 英尺的长队，当莱顿瓶放电时，一瞬间整个队列的修士受电击几乎同时突然跳起来。电流的强大威力使在场的人无不目瞪口呆。一向神情严肃的修道士们竟能参与如此滑稽可笑的表演，可见人们对电产生了多大的好奇！用莱顿瓶放电来熔化金属丝、磁化钢针，也是当时盛行的一种娱乐方式。在欧洲，几乎每一个国家都有一大批人依赖与电有关的实验和表演而谋生，他们对日后电学知识的普及与发展产生了巨大的影响。

1747 年，美国人富兰克林（Benjamin Franklin，1706～1790，见图 2-3）通过实验提出了电荷守恒原理。1746 年，他在波士顿看到史宾斯博士利用莱顿瓶等做的静电实验后，对此产生了好奇和兴趣，开始自学与电相关的书刊并开展一系列实验，以探索电的

图 2-3　科学家富兰克林

奥秘。在一次放电实验中，他获得了一个重要发现。他让 A、B 两人单独站在蜡板上，用莱顿瓶分别使他们带上玻璃电和琥珀电，又让 A、B 向站在地上的第三人 C 放电，结果都有火花闪现。如果 A、B 带电后先互相接触，再向 C 放电，结果都没有火花闪现。富兰克林由此发现玻璃电和琥珀电可以互相抵消，因此总结出电荷有两类，他把玻璃电叫做正电（用"+"号表示），把琥珀电叫做负电（用"-"号表示），并提出了电的单流体学说。他认为：每个物体都有一定量的电，摩擦不能创造出电，只是使电从一个物体转移到另一个物体上，它们的总电量不变。

1749～1752 年间，富兰克林通过实验揭开了雷电现象的秘密，统一了"天电"和"地电"。他仔细观察和研究了雷、闪电和云的形成过程，提出了发生于云层中的闪电和摩擦所产生的电具有相同性质的推测。1752 年夏天，他在费城进行了举世闻名的"风筝实验"：在雷电交加的雨天，他带着儿子把用细铁丝作引线的风筝放上高空，一阵闪电，风筝引线靠近手边的捻线用丝绸带缠上的细丝立刻向四周竖立起来，手指靠近引线末端的钥匙，就产生火花，他立即将"天电"收集到莱顿瓶中。他把收集到的"天电"进行放电实验，与摩擦起

电机产生的"地电"实验结果一样，从而证明了"天电"和"地电"的性质完全相同。根据这一理论和对尖端接地导体放电现象的发现，他还提出了关于避雷针的建议。

而另外一位俄国科学家李赫曼（G. W. Richmann，1711～1753）则在相似的雷电试验中触电身亡，为科学献出了生命。

1785 年，法国工程师、物理学家库仑（Charles Augustin Coulomb，1736～1806，见图 2-4）用扭秤测量静电力和磁力，建立了著名的库仑定律。当时，法国科学院征求提高航海指南针中磁针指示的精确度方案。库仑认为磁针放置在轴上，它转动时必然会产生摩擦，要改良磁针的工作，必须从这一根本问题着手，他提出用头发丝或丝线悬挂磁针。他又发现丝线扭转时的扭力与磁针转过的角度成比例关系，从而可利用这种装置来计算出静电力或磁力的大小，这导致他发明扭秤。扭秤能以极高的精度测出非常小的力。

图 2-4 物理学家库仑

库仑善于设计精巧的实验装置来测定各个物理量之间的关系。库仑定律是库仑通过扭秤实验观测并受到牛顿万有引力定律的启发总结出来的：两个电荷之间的作用力与它们间距离的平方成反比，而与它们所带电荷量的乘积成正比。库仑的扭秤实验在电学发展史上具有重要的地位，它是人们对电磁现象的研究从定性阶段进入定量阶段的转折点。电荷的单位就是用"库仑"来命名的。

意大利生理学家伽伐尼（Luigi Galvani，1737～1798，见图 2-5）是研究生物电的先驱。他出生于波洛尼亚，22 岁毕业于波洛尼亚大学，25 岁以"骨质的形成与发展"论文获博士学位后任该校解剖学讲师、美术和科学学院产科学教授；1772 年任波洛尼亚科学院院长，致力于神经对刺激的感受研究。

1780 年，伽伐尼的妻子身体欠佳，医生嘱咐多吃青蛙。伽伐尼把剥了皮的青蛙放置在靠近起电机旁的桌子上，当其妻偶然拿起电机旁的外科用小刀时，刀尖碰到蛙腿神经，出现了电火花，蛙腿发生剧烈痉挛，她随后把这一现象告诉了伽伐尼。伽伐尼 1791 年在《波洛尼亚科学院纪要》上发表了题为"论在肌肉运动中的电力"的论文，在论文中记载："在 1780 年的一天，我解剖了一只青蛙，并把它放在桌上，在不远的地方有一架起电机，当我的一个助手用一把解剖刀接触到青蛙腿内侧的神经时、青

图 2-5 生理学家伽伐尼

蛙四肢立即剧烈痉挛起来。"1792 年，伽伐尼利用两种不同金属组成的环和蛙腿接触而使蛙腿痉挛，这是第一个伽伐尼电池。其实，伽伐尼发现的是动物组织对电流刺激的反应，而不是动物组织带静电产生了电流。这种动物组织与两种不同金属接触所产生的反应现在称为"电疗法"。他宣称动物组织能产生电，虽然他的理论被证明是错的，但他

的实验却促进了对电学的研究。

1799 年意大利物理学家伏特（Count Alessardro Volta，1747～1827，见图 2-6）发明了"伏打电池"。1798 年他经过潜心研究后认为，伽伐尼的电流不是来源于动物，把任何潮湿物体放在两个不同金属之间都会产生电流。这一发现直接导致伏特在一年后发明了世界上第一个电池。他用铜币、银币和吸墨纸制成"电堆"（见图 2-7），可以提供较长时间的连续电流。从此使电学的研究由静电扩大到动电，开辟了电学研究的新领域。伏特还发明了起电盘、验电器和储电器等。这些发明对电学的发展作出了很大贡献。电动势、电位差、电压的单位"伏特"就是用他的姓氏命名的。

图 2-6　物理学家伏特

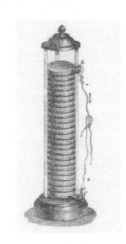

图 2-7　伏特发明的电堆

## 2.2　电流磁效应的研究

　　吉尔伯特断言过电与磁两者间没有关系，库仑也提出电和磁有本质上的区别，所以很少有人再去研究它们之间的联系。而丹麦哥本哈根大学物理学教授奥斯特（Hans Christian Oersted，1777～1851，见图 2-8）一直相信电、磁、光、热等现象相互存在内在的联系，他深受康德的哲学思想影响，认为存在于自然界的一些基本力是可以相互转化的。尤其是富兰克林曾经发现莱顿瓶放电能使缝纫机的钢针磁化，更坚定了他深入研究的信心。当时也曾有一些人试图通过实验去发现电和磁之间的联系，结果都失败了。他也通过多次实验揭示了电流的热效应和光效应，但始终没有发现电流的磁效应，奥斯特分析这些实验后认为：在电流方向上去找磁效应，看来是不可能的，那么磁效应的作用会不会是和热效应、光效应一样向四周扩散呢？

图 2-8　物理学家奥斯特

### 2.2.1 奥斯特发现电流的磁效应

在 1820 年春天的一个夜晚，奥斯特主讲一场关于电与磁的讲座，在讲座中还安排演示一些相关的实验。在实验演示过程中，当把电池与铂丝连通时，靠近铂丝的小磁针产生了轻微的晃动。这一不显眼的现象并没有引起听众的注意，而奥斯特则兴奋不已。此后他连续三个月进行深入的实验研究，在当年夏天宣布了关于电流的磁效应研究结果：在通电导线的周围，发生一种"电流冲击"，这种冲击只能作用在磁性粒子上，对非磁性物体是可以穿过的；磁性物质或磁性粒子受到这些冲击时，阻碍它穿过，于是就被带动，发生了偏转；"电流冲击"是沿着以导线为轴线的螺旋线方向传播的。他对电流磁效应的解释虽然不完全准确，但他奠定了电磁学研究的基础，把电磁学研究带入了一个辉煌时期。

奥斯特出生于丹麦兰格兰的鲁德克乔宾，17 岁考入哥本哈根大学，22 岁获博士学位后，受聘该校医学院化学助教，1806 年任哥本哈根大学教授。磁单位中磁场强度单位"奥斯特"就是用他的姓氏命名的。

### 2.2.2 安培奠定电动力学的基础

奥斯特发现电流磁效应的消息，很快引起科学界的广泛重视，许多物理学家认识到它的重要意义，立即着手这方面的研究工作。法国数学家、物理学家安培（Andre Marie Ampe，1775~1836，见图 2-9）生于里昂一个富商家庭。他年少时就显示出数学才能，据说 12 岁就学会了微积分。他的父亲给他买了大量图书，让其走自学成长的道路。他 27 岁就任布尔让布雷斯中央学校物理学和化学教授。1820 年 9 月 4 日，安培在法国科学院得知奥斯特发现电流磁效应的详细情况。奥斯特的发现引起了他的强烈关注，由于他过去一直相信库仑提出的观点——电和磁有本质上的区别、相互没有关系——而耽误了时机。于是他投入全部精力开展电磁理论的研究。他首先重复了奥斯特的实验，验证了它的正确性，然后进行更深入的研究，在两周后就提出了电流方向与磁针转动方向关系的右手定则。接着他又通过实验发现了两个载流导体相互作用力的规律：电流方向相同的两条平行载流导线互相吸引；电流方向相反的两条平行载流导线互相排斥。他还对两个线圈之间的吸引和排斥作了详细分析。

图 2-9 物理学家安培

安培还提出分子电流假说。他根据磁是由运动的电荷产生的这一观点来说明地磁的成因和物质的磁性。他认为构成磁体的分子内部存在一种环形电流——分子电流。由于分子电流的存在，每个磁分子成为小磁体，两侧相当于两个磁极。通常情况下磁体分子的分子电流取向是杂乱无章的，它们产生的磁场互相抵消，对外不显磁性。当外界磁场作用后，分子电流的取向大致相同，分子间相邻的电流作用抵消，而表面部分未抵消，

它们的效果显示出宏观磁性。

安培设计了关于电流相互作用的四个精巧的实验，并运用高度的数学技巧总结出电流元之间作用力的定律，描述两电流元之间的相互作用同两电流元的大小、距离以及相对取向之间的关系。他把研究动电的理论称为"电动力学"。1827年，安培将他对电磁现象的研究综合在《电动力学现象的数学理论》一书中，从而奠定了电动力学的基础。电流强度的单位"安培"就是用他的姓氏命名的。

### 2.2.3 欧姆定律的发现

德国（世居英国的德国侨民）物理学家欧姆（Geory Simon ohn，1789～1854，见

图2-10）生于巴伐利亚州的埃尔兰根平民家庭，父亲以开锁店为生。欧姆16岁进入埃尔兰根大学读了三个学期，因家境困难而被迫退学，通过自学于1811年参加埃尔兰根大学毕业考试并取得学位，此后在该校任教。1813年他到班伯格皇家高级中学任教时，发表了"高等教育中几何学的合理使用原理"论文。1817年，他在故乡科伦理工学院任教学物理系主任，1826～1833年开始在柏林军事学院教授数学。

欧姆最大的贡献是在1826年发现了电学上的重大定律——欧姆定律。他在法国数学家傅里叶（Jean Baptiste Joseph Fourier，1768～1830）的热传导理论的启发下进行

图2-10 物理学家欧姆

电学研究。傅里叶假设导热杆中任意两点之间的热流量与这两点间的温度差成正比，然后用数学方法建立了热传导定律。欧姆认为电流现象与此类似，猜想导线中两点间的电流也许正比于两点间的某种推动力之差。欧姆称这种力为电张力。这实际上是电压。

欧姆选用温差电池作电源，而电流大小的测量遇到了难题。1820年发现了电流的磁效应，第二年施魏格根据电流的磁效应制成了原始的电流计，当时称为"倍加器"，但是其准确性和灵敏度都很差。欧姆在这种电流计的启示下，设计制作了一种电流扭秤，把电流的磁效应和库仑扭秤结合在一起，电流的大小是通过挂在扭丝下的磁针偏转角度来确定的，它能准确测定电流大小，从而获得电流与电压成正、与电阻成反比的定量关系，即欧姆定律。1826年他仿照傅里叶的热传导理论分别发表了题为"论金属传导接触的定律及伏特仪器"和"施魏格倍加器的理论"等两篇论文。第二年他在发表的《动电电路的数学研究》一书中，从理论上严格推导出了欧姆定律。电阻的单位定为"欧姆"就是为了纪念他。

欧姆定律的建立在电学中具有重要的意义。但当时并没有得到科学界的重视，甚至还遭到一些人的攻击。直到15年后，英国皇家学会才肯定了欧姆的功绩，授予欧姆英国皇家学会"科普利奖"。

### 2.2.4 高斯对地磁的研究

德国数学家和物理学家高斯（Carl Friedrich Gauss, 1777~1855, 见图 2-11）出生于
德国不伦瑞克的一个贫苦农民家庭，年幼时家境贫苦，受
一贵族资助才进入学校受教育。他聪敏异常，11 岁发现了
二项式定理，15 岁已掌握牛顿的微积分理论，19 岁用圆
规和直尺画出了正 17 边形，解决了 2000 多年悬而未决的
几何难题，20 岁时建立了最小二乘法。他 18 岁进入哥廷
根大学学习，22 岁获得博士学位。

高斯对超几何级数、复变函数论、统计数学、椭圆函
数论作出了重大贡献。

高斯在天文学方面，研究了月球的运转规律，创造了
可以计算星球椭圆轨道的方法，利用这种方法和最小二乘
法计算出谷神星的轨道。他 1802 年发现了智神星的位置，
1809 年出版了《天体运动论》，1820 年潜心研究测地学，

图 2-11　物理学家高斯

发明了日光反射仪，还写出了近 20 篇有关大地测量学的论文。

高斯对电磁学的研究，开始于 1830 年。1832 年，他改进和推广了库仑定律的公式，
并且提出了测量磁强度的实验方法。他和韦伯合作，建立了电磁学中的高斯单位制；发
明了电磁铁电报机；绘制出世界第一张地球磁场图。

1833 年高斯与物理学家韦伯共同建立地磁观测台，组织磁学学会以联系全世界的地磁
台站网。高斯分别提出电静力学和电动力学定律的公式，其中包括"高斯定律"。所有这
些工作直到 1867 年才发表。电磁单位中磁感应强度"高斯"就是用他的姓氏命名的。

## 2.3　电 磁 感 应 的 发 现

电流的磁效应揭示了电能生磁。反过来，磁能够生电吗？这成了许多科学家关心的问
题。人们设计了各种各样的试验，试图发现磁能生电的现象，但最终都没有达到目的。

### 2.3.1 法拉第发现电磁感应

法拉第（Michael Faraday, 1791~1867, 见图 2-12）出身英国一个铁匠家庭，从小
生长在贫苦的环境中。迫于生计，他 9 岁时便辍学到文具店当学徒，后来到一家印书铺
当装订工，这使他有机会接触到各类书籍。每当他接触到有趣的书籍时就不知疲倦地读
起来，尤其是《大英百科全书》、《关于化学的谈话》以及有关电的书籍。繁重的体力
劳动，无知和贫穷，都不能阻挡他对科学的向往。

当时在伦敦经常举办各种科学报告会。英国皇家学会会员丹斯是该印书铺的常
客，他看到法拉第勤奋好学，便给了他一张英国化学家戴维（Humphry Davy, 1778~
1829）演讲会的入场券。法拉第去听著名科学家戴维的讲座，他认真地记笔记，并

图2-12　物理学家法拉第

把他先后听过的四次讲座的笔记精心整理，装成精美的书册，然后把笔记册和一封自荐信一起寄给戴维。在戴维的推荐下，法拉第终于进入皇家学院实验室并当了戴维的助手。法拉第在实验室工作半年后，随戴维去欧洲旅行。对法拉第来说，这次旅行让他大开眼界，他结识了许多科学家，还学到许多科学知识。回到英国后，他发挥出惊人的才干，不断取得成果。法拉第和奥斯特一样，他坚信自然力的统一性、不可破灭性和可转化性，不断寻找"磁生电"的现象。自1824~1830年间，他做过多次电磁学实验，一直没有获得满意的结果，但他的信念依然坚定。

法拉第的实验室如图2-13所示。

图2-13　法拉第的实验室

1831年8月29日，法拉第终于取得了突破性的进展。他在一个软铁圆环上绕有两个相互绝缘的线圈A和线圈B，线圈A的两端通过一个开关与电池连接成一个闭合回路，线圈B的两端用一条导线连通，导线下面平行放置一根小磁针，用来检验导线是否有感应电流流过。在实验过程中法拉第发现，当开关闭合后、电流通过线圈A的瞬间，线圈B附近的小磁针发生偏转；当开关断开、电流被切断后的瞬间，线圈B附近的小磁针也发生偏转。这是法拉第的第一个成功的"磁生电"试验。他为了弄清楚能产生"磁生电"的种类，后来又继续开展一系列的实验。当年11月24日，法拉第在递交给英国皇家学会的报告中，归纳出能产生感应电流的五种情况：① 变化着的电流；② 变化着的磁；③ 运动的恒稳电流；④ 运动的磁铁；⑤ 在磁场中运动的导线。他把在实验中观察到的现象定名为"电磁感应"。这是一次重大的突破，由电磁感应提供了生产电能的这种方式，沿用至今。发电机、电动机和变压器都是利用电磁感应原理而工作的。

法拉第的另一个重要研究成果，是提出了"电场"和"磁场"的概念，并描述了电力线与磁力线的作用。他从大量的实验研究中产生了这样一个构想：认为带电体、磁体或电流周围空间存在一种物质，这种物质是从电或磁激发出来的。这种物质在带电体与磁体的周围空间无所不在，起到传递电力、磁力的媒介作用。他把这些物质称作电场、磁场。法拉第还认为电场和磁场是由电力线和磁力线组成的，这些力线把不同的电荷（或磁体）连接在一起，就好像是从电荷（或磁极）出发、又落到电荷（或磁极）的一根根橡皮筋一样。1852 年，他还用铁粉显示出磁棒周围磁力线的形状。电容量的单位"法拉"就是用他的姓氏命名的。

### 2.3.2 亨利、楞次对电磁感应的研究

在法拉第发现电磁感应后不久，又有两项与之相关的研究成果发表。其中一项是美国物理学家亨利发现了自感现象，另一项是俄国物理学家楞次提出了确定感生电流方向的判据。

物理学家亨利（Joseph Henry，1797~1878，见图 2-14）是美国自富兰克林之后，第一个从事创造性电磁学研究的伟大科学家。亨利与法拉第的身世有许多惊人的相似。他们都出身于普通家庭，因生活所迫，少年时期都去做学徒工，只不过亨利是在一家钟表店工作。1827 年，他用纱包铜线在铁芯上绕了两层，制成 7 磅重的电磁铁，通电后能吸住 650 磅重的物体。1829 年他在设计上进行改进，能吸住 2088 磅重的铁块，获得当时创纪录的成就。亨利在 1829 年 8 月开展电磁铁研究中，发现了载流线圈在断电时产生了强烈的电火花，这就是所谓的自感现象。他把这一项研究结果总结在 1832 年发表的"螺旋状长导线内的电自感"论文中。

据史料记载，实际上最早发现"磁生电"现象的是亨利。1830 年 8 月，在纽约奥尔巴尼学院任教授的亨利利用学校休假时间，设计了图 2-15 所示的实验电路进行"磁生电"测试。当他闭合电源开关 K 时，发现检流计 P 的指针摆动；断开电源开关 K 时，又发现检流计 P 的指针向相反方向摆动。亨利还发现，改变线圈 A 和线圈 B 的匝数，可以改变两个线圈电流的大小。这个实验是电磁感应的直观表现。但是，亨利没有急于发表他的实验成果，他还想再做一些实验。由于假期已过，他只得将这件事搁置一旁。后来他又进行了多次实验，直到 1832 年才将实验论文发表在《美国科学和艺术杂志》第 7 期上。电感的单位"亨利"就是用他的姓氏命名的。

图 2-14 物理学家亨利

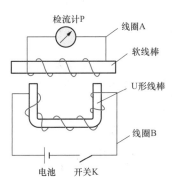

图 2-15 亨利的实验电路

俄国物理学家楞次（Heinrich Friedrich Emil Lenz, 1804~1865）早年研究神学，1832 年获悉法拉第研究电磁感应获得成功后，开始转向物理学研究。他进行了一系列电磁实验后，于 1833 年把研究成果发表在"论动电感应引起的电流的方向"论文中。他提出磁场的变化不能突变的观点，并说明这是由于受感应电动势的反抗作用而引起的。感应电流的方向是它所产生的磁场方向，与引起感应的原磁场的变化方向相反。这就是描述电磁感应现象的楞次定律，这一定律说明电磁现象也是符合能量守恒定律的。

## 2.4 电磁场理论的建立

在 17 世纪之前，人们对电磁现象的认识只是一些定性的观察，留下的是一些零星的记载。自 17 世纪开始，人类才对电磁现象留下了比较系统的观测记录。到 18 世纪初，人类对电磁现象开展实验研究，获得了一些定性的结论。直至 18 世纪晚期，通过大量的实验观测记录和归纳总结，终于获得公式化的成果——静电力的平方反比定律，从而使电磁现象的研究由定性描述转变为定量分析。

19 世纪上半叶是电磁学研究的高峰时期。由于伏特电堆的发明，为实验研究提供了可以连续使用的电源，促使一批研究成果相继问世。1820 年奥斯特发现电流的磁效应，1820~1827 年安培发现电流之间相互作用力定律，1826 年欧姆提出欧姆定律，1831 年法拉第发现电磁感应现象，1832 年亨利发现自感，1834 年楞次建立楞次定律，1843 年法拉第用实验证明电荷守恒定律。而这些成果都是各自对电或磁现象的单独分析与描述，还不能建立起电与磁的内在联系。

### 2.4.1 麦克斯韦建立电磁场理论

英国数学家、物理学家麦克斯韦（James Clerk Maxwell, 1831~1879，见图 2-16）生于英国爱丁堡，10 岁进入爱丁堡中学学习，中学期间就在《爱丁堡皇家学会学报》上发表论文"论椭圆曲线的机械画法"，16 岁进入爱丁堡大学学习物理，19 岁转入剑桥大学研习数学。他 1854 年以优异成绩毕业于剑桥大学三一学院数学系并留校任职，1856 年到阿伯丁的马里沙耳学院任自然哲学教授，1860 年到伦敦任皇家学院自然哲学及天文学教授，1871 年受聘为剑桥大学实验物理学教授。麦克斯韦是继法拉第之后，集电磁学大成的伟大科学家。他依据库仑、高斯、欧姆、安培、法拉第等前人的一系列发现和实验成果，以惊人的数学才能，严密的逻辑推导，对电磁场的概念作出了数学方程表示，建立了完整的电磁理论体系。他不仅科学地预言了电磁波的存在，而且还揭示了光、电、磁现象的本质的统一性，完成了物理学的又一次大综合。这一自然科学

图 2-16 物理学家麦克斯韦

的理论成果，奠定了现代电气技术、电子技术和通信技术的基础。

在科学领域，任何一个重要理论的建立都要靠许许多多人的艰苦努力，才能获得最终的成功。电磁场理论的建立也是如此。在剑桥大学学习时就为麦克斯韦打下了扎实的数学基础，为他以后把数学分析与实验研究有机结合创造了条件。1854 年麦克斯韦开始阅读汤姆生的科学著作和法拉第的《电气的实验研究》，他信服法拉第的物理思想，试图为法拉第的电场、磁场及电力线、磁力线的概念提供数学方法的支撑。

1856 年，麦克斯韦以法拉第的力线概念为指导，透过前人许多似乎杂乱无章的实验记录，看出了它们之间实际上贯穿着一些简单的规律。年仅 25 岁的麦克斯韦在剑桥大学的《哲学杂志》上发表了第一篇电磁学论文"论法拉第的力线"。论文中，他利用数学推理和类比方法将电磁学先辈们所描述的部分电磁现象用数学语言加以表达，采用时间—空间关系的严密公式来表述。麦克斯韦除把库仑定律、安培定律及法拉第定律综合起来外，还提出了所谓"位移电流"的概念。当时已经 66 岁的法拉第看到这篇论文后，高度赞扬了他对电磁现象的真知灼见。但这篇文章还没有引导出新的结果。

5 年之后，麦克斯韦又发表了第二篇论文"论物理的力线"，论文比较长，共有 4 部分内容，分别载于 1861 年和 1862 年的《哲学杂志》上。这时，他已经突破了数学上的类比研究方法，转向运用模型来建立假说，创造性地提出了"涡旋电场"假说，构造了"分子涡旋模型"。他还提出了"位移电流"假说，认为位移电流与传导电流相似，同样可以产生磁场。这表明在电磁感应作用下磁场的变化产生电场，而变化的电场引起的位移电流又能产生磁场。这是电磁学发展史上一个光辉的里程碑。他还预言了电磁波的存在，并推论这种波的速度等于光速，揭示了光的电磁本质。

1865 年，麦克斯韦的第三篇论文"电磁场的动力学理论"从几个基本实验事实出发，运用场论的观点，以演绎法建立了系统的电磁理论，提出了电磁场的基本方程组，有 20 个方程、20 个变量。后经德国物理学家赫兹和英国电气工程师亥维赛德的整理与简化，才成为描述电磁场的麦克斯韦方程组，共 4 个方程。麦克斯韦方程表达了宏观电磁现象的基本规律，电磁场的计算都可以归结为求麦克斯韦方程的解。静电场、恒定电场和恒定磁场的方程都可以由麦克斯韦方程导出，它们是某种特殊形式下的麦克斯韦方程。麦克斯韦方程显示了场量之间相互制约与相互联系的关系，表明了电磁场中电、磁两方面变化的主要特征。

1873 年，麦克斯韦出版了电磁场理论的经典著作《电磁学通论》。该书全面地总结了 19 世纪中叶以前对电磁现象的研究成果，对电磁场理论作了系统、严密的论述，从数学的角度证明了电磁场基本方程组解的唯一性，从而建立了完整的电磁学理论体系。这是一部可以同牛顿的《自然哲学的数学原理》、达尔文的《物种起源》和赖尔的《地质学原理》相媲美的里程碑式的自然科学理论巨著。

麦克斯韦的电磁场理论使物理学的理论基础产生了根本性变革，它把原先相互独立的电学、磁学和光学结合起来，使 19 世纪的物理学完成了一次重大综合。

在麦克斯韦去世后的 20 多年，著名物理学家爱因斯坦（Albert Einstein，1879~1955）几乎推翻了整个经典物理学，而麦克斯韦方程组仍然保持不变。爱因斯坦在自传

中说："在我求学的时代，最着迷的课题是麦克斯韦理论"，"特殊的相对论起源于麦克斯韦的电磁场方程"。1931年爱因斯坦在麦克斯韦诞辰一百周年纪念大会上指出：麦克斯韦的工作"是自牛顿以来，物理学最深刻和最富有成果的工作"。

### 2.4.2　赫兹发现电磁波

然而在当时，对麦克斯韦的理论许多人都难以理解，特别是他关于电磁波的预言，不少人表示怀疑。直到1887年，才由德国物理学家赫兹（Heinrich Rudolf Hertz，1857~1894，见图2-17）通过实验证实了电磁波的存在。赫兹生于汉堡一个律师家庭，父亲

图2-17　物理学家赫兹

是犹太人。由于他对自然科学的浓厚兴趣而建有私人实验室。1875年他毕业于约翰纽姆工科学校，1877年进慕尼黑工学院，1878年来到柏林大学，在著名物理学家亥尔姆霍兹（Hermann Ludwig Ferdinand von Helmholtz，1821~1894）的指导下开展研究工作，于1880年获博士学位后便成为亥尔姆霍兹的助手。1885年他担任卡尔斯鲁高等工业学院物理学教授，1889年接替克劳休斯任波恩大学物理学教授。

赫兹于1883年开始研究电磁理论。1886年秋季的一天，他在实验室内做火花放电实验，一个奇异的现象引起了他的注意：每当放电线圈放电时，在附近几米以外的绝缘开口导线中就会冒出一束小火花，这立即使他想起了麦

克斯韦的电磁场理论，这跳跃的小火花是不是意味着有电磁波在天空传播呢？为了验证这一个想法，他精心设计了一个实验：在一个漆黑的实验室里，将检波器放在离自制的电磁波发生器大约10m远的地方。当发生器通电后，适当调整检波器的方向，检波器的两个小铜球之间就会迸发出一束很小的蓝色火花，这说明发生器发射出来的电磁波确实被检波器接收到了。赫兹于1887年发表了"电磁波的发生和接收"论文，论文中用实验结果证明了电磁波是以与光波相同的速度直线传播，电磁波本质上与光波相同，具有反射、折射、衍射和偏振等性质。

他证实了麦克斯韦关于光是一种电磁波的理论，为通信技术的发展开辟了新途径。同年，他还发现了"光电效应"现象，即物质在光的照射下释放出电子的现象，这种现象后来由爱因斯坦引入光子概念。1889年赫兹在一次自然科学大会上作了"光和电的关系"的报告，获得来自世界各地著名学者的一致好评。1960年第11届国际计量大会确定把频率的单位定为"赫兹"。

## 2.5　通信技术的进步

电磁学的大量实验成果和理论成果为通信技术的发展提供了丰富的实践经验和全面

的理论基础。特别是麦克斯韦的电磁场基本方程的问世以及赫兹在实验室对电磁波传播的实现，对于无线电通信技术给予了有力的支持。而商业利润和社会需求也为通信技术的发展起到了助推作用。在19世纪通信技术所取得的成果——有线电报、有线电话和无线通信再一次体现了人类的智慧。

### 2.5.1 有线电报的发明

信息是人们在社会生活中的基本需求，特别是在战争年代，准确的信息传递显得尤为重要。早期利用烽火、狼烟传递信号有许多缺点：信息量少、中间环节多、受气象条件影响大、传送距离短、传送速度慢。在通信领域中利用电信号来传递信息，电报是人们最早的尝试。电报由最初尝试到实用性推广，大概经历了静电电报、电化学电报和电磁电报三个阶段。早在18世纪中叶就有人尝试利用电进行信号传递。1753年摩立逊（Morrison）和1774年勒沙格（Lesage）都曾试图利用26根导线分别代表26个英文字母，在导线一端用静电起电机供电，当导线另一端带静电吸动纸片或小球来传递信息。不过由于静电传送的距离太短、信息传送的效率低而无法推广使用。

当伏特电堆发明以后，1804年，西班牙工程师沙尔瓦（Don Fransisco Salva，1751~1828）又尝试用导线传送电流到另一端使水分解，以电源负极端产生氢气泡为信号，制成了电化学电报机。1809年德国人索莫林（Thomas Sommering，1755~1830）也进行了类似的实验，但仍需用26条导线来表示26个英文字母，使得线路复杂且速度太慢，并不具有使用价值。

1820年，在奥斯特发现电流的磁效应之后，安培首先提出了可以利用电流使磁针偏转来传递信息，人们开始研究电磁式电报机。1829年俄国外交家斯契林（1786~1837）制成了用磁针显示的电报机，使用6根导线传送信号，还有一根供电流返回的公共导线，6个磁针指示的组合表达不同的信息。他还发明了一套电报电码。其间，还有不少著名的科学家也都研究过电报通信。比如德国的数学家、物理学家高斯与德国物理学家韦伯在哥廷根建立了一个电报系统，但是他们的电报机都难以推广到社会实用。

真正使电报投入实际应用的，是英国青年科克（William Cooke，1806~1879）和物理学家惠司通（Charles Wheat stone，1802~1875，见图2-18）于1837年制成的双针电报机，当年申请了发明专利，第二年成功铺设了13km电报线，使电报服务于利物浦的铁路线上。1846年英国成立了电报公司后，其电报业务量迅速增长，几年后就建成了数千英里的电报线路。但这种电报机也有一个致命弱点，即都只能传送电流的"有"或"无"两个信息，而且线路的成本也高。

莫尔斯（Samuel Finley Breese Morse，1791~1872，见图2-19）是一位美国画家，懂得一些化学和电的知识。1832年10月，他到欧洲绘画后在从法国回到美国的旅途中，在"萨丽"号邮船上，听了杰克逊医生向旅伴们介绍奥斯特的"电生磁"和安培关于电报的设想讲演，对电报产生了很大兴趣。在旁听过程中脑海里突然闪过一个念头，他立即写在了笔记本里。

图 2-18　物理学家惠司通

图 2-19　电报发明者莫尔斯

"电流是神速的，如果它能够不中断地传送 10 英里，我就能让它传遍全球。可以突然切断电流，使之产生电火花，电火花是一种信号，没有电火花又是一种信号，没有火花的时间长度又是一种信号。这三种信号组合起来可以代表各种数字和字母。数字和字母按顺序编排可以构成文字。这样文字就可以通过导线传送了。远处的仪器就把信号记录下来。"

正是由于这样一次旅途中的偶然旁观，使他停下了画笔而致力于电报的研究。莫尔斯发明的精华是他的电码。他运用电流的"通"、"断"和"长断"来代替人类的文字进行传送，这就是著名的莫尔斯电码。发报机传送出的电流使收报机的电磁铁受到吸引力，并带动记录笔在纸带上自动记录。

1837 年，莫尔斯把电报传送到 10 英里远的地方。1843 年在美国政府的资助下，在华盛顿与巴尔的摩之间架设了最早的电报线路。1844 年 5 月 24 日，在华盛顿的国会大厦联邦最高法院会议厅里，莫尔斯用有线电报机进行了首次公开通信演示。电文内容取自《圣经》："上帝创造了何等奇迹！"，从而实现了人类进行长途电报通信的梦想。莫尔斯电报机如图 2-20 所示。

图 2-20　莫尔斯电报机

当时欧洲和美国的经济正在走向一体化，美国的农作物收成会直接影响到欧洲的市场物价，谁先得到消息就会成为商战中的胜者。市场的需求为莫尔斯发明的电报机带来商机，它以其实用性陆续被欧洲各国采用，各地的电报线路也不断增加和扩建。1850 年建成连接英国和法国的多弗尔海峡的海底电缆，1852 年伦敦和巴黎之间实现直接通报。1855 年建成了地中海到黑海的海底电缆，完成了英、法、意直到土耳其的电报通信线路。大西洋海底电缆的铺设工作最为艰辛，自 1856 年开始，经过多次失败，历时 10 年终于成功，实现了从英国到美国之间的越洋通报。到 1869 年，连通了包括跨越太平洋、印度洋在内的全球范围的海底电缆网。

### 2.5.2 有线电话的发明

有线电报的推广使用，使人们的信息交流进入了一个崭新的时代。然而，电报传送的是符号。发送一份电报，得先将报文译成电码，再用电报机发送出去；在收报一方，要经过相反的过程，即将收到的电码译成报文，然后送到收报人的手里。这不仅手续麻烦，而且也不能进行及时双向信息交流。因此，人们开始探索一种能直接传送人类声音的通信方式，这就是现在无人不晓的"电话"。

早在 1796 年，欧洲就开始了远距离传送声音的研究。休斯提出了利用话筒接力传送语音信息的方法。虽然这种方法不能在实际中推广应用，但他给这种通信方式的命名——Telephone（电话），一直沿用至今。1861 年，一名德国教师发明了原始的电话机，利用声波原理可在短距离互相通话，但还是无法真正投入实际使用。

世界上第一台电话机的发明者，是美籍苏格兰人贝尔（Alexander Graham Bell，1847~1922，见图 2-21）和他的助手华森。贝尔出生于英国爱丁堡市的一个聋哑教师的家庭，他的祖父和父亲都是语言学家，自己也选择语言学为专业。他系统地学习、研究了人的语音规律、发声机理和声波振动原理等专门知识。开初，他致力研究一种为聋哑人使用的"可视语言"，他试图在一种薄膜上复制人的语音震动波，让聋哑人通过波形曲线"看"出语音来。这种试验未能获得成功。但是，在实验过程中他意外发现了一个现象：当切断或接通电路时，电路中的螺线管线圈会发出轻微的噪声，这就像莫尔斯电码"滴答"的声音一样。于是，一个大胆的设想在他的脑海里浮现出来了：先将声

图 2-21　电话发明者贝尔

音引起的空气振动强弱变化转换成电流的大小变化，再用电流的大小变化还原成声音的变化，人的声音不就可以凭借电流而传送出去了吗？这就是他设计电话的基本原理。

然而，如何通过技术手段来实现"从声音变化到电流变化"，又"从电流变化到声音变化"呢？贝尔决心从学习电学开始，并虚心向专家求教。他专程赶到华盛顿就自己的设想向声望极高的物理学家亨利请教。亨利肯定了他的思路并满腔热情地鼓励他学习和掌握更多的电学知识，鼓励他继续研究下去。从此，他便刻苦攻读电学并继续他的实验。为了全身心投入发明工作，1873 年贝尔辞去了在波士顿大学的语音学教授任职。一次偶然的机会，贝尔与 18 岁的电气技师华森相识。由于有共同的志向，他们开始了长期合作。在两年多时间里，他们对设计方案和样机进行过多次改进，但一直没有取得满意的结果。

1876 年 3 月 10 日，贝尔和华森又对样机作了一些改进。在最后测试过程中，华森

在紧闭了门窗的另一房间把耳朵贴近音箱准备接听。贝尔在最后时刻因操作不慎把电池中的硫酸溅到自己身上，于是叫了起来："华森先生，快来帮我啊！"没有想到，在受话器另一端的华森听到了通过电线传来的呼叫声。这句极普通的话，也就成为人类第一句通过电线传送的语音而记入史册。

此后，贝尔获得电话发明专利权，并于1878年成立了贝尔电话公司［美国电报电话公司（AT&T）前身］，其架设在相距300多km的波士顿与纽约之间的第一条电话线路开通，标志着人类进入了电话通信的时代。

1881年电话传入中国。英籍电气技师在上海十六铺码头附近架起一条电话线路，开办公用电话收费业务。1882年，丹麦大北电报公司在上海外滩设立了第一个电话局。

电话的发明者究竟是谁？这个问题是有争议的。贝尔在向美国专利局申请电话专利权不久，另一位名叫格雷的人也向专利局提出了电话专利权申请。他们发明电话的受话器原理没有多大差异，只是送话器里用以控制电流大小的可变电阻设计方法不同，因而没有授予格雷专利权。1877年，发明家爱迪生研究了贝尔与格雷的送话器原理后，设计出更为灵敏的碳精送话器，提高了通话质量并获得专利。早期的电话机如图2-22所示。

图2-22 早期的电话机

据报道，美国国会众议院于2002年6月通过了一项决议，认定电话的发明者并非贝尔而是安东尼奥·梅乌奇。梅乌奇1808年生于意大利，1850年移民美国，并于1860年在纽约公开演示了他的发明——"能讲话的通信器"。但是由于他不会讲英语，无法融入美国的主流社会，得不到应有的认可与支持；更因穷困潦倒而付不起当时规定的250美元的永久性专利注册费，致使自己的发明得不到应有的保护。贝尔曾和梅乌奇共同使用一间实验室，靠着剽窃后者的成果于1876年获得了电话发明的专利，因而名利双收。梅乌奇曾提起诉讼，就在案子有希望获胜时，他却于1889年溘然长逝，诉讼随之而中止。

### 2.5.3 无线通信的发明

莫尔斯发明的有线电报与贝尔发明的电话，开创了通信的新纪元。然而人们并没有因此而满足。因为有线通信还存在着许多的缺陷：首先，它只限于定点之间的通信，无法进行移动目标之间的通信；其次，通信线路要消耗大量的金属材料，投入资金大；最后，架设通信线路工程量大，特别是山区、林区、海洋等地区施工相当困难。人们都希望能把有线简化成无线，省去电线、电缆，使通信信号能飞过高山，跨越大海。

1886年赫兹证明了电磁波的存在，并断言电磁波"没有什么用处"。可是，有两位年轻人却从赫兹实验的火花中看到了它广阔的应用前景。这两位年轻人就是俄国的波波夫（1859~1906）和意大利的马可尼（1874~1937，见图2-23）。

1889年春天，在一所军事学校任教师的波波夫在一个学术会议上看到了赫兹的电磁波实验表演，他决心要为电磁波的应用开展深入研究。经过几年的不懈工作，终于研制出一台电磁波接收机，那时他 36 岁。在对电磁波接收机进行多次修改后，又成功研制出了电磁波发射机。

1896 年 3 月，波波夫在相距 250m 之间发射了世界上第一份无线电报，并由接收机的记录器记录下来，电文是"海因利茨·赫兹"。波波夫是一位爱国主义者，他拒绝了美国投资商关于有偿转让技术的要求，而沙皇俄国政府对新兴科技的漠不关心的态度，使波波夫的发明并没有得到推广应用。几年之后，在 1904 年的日俄战争中，沙皇政府不得不花巨资向德国购买电台来装备海军。

图 2-23　电报发明者马可尼

意大利青年工程师马可尼几乎是与波波夫同时对赫兹的实验结果产生了兴趣，想探索无线通信的道路。

马可尼家境富裕，他虽然没有上过大学，但曾把意大利有名的学者请到家里来指导他的物理学学习。马可尼设想，通过加强电磁波的发射能力，也许能增大它的发射距离，于是就在自家的庄园里开展了一系列试验。在 1894 年冬，他终于获得初步成功，能把电磁波信号传送到大约 9m 远的距离；他又通过改变发射天线的结构来提高电磁波发射能力，在一年多后，能将发射距离增加到 2000m 以上。为了尽快将他的无线通信技术转入社会实用，他向意大利政府提出资助申请，但政府当局对于技术发明不感兴趣。于是，马可尼不得不求助于比较重视技术发明的英国。英国海军部对他的发明十分重视，认为无线通信技术一旦试验成功，可以解决海军舰队的调度指挥难题，决定大力资助他的研究。移居英国后，马可尼继续进行研究实验，不断扩大无线电的有效通信距离。1897 年马可尼的收发报距离已达到 16km，他为英国沿海的灯塔船装备了无线电发报机，以保证海上航行的安全。1899 年他又出色完成了英法海岸间相距 45km 的通信任务。当一艘安装无线发报机的灯船被一艘拖船撞翻后，幸亏使用发报机发出了求救信号，船员才被及时赶来的救生船救起。这一事件使人们意识到了无线电通信的实用价值。1901 年实现了横跨大西洋的无线电通信。马可尼虽然在无线电通信试验起步稍晚于波波夫，但他在提高无线通信距离方面作出了杰出贡献。马可尼与另一位阴极射线管发明者德国人布劳恩分享了 1909 年诺贝尔物理学奖，此时他才 35 岁。

### 思　考　题

2.1　以法拉第和麦克斯韦的研究为例，试说明实验和数学在科学研究中的作用。

2.2　从电磁学理论的建立到通信技术的进步，有哪些科学家分别作出了什么贡献？

2.3　学习完通信技术的进步内容后，对你有何启示？

2.4　一项新技术的发明过程有哪两个主要阶段？

# 3

# 电气工程技术与理论的发展

> 电工技术革命……实际上是一次巨大的革命。蒸汽机教我们把热变成机械运动，而电的利用将为我们开辟一条道路，使一切形式的能——热、机械运动、电、磁、光——互相转化，并在工业中加以应用，循环完成了。
>
> ——恩格斯

## 3.1 电工技术的初期发展

### 3.1.1 人类近代的技术革命

技术革命也称为工业革命或产业革命，它是人类近代文明发展的基础，决定了人类社会工业化发展和生活水平提高的趋向。到现在为止，技术革命的历程大致分为三个阶段：第一阶段从 18 世纪中叶到 19 世纪中叶，以工业生产机械化为特征；第二阶段从 19 世纪后半期到 20 世纪中叶，以工业生产电气化为主要标志；第三阶段从 20 世纪中叶到 21 世纪初，以社会生产与人居生活电子化、信息化为特点。

第一次技术革命的中心在英国。其主要的理论基础之一是牛顿力学；解决动力问题的标志性成果是瓦特发明和改良的蒸汽机；主要应用于纺织业、交通运输业、冶金采矿业、机器制造业等领域。这是一场生产力的全面革命，引起了社会生产力的巨大飞跃；改变了英国的经济地理面貌；使工厂制度在英国首先得到确立；增强了英国的国际地位；并对世界工业革命产生了巨大影响。

1875 年左右发生的第二次技术革命的中心在美国和德国。它主要表现在新能源的利用、新机器与新产品的制造、远距离信息传递技术的应用。第二次技术革命在人类发展史上占有重要的地位，其主要成果是电力、钢铁、化工"三大技术"和汽车、飞机、无线电通信"三大文明"的取得，极大地改变了人类社会的面貌。第二次技术革命的主要标志是电气化、内燃机的应用与化学工业的兴起；重工业、动力工业、能源工业、化学工业等领域崛起并迅速发展，它所引起的工业化浪潮使美、德、英、法等国的工业化程度进一步提高。

第二次技术革命中电工技术获得飞速发展，电磁学理论与电路理论的建立为它奠定了基础。因此，电工技术既是第一次技术革命的继承、发展，又出现了许多新兴的产业，它对第一次技术革命基础上建立起来的产业结构、经济体制、社会关系产生了新的影响，成为划分一个时代的开始。有的学者认为电工技术的广泛应用就是第二次技术革命。

第二次技术革命的中心虽然在美国和德国，但是许多主要的新理论、新技术的发明仍然在英国。由于英国在工业技术上主要依赖蒸汽机为动力，担心电工技术的应用所带来的设备更新会增加额外的投资，因而错失良机。没有传统技术负担的美国、德国由于电工技术的广泛应用终于超过了英国，成为世界工业强国。

### 3.1.2 电工技术的初期发展历程 //////////

第二次技术革命是从电工技术及其应用开始的。1831 年，英国物理学家法拉第发现电磁感应原理，奠定了发电机的理论基础。科学的发现，引起了一场电力技术的革命。1857 年，英国企业家荷尔姆斯在法拉第的帮助下，研制成功了蒸汽动力永磁发电机。

1866 年，德国工程师、实业家维纳·西门子（Ernst Werner Von Siemens，1816~1892，见图 3-1）发明了自激式励磁直流发电机，用电磁铁代替永久磁铁，利用发电机自身产生的一部分电流向电磁铁提供励磁电流，使发电机的功率提高。他还预言：电力技术很有发展前途，它将会开创一个新纪元。

图 3-1　工程师、实业家
维纳·西门子

西门子设计并制作了最早的标准电阻。他于 1860 年设计、制作了长度为 1m、截面积为 $1mm^2$ 的水银电阻器，并在国际电工会议上提交了以此为标准器的提案。为了纪念他的杰出贡献，国际电工会议将电导单位定名为"西门子"。

西门子生于汉诺威的累尔特。他 18 岁入普鲁士炮兵服役，后进柏林陆军大学学习，毕业后到兵工厂工作，28 岁被提升为柏林炮厂厂长，31 岁时和机械师哈尔克在柏林郊区创设了西门子—哈尔斯克电报机制造厂；1867 年，西门子—哈尔斯克电报机制造厂改名为西门子兄弟公司，在其他国家设立子公司。在西门子及其继任者的领导下，公司逐步发展成为誉满全球的大型电工、电子企业。

法国籍比利时电气工程师格拉姆（Zenobe Theophile Grammme，1826~1901）1853 年在巴黎学习物理学；1856 年进巴黎一家工厂工作，该厂刚开始设计、制造电气工程设备。1870 年，格拉姆发明了实用自激直流发电机。格拉姆对意大利物理学家帕奇诺蒂在 1859 年研制的环形电枢发电机模型作了改进，他用叠片式环形电枢在上下两个磁

极间旋转，并采用金属换向器。由于他设计的发电机具有输出功率大、电压高、输出电流稳定等特点，从而取得了专利，曾先后在巴黎和维也纳展出，受到人们的重视。这种发电机虽然效率还不高，但能提供较高的输出电压并发出较大的功率（最大达100kW），具有实用价值。至此，电流的产生不再依赖实验装置，而由结构可靠、电流稳定的发电机提供。

1873 年，安装在英国威斯敏斯特钟塔上的信号灯电源，就是由格拉姆制造的直流发电机提供的。他还在维也纳展览会上演示了发电机能反过来作为电动机使用，从而使电动机的设计、制造技术发生了很大进步。1875 年，由于改进后的格拉姆发电机输出功率大、运行稳定、经济性能好，安装在世界第一座小型火电站——巴黎北火车站发电

图 3-2　发明家爱迪生

站，为车站附近的弧光灯提供电源。当时，格拉姆电机被各国广泛采用，他为电气技术的发展作出了重要的贡献。

1879 年 10 月，美国发明家爱迪生（Thomas Alva Edison，1847~1931，见图 3-2）发明了电灯。由于灯丝是用碳化了的棉线做成，其使用寿命比较短，当时并未引起社会的广泛注意，后来经过多次改进，才提高了电灯的使用寿命。

1882 年，爱迪生建成美国第一个商业直流发电厂——纽约珍珠街火电厂，装有 6 台直流发电机组，共 660kW，通过 110V 电缆供电，最大送电距离 1.6km，供 6200 盏白炽灯照明用；其后，又建立了威斯康星州亚普尔顿水电站，完成了初步的电力工业技术体系。1889 年，金融大亨摩根加入了爱迪生的电气公司，使美国的电气化步伐加快。

爱迪生生于俄亥俄州的迈兰，父亲是小木材场主。他 8 岁时仅上了几个月小学，被老师训斥力"糊涂虫"而退学，从此仅受家庭教育。12 岁时读完了帕克的《自然与实验哲学》，随后又研读了牛顿的《自然哲学的数学原理》，并从中获得教益：重视实践而不是理论。他 12 岁开始在铁路上当报童，到 16 岁时成为车站电报员，22 岁创办技术顾问公司，29 岁在新泽西州建立了世界第上一所工业实验室。爱迪生的实验室如图 3-3 所示。爱迪生一生完成 2000 多项发明，他刻苦努力，充分发挥了自己的发明才能。他曾说："天才是 99% 的汗水，加上 1% 的灵感。"爱迪生象征着美国由穷变富的理想，爱迪生的一生，是美国从落后农业国向工业国过渡、从全盘照搬欧洲技术到建立美国自己的技术体系的时代。图 3-4 所示为爱迪生发明的灯泡。

1882 年，英国商人在上海开办了上海电光公司，并建了一座功率为 12kW 的发电厂。1888 年，华侨黄秉常在广州两广总督衙门近旁建成发电厂，供给总督衙门及附近部分居民照明用电。随着对电能需求的显著增加和用电区域的扩大，直流发电、供电系统显示出电能生产成本高、供电可靠性低、输电距离短等缺陷。自 19 世纪 80 年代起，人们又投入了对交流发电、供电系统的研究，它与直流发电、供电系统比较，具有许多的优越性。

图 3-3 爱迪生的实验室

图 3-4 爱迪生发明的灯泡

1885 年意大利科学家法拉里提出的旋转磁场原理，对交流电机的发展具有重要的意义。

美国发明家、工业家威斯汀豪（George Wistinghouse, 1846~1914，见图 3-5）生于纽约州的一个农业机械制造商家庭。他在龙宁学院学习后，参加南北战争的北军，在陆军和海军服役。1865 年发明旋转式蒸汽机而首次获专利。1869 年设立威斯汀豪斯空气制动器公司，在匹兹堡建设工厂，生产铁路制动器和铁路信号装置，其产品畅销欧美。

威斯汀豪自 1870 年代就开始研究电机。1885 年，他购置了法国高拉德（1850~1888）和英国吉布斯于 1881 年的发明的"供电交流系统"专利权。在他领导下，与研制变压器和配电设备的斯坦利、发明多项交流发电机和感应电动机技术的特斯拉、研制测量设备的沙伦伯格等，共同完成了交流发电、供电系统，并在匹兹堡创建了交流配

图 3-5 发明家、工业家
威斯汀豪

电网。在完成这一巨大工程中，显示了他重用优秀技术专家的领导艺术和组织才能。他于 1886 年成立威斯汀豪电气公司（西屋电气公司）；1889 年，威斯汀豪电气公司更名为威斯汀豪电气和制造公司。威斯汀豪一生获专利 100 多项。

美籍南斯拉夫发明家、电气工程师特斯拉（Nikola Tesla, 1856~1943，见图 3-6）1883 年发明了世界上第一台感应电动机。1888 年发明了两相异步特斯拉电动机和交流电力传输系统。美国采用 60Hz 作为工业用电的标准频率与他有很大关系。

特斯拉出生于奥匈帝国的一个牧师家庭，具有难以置信的记忆力和对数学的理解能力。特斯拉于 1884 年移居美国，先是受雇于爱迪生；当时正值"电流争论"时期，一

图3-6 发明家、电气
工程师特斯拉

方面发明家爱迪生坚持继续使用直流电；另一方面，发明家威斯汀豪则主张改用交流电。由于特斯拉对交流电感兴趣，便离开了爱迪生而加入了威斯汀豪的企业。通过在威斯汀豪企业中所作出的贡献，特斯拉获得了声誉，1887年在西方联合电报公司资助下，建立了特斯拉电气公司。1888年他发明了两相异步特斯拉电动机和交流电力传输系统，他的多相交流发电、输电、配电技术也被社会接受。1890年发明高频发电机；1891年发明特斯拉线圈（变压器），后来被广泛应用于无线电、电视机和其他电子设备中；1893年发明了无线电信号传输系统。特斯拉一生中拥有700多项专利。为了纪念他，1960年第11届国际计量大会确定采用特斯拉作为磁感应强度的单位。

1888年，俄国工程师德布罗夫斯基和德尔伏发明了三相交流制。次年，三相交流电由试验到应用取得成功。不久三相发电机与电动机相继问世，这就为三相交流电在世界上的普遍应用奠定了基础。1891年，在德国劳芬电厂安装了世界第一台三相交流发电机，并建成第一条三相交流输电线路。自从三柱式铁芯变压器研制成功后，三相异步电动机就得到广泛的应用，工业动力很快便被它所代替。这就使得电能在工业生产上的应用获得了迅速发展，且逐步取代了蒸汽等动力源。三相交流电的出现克服了原来直流供电容量小、距离短的缺点，开创了长距离供电方式。电力除照明外，还用于电力传动等各种新用途。用电动机带动的各种机床、电车、电梯、起重机、压缩机、电力机车等在工业生产和公共交通等领域发挥着巨大作用。

是采用直流发电、供电系统，还是采用交流发电、供电系统，在1880年代曾发生过一场激烈的争论。美国发明家爱迪生、英国物理学家汤姆逊等都极力主张沿用直流电，而美国发明家威斯汀豪斯、美籍南斯拉夫发明家特斯拉和英国物理学家费朗蒂等人则主张改用交流电。经过长达10年的激烈争论与竞争，最终后者取得了成功。

对许多分散的电力用户提供大量经济、可靠的电能，促进了电力工业的蓬勃发展和技术进步。电气工程的发展趋势是：采用高效率、大功率的蒸汽推动的原动机；不断加大发电机的单机容量；提高输电电压等级；延长输电距离。这就促进了高电压、大容量、远距离电力系统的形成。

1891年由法国劳芬水电站至德国法兰克福的三相高压输电线路建成。它在始端有升压变压器，容量为20kVA，电压为90/15200V；终端有降压变电站，传输效率在80%以上，具有十分明显的技术优越性和经济效益。此后，不过10年时间左右，交流输电技术几乎全部采用了三相制。

美国在1882年仅有3座直流发电厂，1886年美国开始建设交流发电厂，功率为6kW，采用单相制。此后电厂建设蓬勃发展，到1902年便增至3621座。欧洲各国在这一时期也建起了大批电厂。到20世纪初，人类便结束了自1796年由英国瓦特发明蒸汽机起所开创的蒸汽时代，跨入了面貌全新、更为先进的电气时代。单就三相制交流技术应用、电力事业的创建与发展来说，世界上从创造、试验到普遍应用，至今才120年左右。

电能的开发和利用，引起了人类社会生产、生活翻天覆地的变化。独立的电力工业体系也逐步形成、壮大。列宁认为："电力工业是最能代表最新的技术成就和19世纪末、20世纪初的资本主义的一个工业部门。"

## 3.2 电工理论的建立

理论来源于实践。电工理论是在对许许多多电磁现象的大量实验结果的分析、归纳总结而逐步形成的；同时，它又对实践起指导作用。电工理论起源于物理的电磁学，从18世纪后半期开始的漫长的岁月中，人们对电磁现象的本质及其规律的认识，为电工技术的发展提供了理论基础。但是在电工技术的实际应用中，还需要兼顾工程设计、制造工艺、经济效益、使用可靠性、维护方便等一系列问题。也就是说，在工程计算中，要尽量使用简捷的方法，来获得所需要的结果。在分析问题时，将实际电路元件、器件进行理想化处理，获得理想化的元器件模型。在此过程中，允许有一些近似，抓住主要问题，忽略某些次要因素；而且也不必重新研究发生的物理过程和细节，从而逐步形成了分析电工设备中发生的电磁过程及其定量计算方法的电工理论。

### 3.2.1 电路理论的建立

电路理论作为一门独立的学科登上人类科学技术的舞台大约已有200多年了，在这纷纭变化的200多年里，电路理论已经从用莱顿瓶和变阻器描述问题的原始概念和分析方法逐渐演变成为一门严谨抽象的基础理论科学，其间的发展和变化贯穿和置身于整个电气科学技术的萌发、不断进步与成熟过程之中。如今它不仅成为整个电气科学技术中不可或缺的支柱性理论基础，同时也在开拓、发展和完善自身以及新的电气理论中起着十分重要的作用。

电路理论是一个极其美妙的领域，在这一领域内，数学、物理学、电信和电气工程与自动控制工程等学科找到了一个和谐完美的结合点，其深厚的理论基础和广泛的实际应用使其具有强盛持久的生命力。因而，对于许多与之相关的学科来说，电路理论是一门非常重要的基础理论课。

早在1778年，伏特就提出电容的概念，导体上储存电荷 $Q = CU$，而不必从整个静电场去计算。

在1826年欧姆发表欧姆定律和1831年法拉第发表电磁感应定律之后，1832年亨利提出了表征线圈中自感应作用的自感系数 $L$，即磁通 $\Phi = Li$。俄国楞次提出：导体中由电磁感应产生的电流，也遵守欧姆定律。

1844年5月24日，在华盛顿的国会大厦联邦最高法院会议厅里，莫尔斯用有线电报机进行了首次公开通信演示。由于电报的出现，就需要对有线电报机组成的电路

图 3-7　物理学家基尔霍夫

进行分析和计算。为电路理论奠定基础的是伟大的德国物理学家基尔霍夫（Gustav Robert Kirchhoff，1824～1887，见图 3-7）。他在深入地研究了欧姆的工作成果之后，在 1845 年作为刚满 21 岁的大学生就提出了关于任意电路中电流、电压关系的两条基本定律。即电流定律（KCL）：任何时刻电路中任意一个节点的各条支路电流的代数和为零；电压定律（KVL）：任何时刻电路中任意一个闭合回路的各元件电压的代数和为零。后来在 1847 年他发表的题为"关于研究点线性分布所得到的方程的解"的论文中，证明了在复杂电路中，根据前述两条定律所列出的独立方程个数，正好等于电路的支路电流个数，恰好满足对给定电路方程的求解要求。基尔霍夫所总结出的两个电路定律，发展了欧姆定律，奠定了电路系统分析方法的基础。

1847 年基尔霍夫首先使用了"树"来研究电路，只是由于他们当时的论点太深奥或者说超越了时代，致使这种方法在电路分析中的实际应用停滞了近百年。直到 20 世纪 50 年代以后，拓扑分析法才广泛应用于电路学科。

基尔霍夫生于东普鲁士葛尼希堡的一个律师家庭，1847 年毕业于葛尼希堡大学，同年就任伯林大学讲师；1850 年任布雷斯劳大学物理学教授；1854 年任海德尔堡大学物理学教授；1875 年回柏林大学任数理学讲座教授。

1853 年，英国物理学家汤姆逊（William Thomson，1824～1907，亦名开尔文，见图 3-8）采用电阻、电感和电容的串联电路模型来分析莱顿瓶的放电过程，并发表了"莱顿瓶的振荡放电"论文。论文中推导出了电路震荡方程，通过求解方程得出了莱顿瓶放电过程中电流有反复振荡并逐渐衰减的结论，由此找到了海底电缆信号衰减的原因；他还计算出振荡频率与 $R$、$L$、$C$ 参数之间的关系，从而解决了海底电缆信号衰减这一难题。由此建立了动态电路分析的基础。

汤姆逊生于爱尔兰的贝尔法斯特，他从小聪慧好学，10 岁时就进格拉斯哥大学预科学习。17 岁时就立志："科学领路到哪里，就在哪里攀登不息。" 1841 年进剑桥大学学习，1845 年获数学学士学位。由于装设第一条大西洋海底电缆有功，英国政府于 1866 年封他为爵士，并于 1892 年晋升为开尔文勋爵，开尔文这个名字就是从此开始的。1890～1895 年任伦敦皇家学会会长。1877 年被选为法国科学院院士。1846 年任格拉斯哥大学物理学讲师，不久任教授；1904 年任格拉斯哥大学校长，直到逝世为止。汤姆逊的研究范围广泛，在热学、电磁学、流体力学、光学、地球物理、数学、工程应用等方面都作出了杰出贡献。

由于国际通信需求的增加，1850～1855 年欧洲建成了

图 3-8　物理学家汤姆逊

英国、法国、意大利、土耳其之间的海底电报电缆。电报信号经过远距离的电缆传送，产生了信号的衰减、延迟、失真等现象。1855 年汤姆逊发表了"电缆传输理论"论文，他采用电容、电阻组成的梯形电路，来构建长距离电缆的等效电路模型，并分析了电报信号经过长距离传送而产生衰减、延迟、失真的原因。

1853 年，亥尔姆霍兹提出电路中的等效发电机原理。即任意一个线性含有电源的一端口网络，对外电路而言，可以简化为一个电压源和一个电阻的串联电路来等效替代。

1857 年，基尔霍夫对长距离架空线路建立了分布参数电路模型。他认为架空线路与电报电缆不同，架空线上的自感元件不能忽略，从而改进了电路模型，并推导出了完整的传输线的电压及电流方程，人们称之为电报方程或基尔霍夫方程。

19 世纪后半叶，对电机的研制及其理论分析不断取得进展。1880 年，英国霍普金森提出了形式上与电路欧姆定律相似的计算磁路用的欧姆定律，还提出了磁阻、磁势等概念；他又引用铁磁材料的磁化曲线，并考虑磁滞现象影响来设计电机。

19 世纪末，交流发电、输电技术的迅速发展，促进交流电路理论的建立。交流电路与直流电路有很大差别：首先，电路中的电压、电流的实际方向是随时间而交替变化的；其次，电路中不仅有电阻的作用，还必须考虑电感和电容的影响。早在 1847 年，楞次就发现了当线圈改变电流方向时，其电压与电流的变化在相位上不一致。1877 年，雅布罗奇可夫也观察到电容上交流电压也与电流的相位不同。

1891 年，多布罗夫斯基在法兰克福举行的国际电工会议上提出了关于交流电理论的报告："磁通是决定于所加电压的大小，而不是决定于磁阻。而磁阻的变化只影响磁化电流的大小。如果磁通的变化是正弦函数形式的，则电动势或电压也是正弦函数形式的，但两者相位差 90°。"他还将磁化电流分成两个分量，即"有功分量"与"磁化分量"。他提出交流电的基本波形为正弦函数形式。

德国出生的美籍电气工程师施泰因梅茨（C. P. Steinmetz，1865~1923，见图 3-9）对交流电路理论的发展作出了巨大贡献。他出生即带有残疾，自幼受人嘲侮，但他意志坚强，刻苦学习，1882 年入布雷斯劳大学就读。学生时加入社会民主党并担任该党党报《人民之声》的编辑。1888年曾入瑞士苏黎世联邦综合工科学校深造，1889 年赴美。1892 年 1 月，在美国电机工程师学会的一次会议上，他提交的两篇论文中提出了计算交流电机的磁滞损耗的公式，成为当时在交流电研究方面的一流成果。随后，他又于1893 年创立了计算交流电路的实用方法——"相量法"，并向国际电工会议报告，受到了广泛欢迎并迅速推广。由于受到瑞士数学家阿根德（JeanRobert Argand，1768~1813）在 1806 年所提出的用矢量表示复数方法的启示，他用复数平面上的矢量来代表正弦交流电的效值（或最大值）和初相位，即用相量来表示正弦量。相同频率下的正

图 3-9　电气工程师
施泰因梅茨

弦量加、减运算，可以转化为复数的加、减运算，这就简化了正弦量的计算过程；其计算还可以使用图解法来完成。由于相量这一概念直观、易懂，相量法就成为分析正弦交流电路的重要工具，一直沿用至今。

同年，他加入美国通用电气公司工作，负责为尼亚加拉瀑布电站建造发电机。之后，他又设计了能产生 10kA 电流、100kV 高电压的发电机；研制成避雷器、高压电容器；晚年，开发了人工雷电装置。他一生获近 200 项专利，涉及发电、输电、配电、电照明、电机、电化学等领域。施泰因梅茨 1901~1902 年任美国电机工程师学会主席。

进入 20 世纪之后，电工技术以更快的速度发展，与之相关的理论不断建立。1911 年英国自学成才的物理学家、电气工程师亥维赛德（Oliver Heaviside，1850~1925，见图 3-10）提出正弦交流电路中阻抗的概念，用相量法分析正弦交流电路时，阻抗也是一个复数，其实部是电阻，虚部是电抗。

图 3-10 物理学家亥维赛德

亥维赛德还提出了求解电路暂态过程的"运算法"。早期，求解动态电路是用时域分析法，也称为"经典法"。在用经典法求解多个储能元件的动态电路时，由于电路微分方程的阶数较高，求解过程的计算量大；又由于高阶电路待定的积分常数较多，必须用多个初始条件才能确定，这就相当麻烦。由于他是一个注重实践的工程师，其兴趣在于工程中电路问题的实际求解，他发现使用符号"p"作为微分操作数、同时又当作一个代数变量运算的方法在对动态电路问题分析时既方便又有效。然而他并未去探求这种方法的严密论证，因而受到同时代一些主要数学家的不断指责。周折近 30 年后，当人们在数学家拉普拉斯 1780 年的遗嘱中找到运算微积分与复平面上的积分之间的关系时，发现了可以将描述动态电路的时域函数微分方程，变换成为相应的复频域函数的代数方程，然后求解代数方程，最后由代数方程的解对应找出原微分方程的解。在拉普拉斯的论著中找到了"运算法"的理论依据，这场争执才宣告结束。然后亥维赛德的"运算法"就被"拉普拉斯变换"所取代，因此后人将用于动态电路分析的"运算法"称为"拉普拉斯变换"。这一方法也称为"积分变换法"，一直沿用至今。

数学中求解微分方程的"积分变换法"是由法国著名的数学家、力学家和天文学家拉普拉斯（Pierre Simon Laplace，1749~1827，见图 3-11）于 1779 年首先提出来的，人们习惯称之为拉普拉斯变换。拉普拉斯变换是将时域函数的微分方程变换成为复频域函数的代数方程，求得代数方程的解后，通过普拉斯反变换就可求出微分方程的解。这种求解微分方程的方法在物理学和工程学中应用广泛。电路的暂态过程分析也使用这种方法。

图 3-11 数学家拉普拉斯

拉普拉斯出生于法国诺曼底的一个平民家庭，在 20 岁时就成为一位数学教授。他是天体力学的主要奠基人，是天体演化学的创立者之一，是分析概率论的创始人，是应用数学的先驱。他的著作《天体力学》广为人知，他发表的天文学、数学和物理学的论文有 270 多篇，专著合计有 4000 多页。

1882 年法国数学家傅里叶（Jean Baptiste Joseph Fourier，1768~1830，见图 3-12）在一本专著中提出的用他的姓氏命名的级数和变换分别在非正弦电路分析、信号处理中用到。实际上，早在 1807 年他就提出了一篇论文，推导出著名的热传导方程，并在求解该方程时发现解函数可以由三角函数构成的级数形式表示，从而提出了任一满足狄里赫利条件的非正弦周期函数都可以展开成三角函数的无穷级数。但当时的数学界对于他的研究成果未给予承认，甚至不能发表其论文。1822 年他在代表作《热的分析理论》中，解决了热在非均匀加热的固体中分布传播的问题，用数学方法建立了热传导定律，成为分析学在物理中应用的最早例证之一，对 19 世数学和理论物理学的发展产生了深远影响。傅里叶级数（即三角级数）、傅里叶分析等理论都由此创立。

图 3-12　数学家傅里叶

傅里叶出生于法国奥塞尔，8 岁时便成为孤儿。他加入了由天主教修士管理的一所地方军事学院，在那里，他表现出非凡的数学天才。就像他同时代的许多人一样，傅里叶也被卷入到法国大革命的政治漩涡中去了。他曾两度经历死里逃生的惊险，在拿破仑远征埃及的战争中，他也曾扮演过重要的角色。

1918 年福台克提出了对称分量法，用对称分量法可将不对称三相电路化为对称三相电路进行分析。这一方法至今仍为分析三相交流电机、电力系统不对称运行的常用方法。

1952 年荷兰菲利普研究实验室学者特勒根（Bernard D. H. Tellegen）提出了集总参数电路中很普遍、很有用的定理，人们称之为特勒根定理。其普遍性和基尔霍夫定律相当。

### 3.2.2　记忆电阻器的研究

记忆电阻器是一种可以记忆自身历史的元件，即使在电源被关闭的情况下仍具备这一功能。记忆电阻器可以使电脑在电池电量耗尽后很长时间仍能保存信息。这项发现将有可能用于制造非易失性存储设备、更高能效的计算机、类似于人类大脑处理与联系信息工作方式一样的模拟式计算机等，将对电子科学与信息技术的发展产生重大的影响。

早在 1971 年，美国加州大学伯克利分校的华裔科学家蔡少棠教授，就从理论上预言了记忆电阻器的存在，但直到 2012 年科学家才把它真正研制出来。

此前，在讲述专业基础理论的《电路》、《电子学》教科书中列出了三种基本的无源电路元件，他们是电阻、电容和电感。其中，电阻是无记忆元件，而电容与电感是记

忆元件。电容是依赖其具备储存电场能量特性而实现记忆功能的；电感是依赖其具备储存磁场能量特性而实现记忆功能的；电阻则是一个消耗电能的元件，它只能将电能转变为热能、光能或机械能等其他形式的能量，它并不具备储存电能的特性，因而没有记忆功能。

蔡少棠教授在 1971 年研究电荷、电流、电压和磁通之间的关系时，推断在电阻、电容和电感之外，应该还有一种电路元件——记忆电阻器（简称忆阻器），它代表着电荷量与磁通量之间的关系，如图 3-13 所示。蔡教授的想法是：忆阻器的电阻值取决于流过这个器件电荷量的多少。也就是说，让电荷从反方向流过，其电阻会增加；如果让电荷从正方向流过，其电阻就会减小。简单地说，这种器件在任一时刻的电阻就是时间的函数——即有多少电荷量从反向或正向经过了它。记忆电阻实际上就是一个具有记忆功能的非线性电阻元件。蔡少棠教授发表的论文《忆阻器：下落不明的电路元件》提供了忆阻器的原始理论架构，推测它具有天然的记忆能力，即使电源中断也不会改变。通过控制流过它的电流的变化来改变其电阻值，如果把高电阻值定义为"1"，低电阻值定义为"0"，则它就可以实现存储数据的功能了。

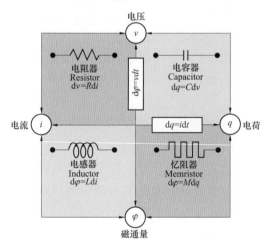

图 3-13　四种基本元件之间的关系

图 3-14　惠普公司忆阻器科研人员

这一预测提出近 40 年后，一直无人能证实这一现象的存在。直到 2008 年，来自美国惠普实验室下属的信息和量子系统实验室的 4 位研究人员，才证实了记忆电阻现象在纳米度量的电子系统中确实是天然存在的，他们发表于当年 5 月 1 日出版的英国《自然》杂志上的论文《寻获下落不明的忆阻器》宣称，已经证实了电路世界中的第四种基本元件——记忆电阻器（memory resistors），简称为忆阻器（memristor）的存在，并成功设计出一个能工作的忆阻器实物模型。这项发现将有可能用来制造非易失性存储设备、即开型 PC 机、更高能效的计算机，未来甚至可能会大大提高晶体管所能达到的功能密度。

蔡教授对这项研究成果感到兴奋，称从来没想到他的理论被搁置了 37 年后还能得到证实。研究人员表示，忆阻器的最有趣特征是它可以记忆流经它的电荷量。

如今，美国惠普公司实验室的斯坦·威廉斯及其同事（图3-14）在进行集成电路实验时，终于制造出了忆阻器的实物模型。他们像制作三明治一样，将一层纳米级的二氧化钛半导体薄膜夹在由铂制成的两个金属薄片之间。这些材料都是标准材料，制作忆阻器的窍门是使其组成部分只有5nm大小，也就是说，仅相当于人一根头发丝的万分之一那么细。

美国标准技术研究所（NIST）最近也宣称他们发明了一种新的内存技术：柔性记忆电阻技术。这是一种新型的记忆电阻技术。这种记忆电阻是由钛氧化物制成，钛氧化物是制作防晒油和牙膏等产品的常见材料。科学家们用这种氧化物制成柔性透明聚合物薄片，并在上面制出触点，便可将其用于制造记忆电阻。这种记忆体可以在低于10V的电压下工作，而且断电后也可以保存数据，材料的伸缩寿命可以达到4000次。

NIST的研究小组把用溶胶-凝胶法制备的液态钛氧化物喷涂在透明薄片上，并在室温下干燥，由此得到的产品可以在掉电状态下将数据保存长达14天。

科学家指出，只有在纳米尺度上，忆阻器的工作状态才可以被察觉到。他们希望这种新元件能够给计算机的制造和运行方式带来革命性变革。科学家说，用忆阻器电路制造出的计算机将能"记忆"先前处理过的事情，并在断电后"冻结"这种"记忆"。这将使计算机可以反复立即开关，因为所有组件都不必经过"导入"过程就能即刻恢复到最近的结束状态。

2012年，在德国北莱茵威斯特法伦州的比勒菲尔德大学，安迪·托马斯博士及其同事就制作出了一种具有学习能力的忆阻器，如图3-15所示。2013年，安迪·托马斯将这种忆阻器作为人工大脑的关键部件，他的研究结果发表在《物理学学报D辑：应用物理学》杂志上。安迪·托马斯解释说，因为忆阻器与突触的这种相似性，使其成为制造人工大脑——从而打造出新一代的电脑——的绝佳材料，"它使我们得以建造极为节能、耐用，同时能够自学的处理器。"托马斯的文章总结了自己的实验结果，并借鉴其他生物学和物理学研究的成果，首次阐述了这种仿神经系统的电脑如何将自然现象转化为技术系统，及其中应该遵循的几个原则。这些原则包括，忆阻器应像突触一样，"注意"到之前的电子脉冲；而且只有当刺激脉冲超过一定的量时，神经元才会做出反应，忆阻器也是如此。

图3-15 比勒菲尔德大学
研制的忆阻器

忆阻器能够持续增加或减弱电阻。托马斯解释道：这也是人工大脑在进行学习和遗忘的过程中，忆阻器如何发挥作用的基础。

忆阻器研制成功后，有可能对电子科学与信息技术的发展产生重大的影响。

记忆电阻半导体——忆阻器最简单的应用就是构造新型的非易失性随机存储器，或当计算机关闭后不会忘记它们曾经所处的能量状态的存储芯片。研究人员称，今天的动态随机存储器所面临的最大问题是，当你关闭PC机电源时，动态随机存储器就忘记了那里曾有过什么，所以下次打开计算机电源，你就必须坐在那儿等到所有需要运行计算

机的信息都从硬盘装入到动态随机存储器。有了非易失性随机存储器，那个过程将是瞬间的，并且你的 PC 机会回到你关闭时的相同状态。

研究人员称，忆阻器还可以让手机在使用数周或更长时间后无需充电，也可使笔记本电脑在电池电量耗尽后很久仍能保存信息。忆阻器也有望挑战目前数码设备中普遍使用的闪存，因为它具有关闭电源后仍可以保存信息的能力。利用这项新发现制成的芯片，将比目前的闪存更快地保存信息，消耗更少的电能，占用更少的空间。

忆阻器还能让电脑理解以往搜集数据的方式，这类似于人类大脑搜集、理解一系列事情的模式，可让计算机在找出自己保存的数据时更加智能化。比如，根据以往搜集到的信息，忆阻器电路就可以告诉一台微波炉关于不同食物的加热时间。

当前，许多研究人员正试图编写在标准机器上运行的计算机代码，以此来模拟大脑功能，他们使用大量有巨大处理能力的机器，但也仅能模拟大脑很少部分的功能。研究人员称，他们现在能用一种不同于写计算机程序的方式来模拟大脑或模拟大脑的某种功能，即依靠构造某种基于忆阻器的仿真类大脑功能的硬件来实现。其基本原理是，不用"1"和"0"，而代之以像明暗不同的灰色之中的几乎所有状态。这样的计算机可以做许多种数字式计算机不太擅长的事情——比如做决策，判定一个物体是否比另一个大，甚至是学习。这样的硬件可用来改进脸部识别技术，应该比在数字式计算机上运行程序要快几千到几百万倍。

研究人员表示，也许现在就可以建设工厂来生产这些东西了，但是投资忆阻器的电路设计比建造工厂要昂贵得多，因为目前还没有更为理想的忆阻器模型。其次，我们还要设计出必要的工具，并为忆阻器找到合适的应用领域。忆阻器需要多久才能成为商业化的电子产品，相对于技术问题而言，可能更多的是个商业决策问题。研究人员预测，这种技术产品最快也要 2018 年之后才可能投入商业应用。

### 3.2.3 电网络理论的建立

20 世纪初，由于通信技术的兴起，促进了电网络理论的研究。1920 年，坎贝尔与瓦格纳研究了梯形结构的滤波电路。1923 年，坎贝尔还提出了滤波器的设计方法。

1924 年，福斯特提出了电感、电容二端网络的电抗定理。此后便建立了由给定频率特性而设计电路的电网络综合理论。

在电子管问世以后，电子电路分析的理论迅速发展。1932 年瑞典科学家奈奎斯特提出了由反馈电路的开环传递函数的频率特性，来判断闭环系统稳定性的判据。

1945 年，美国伯德出版了《网络分析和反馈放大器》一书，书中总结了负反馈放大器的原理，由此形成了分析线性电路、控制系统的频域分析方法，并获得了广泛应用。

自从梅森（S. J. Mason）于 1953 年采用信号流图分析复杂回馈系统以来，图论一直是网络理论研究中的一个重要方面。如今，电路的拓扑（或图论）分析和综合法已成为电路理论中的一个专门课题。其次，图论还是设计印刷电路、集成电路布线、布局及版图设计等不可缺少的理论基础，特别是针对超大规模集成电路（VLSI）的设计问题而言，图论的应用更是日趋广泛。

有源网络的分析和综合是电网络理论的一个热门领域。自从 1948 发明了晶体管以后，各种半导体器件纷纷问世。1952 年美国雷达研究所的科学家达默（G. W. A. Dummer）首先提出了集成电路的设想，于 20 世纪 50 年代末制成了第一批集成电路（IC），由此对含源器件的电路分析和综合就成为电路理论中的一个重要内容。另外，特勒根于 1948 年提出了回转器的概念，1964 年 B. A. Shenoi 用晶体管实现了回转器后，有源装置可以很方便地用包含回转器与电阻器的等效电路来表示，而任何电器组件包括各种特性的负阻器目前都可以用有源器件综合出来，这使得有源网络的分析和综合具有非常重要的实际意义。

多端器件和集成电路器件的出现为电路提供了许多新"组件"，为这些新组件建模及仿真成为一个急需解决的突出问题。要得到有源器件的精确而又通用的模型是不容易的事，这要考虑电与非电的许多因素，要涉及多方面的知识。比如双极性晶体管（BJT）的一套 EM 模型，就是在 1954 年由 J. J. Ebersh 和 J. L. Moll 提出，而后历时 10 多年经很多人研究才得出的。20 世纪 70 年代中期对运算放大器等器件提出的宏观模型（Macro Model）建模方法，是为这类器件建模的一种好方法。器件建模理论自 20 世纪 70 年代起逐步走向完善，这方面 L. O. Chua 作出了很多非常重要的贡献。如今，各种多端和集成化器件仍在不断地涌现，这将不断地对器件建模问题提出更新更高的要求。

为了进一步使模拟电路大规模集成化，开关电容网络和开关电容滤波器已经进入了电路理论的研究领域。在大规模集成电路器件中，困难最大的是对大 $RC$ 时间常数电路的控制，而这个问题使用开关电容网络就比较容易解决。但由于集成电路的规模在不断扩大，所以这方面的研究也随之需要不断深入。

被称为电路理论中第三类问题（第一类是分析，第二类是综合设计）的模拟电路故障诊断是 20 世纪 80 年代开始兴起的一个引人入胜的研究领域。这个问题是在 1962 年首先由 R. S. Berkowitz 提出的，但直到 20 世纪 70 年代末才开始引起人们的注意。目前解决模拟电路故障诊断的方法从理论到实际应用之间还存在着很多尚未突破的问题。另外，故障诊断中还存在故障可测性的问题，这实际上就是故障可诊断的设计问题。目前关于故障可诊断性的问题还研究得不多，这主要是因为要建立起一种满意的诊断方法较为困难。

电路的数字综合是电路理论研究的一个新方向。由于集成电路和微处理器的发展，大多数用模拟系统执行的功能都可以使用数字系统实时完成，因而当前数字滤波是研究的最多的。数字滤波的理论基础是电路理论中的滤波器理论与离散系统理论的结合。目前已有很多种类的数字滤波器问世，它是实现信号滤波处理的数字系统。数字综合是很有前途的研究领域，模拟电路综合的离散化已成为一种趋势，其发展非常迅速，在某种程度上大有取代有源综合之势。

20 世纪中期以后电子计算机的出现，为电工理论的应用提供了强有力的工具。电网络的计算机辅助分析、计算机辅助设计应运而生。首先，计算机的出现和发展也对电路理论产生了巨大的冲击。过去为方便手算而发展起来的许多电路分析技巧和方法，在

计算机面前，有的实用价值大大减小，有的则已失去原有意义，有的则得到了新的发展。比如，回路法在电路的计算机分析中的价值已大大降低，而节点法则被发展为通用性较好的改进节点法等。其次，在稀疏矩阵技术得到发展后，支路法又开始受到重视。另外，借助计算机可以较容易地求得非线性电路的数值解，这大大促进了非线性电路与系统理论的研究过程。这一切变化是由于现代电路理论研究工作者已将计算机作为电路分析及设计中必备的基本手段而产生的。

电工理论与其他学科的理论相互借鉴，继续在新的技术进步中共同发展。

### 3.2.4　电磁场理论的建立

物理中对电磁学的研究，到 19 世纪中期已经有了关于静电现象的库仑定律、关于电流和磁场关系的安培环路定律和法拉第电磁感应定律。

法拉第提出的关于电磁场的概念是尤为光辉的思想。他认为电磁场是真实的物理存在，并可用电力线和磁力线来表示。他还认为空间各处的电磁场不能突然发生，而是从电荷及电流所在之处逐渐向周围传播的。1846 年他发表了一篇论文，设想光是力线振动的表现。但令人遗憾的是，由于法拉第不精通数学，因而未能从他的发现中再前进一步去建立电磁场理论，但自此开始，电与磁的研究就分别在"路"与"场"这两大密切相关的阵地上展开了。他的这些论断，由英国科学家麦克斯韦所继承。

电磁场科学理论体系的创立要归功于伟大的物理学家同时也是数学教授的麦克斯韦（J. C. Maxwell）。麦克斯韦在 1856 年发表"论法拉第力线"一文，对力线进行了严格的数学描述；在 1861 年发表的"论物理力线"的重要论文中提出了电位移的概念，并称电位移矢量的时间导数为"位移电流"密度。这种电流与传导电流相似，同样可以产生磁场。这表明在电磁感应作用下磁场的变化产生电场，而变化的电场引起的位移电流又能产生磁场。1865 年麦克斯韦发表了"电磁场的动力学理论"论文，采用法国数学家拉格朗日和爱尔兰数学家哈密顿在力学中所用的方法，描述电磁场的空间分布和时间变化规律，提出了电磁场的基本方程组，有 20 个方程、20 个变量。后经德国物理学家赫兹和英国电气工程师亥维赛德的整理与简化，才成为描述电磁场的麦克斯韦方程组，共 4 个方程。由这组方程麦克斯韦导出了电磁场的波动方程，由之预言电磁波的传播速度正是光速，从而断定光也是电磁波。

1886 年赫兹用实验证明了电磁波的存在，使麦克斯韦的预言得到证实。他的电磁场理论具有相当普遍的意义，成为电工技术（包括无线电技术）的基本依据。

进入 20 世纪，随着电能应用越来越广，各种交流、直流电机和变压器等设备以规模日益扩大的趋势得到应用。研制各种电工设备，往往需要分析其中的电磁场分布，结合工艺、材料等方面的要求来设计和改进产品。而电磁场的分析，虽然有电磁场的方程提供了作这类分析的依据，但由于实际问题往往非常复杂，能用解析方法作出分析的问题是很有限的，因此在电工技术中常采用物理模型实验以及 20 世纪 40 年代提出的模拟方法来分析解决这些问题。

20 世纪 50 年代以来，由于电子计算机的发展，有了求数值解的有力手段，扩大了可以进行计算的问题的范围，电路仿真技术、电磁场仿真技术也逐步推广使用。电工理论随着科学技术的进步而不断地发展。

# 3.3 电与新技术革命

在第二次世界大战期间，出于战争的需要，各大国加强了科学技术的研究，促成了以核能、电子计算机、宇航为代表的三大新技术革命的兴起，推动了 20 世纪中叶以后的第三次技术革命。第三次技术革命也称为新技术革命，它是由开发"人脑"的教育产业和制造"电脑"的科研产业共同作用的成果。它使社会的产业结构发生了根本性的变革：先进的农业生产技术取代了传统农业，技术密集型工业取代了传统劳动密集型工业，全新的产业不断涌现。

## 3.3.1 新理论的创立

### 一、信息理论

信息论的创始人香农（Claude Elwood Shannon，1916~2001，见图 3-16）年生于美国，1936 年毕业于密执安大学，获数学和电子工程学士学位；1940 年获得麻省理工学院数学博士学位和电子工程硕士学位。从 1941 年起，他加入了贝尔实验室数学部，与当时贝尔实验室的许多著名科学家一起工作。他受到前辈工作的启示，创造性地继承了他们的事业。在信息领域中钻研了 8 年之后，于 1948 年在《贝尔系统技术杂志》上发表了他的长篇论著《通信的数学理论》。第二年，他又在同一杂志上发表了另一名著《噪声下的通信》。

图 3-16 信息论的创始人香农

在这两篇论著中，他解决了过去许多悬而未决的问题，经典地阐明了通信的基本理论，提出了通信系统的模型，给出了信息量的数学表达式，解决了信道容量、信源统计特性、信源编码、信道编码等有关精确地传送通信符号的基本技术问题。两篇文章成了现代信息论的奠基著作。而香农也一鸣惊人，成了这门新兴学科的创始人。

信息论是一门用数理统计方法来研究信息的度量、传递和变换规律的科学。他建立的信息理论框架和术语已经成为技术标准。他的理论在通信工程应用中立即获得成功，并推动了当今信息时代的技术发展。

### 二、系统理论

贝塔朗菲（Ludeig von Bertalanffy，1901~1972，见图 3-17）是现代著名的理论生物学家、一般系统论的创始人。他生于奥地利首都维也纳附近的阿茨格斯多夫。1926 年获维也纳大学哲学博士学位，毕业后在该校任教；1948 年任加拿大渥太华大学医疗系

图 3-17　系统理论创始人贝塔朗菲

系主任、教授；1969 年任纽约州立大学理论生物学研究中心教授。

20 世纪 20 年代，贝塔朗菲在研究理论生物学时，用机体论生物学批判并取代了当时的机械论和活力论生物学，建立了有机体系统的概念，提出了系统理论的思想。从 20 世纪 30 年代末起，贝塔朗菲就开始从有机体生物学转向建立具有普遍意义和世界观意义的一般系统理论。1948 年他发表了《关于一般系统论》，这可以看作是他创立一般系统论的宣言。

一般系统论是研究系统中整体和部分、结构和功能、系统和环境等之间的相互联系、相互作用问题。贝塔朗菲研究了机体系统、开放系统和动态系统的理论，试图以机体系统理论解释生命的本质。他还把开放系统作为系统的一般情形，全面考虑了开放系统的输入、输出和状态等基本因素，科学地解释了与开放系统有关的稳态、等终极以及有序性的增加等问题。关于动态系统，他用数学的方法描述了系统的各种性质，如整体性、加和性、竞争性、机械性、集中性、终极性等。所有这些工作，为他的一般系统论奠定了理论基础。

### 三、控制理论

控制理论的创始人维纳（Norbert Wiener，1894～1964，见图 3-18）出生在美国密苏里州哥伦比亚市的一个犹太家庭，父亲是哈佛大学的语言教授。维纳自幼聪慧过人，12 岁考入大学学习，15 岁获数学学士学位，其后进哈佛大学作了一年的动物学研究生，因觉察自己不适合在实验室工作而改修哲学，19 岁时以"关于数理逻辑"的论文获得了哈佛大学数学和哲学两个博士学位。

1933 年，维纳由于有关陶伯定理的工作与莫尔斯分享了美国数学学会五年一次的博赫尔奖。同时，他当选为美国科学院院士。1935～1936 年，他在中国清华大学作访问教授期间与电机工程系教授李郁荣合作研究傅里叶变换滤波器。

维纳对科学发展所作出的最大贡献，是创立控制论。

图 3-18　控制理论的创始人维纳

这是一门以数学为纽带，把研究自动调节、通信工程、计算机科学、计算技术、神经生理学和病理学等学科的共性问题而形成的边缘学科。1947 年 10 月，维纳写出划时代的著作《控制论》，1948 年出版后，立即风行世界。维纳的深刻思想引起了人们的极大重视。它揭示了机器中的通信和控制机能与人的神经、感觉机能的共同规律，为现代科学技术研究提供了崭新的科学方法；它从多方面突破了传统思想的束缚，有力地促进了现代科学思维方式和当代哲学观念的一系列变革。

### 3.3.2 电子计算机技术

电工技术和无线电技术的发展是电子计算机诞生的前提。20世纪初，为了提高供电系统的安全性，在电工技术中已普遍使用继电器等器件对电气设备进行保护控制；20世纪30年代，无线电广播已遍布全球，这就要求电子电路、元器件生产技术提高到新水平。而第二次世界大战期间，出于战争需要快速计算炮弹弹道轨迹，则是促使计算机诞生的直接原因。

1938年，一位在柏林飞机公司担任统计工作的德国人——楚泽出于"想偷懒"的动机，设计制造了一台名为"Z1"的由程序控制的计算机，代替人工完成部分统计工作；经过3年的试用和改进，于1941年设计并制造出一台由电子管与机械继电器控制的计算机，命名为"Z3"，使计算速度有所提高。随后，在欧洲陆续设计出一些机械计算机，代替人工计算。

ENIAC（电子数字积分计算机的简称，英文全称为 Electronic Numerical Integrator and Computer）是世界上第一台电子计算机，它于1946年2月15日在美国宣告诞生，如图3-19所示。

第二次世界大战期间，宾夕法尼亚大学莫尔电机工程学院的莫希利（John Mauchly，见图3-20）于1942年提出了试制第一台电子计算机的初始设想——"高速电子管计算装置的使用"，希望用电子管代替部分继电器以提高机器的计算速度。

图3-19 世界上第一台电子计算机 ENIAC        图3-20 莫希利博士

美国陆军军械部在马里兰州的阿伯丁设立了"弹道研究实验室"。美国军方要求该实验室每天为陆军炮弹部队提供6张火力表以便对导弹的研制进行技术鉴定。每张火力表都要计算许多条弹道，而每条弹道的数学模型是一组复杂的非线性方程。这些方程组没有办法求出准确解，只能用数值方法近似地进行计算。按当时的计算工具，实验室即使雇用多名计算员加班加点工作也要很长时间才能算完一张火力表。在战争年代，这么慢的速度怎么能行呢？

美国军方得知这一设想，马上拨专款大力支持，成立了一个以莫希利、埃克特（Eckert）为首的研制小组开始研制工作。时任弹道研究所顾问、正在参加美国第一颗

图 3-21　冯·诺依曼

原子弹研制工作的数学家美籍匈牙利人冯·诺依曼（J. Von Neumann，1903~1957，见图 3-21）带着原子弹研制过程中遇到的大量计算问题，在研制过程中期加入了研制小组，他对计算机的许多关键性问题的解决作出了重要贡献，从而保证了计算机的顺利问世。

ENIAC 体积庞大，耗电惊人。它使用了 18 800 多个电子管和 1500 多个继电器等元件，占地 $170m^2$，重达 30t，耗电 140kW，运算速度不过每秒 5000 次加、减法运算（现在的超级计算机的速度最快每秒运算达数万亿次！），但它比当时已有的计算装置要快 1000 倍，而且还有按事先编好的程序自动执行算术运算、逻辑运算和存储数据的功能。ENIAC 宣告了一个新时代的开始。从此计算机科学的大门也被打开。

冯·诺依曼是 20 世纪最伟大的科学家之一。他出生于匈牙利首都布达佩斯的一个犹太人家庭。6 岁能心算 8 位数除法，8 岁学会微积分，12 岁读懂了函数论。通过刻苦学习，在 17 岁那年，他发表了第一篇数学论文，不久后掌握七种语言，又在最新数学分支——集合论、泛函分析等理论研究中取得突破性进展。22 岁，他在瑞士苏黎世联邦工业大学化学专业毕业。一年之后，摘取布达佩斯大学的数学博士学位，转而研究物理，为量子力学研究数学模型，又使他在理论物理学领域占据了突出的地位。1933 年，他与爱因斯坦一起被聘为普林斯顿大学高级研究院的第一批终身教授。

"电子计算机之父"的桂冠，被戴在数学家冯·诺依曼头上，而不是 ENIAC 的两位实际研究者，这是因为冯·诺依曼提出了现代电脑的体系结构。在 ENIAC 尚未投入运行前，冯·诺依曼就看出这台机器致命的缺陷，主要弊端是程序与计算机两者分离。程序指令存放在机器的外部电路里，需要计算某个题目，必须首先用人工接通数百条线路，需要几十人干好几天之后，才可进行几分钟运算。

1945 年 6 月，冯·诺依曼与戈德斯坦、勃克斯等人，联名发表了一篇长达 101 页纸的报告，即计算机史上著名的"101 页报告"，报告明确规定出计算机的五大部件：计算器、逻辑控制装置、存储器、输入装置和输出装置，并用二进制替代十进制运算。EDVAC 方案的革命意义在于"存储程序"，以便电脑自动依次执行指令。人们后来把这种"存储程序"体系结构的机器统称为"诺依曼机"。由于种种原因，莫尔小组发生令人痛惜的分裂，EDVAC 机器无法被立即研制。1946 年 6 月，冯·诺依曼和戈德斯坦、勃克斯回到普林斯顿大学高级研究院，先期完成了另一台 ISA 电子计算机（ISA 是高级研究院的英文缩写），普林斯顿大学也成为电子计算机的研究中心。直到 1951 年，在极端保密的情况下，冯·诺依曼主持的 EDVAC 计算机才宣告完成，它不仅可应用于科学计算，而且可用于信息检索等领域，主要缘于"存储程序"的威力。

英国数学家阿兰·图灵（Alan Turing，1912~1954，见图 3-22）生于伦敦，他是计算机科学的先驱者、破译纳粹密码的关键人物。1936 年他的研究成果——数理逻辑和计算理论为计算机的诞生奠定了基础；许多人工智能的重要方法也源自于这位伟大的科学家。他对计算机的另一重要贡献在于他提出的有限状态自动机，也就是图灵机的概念；对于人工智能，它提出了重要的衡量标准"图灵测试"，如果有机器能够通过图灵测试，那它就是一个完全意义上的智能机，和人没有区别了。他的杰出贡献使他成为计算机界的第一人，现在人们为了纪念这位伟大的科学家将计算机界的最高奖定名为"图灵奖"。

图 3-22　阿兰·图灵

1952 年底，美国国际商用机器公司（IBM）的第一台 IBM701 在纽约问世。1946～1958 年生产的第一代计算机使用真空电子管，其体积庞大，耗电量惊人。

1959～1963 年生产的第二代计算机使用了晶体管。1959 年美国菲尔克公司研制的第一台晶体管计算机体积小、重量轻、耗电省，而运算速度提高到每秒几十万次。

第一代、第二代计算机主要使用在军事、科研、政府机关等机构，用于火箭、卫星、飞船等设计与发射、气象预报、飞机制造、航空业务管理等领域。

1964～1970 年生产的第三代计算机使用了集成电路代替分立元件晶体管。1964 年美国 IBM 公司研制的第一台通用集成电路 3690 计算机，其运算速度达到每秒千万次，成本大规模降低，计算机开始进入普及阶段。

1971 年至现在生产的第四代计算机使用了大规模与超大规模集成电路元件。1980 年全球拥有的微型计算机超过 1 亿台。计算机开始进入社会化、个人化阶段。机关、学校、企业及个人开始购买并使用计算机。

当前计算机的发展趋势是微型化、巨型化、网络化和智能化；未来计算机的发展趋势有高速超导计算机、光计算机、生物计算机、DNA 计算机等更快速、智能化程度更高的计算机。

到底是谁发明了世界上"第一台电子计算机"也存在争议。据报道，美国爱荷华州立大学约翰·文森特·阿塔纳索夫（John Vincent Atanasoff，见图 3-23）教授和他指导的研究生克利福特·贝瑞（Clifford Berry，见图 3-24）先生在 1937～1941 年间开发的"阿塔纳索夫-贝瑞计算机（Atanasoff-Berry Computer，ABC）"才是世界上第一台电子计算机。20 世纪 30 年代，保加利亚裔的阿塔纳索夫在爱荷华州立大学物理系任副教授，为学生讲授物理和数学物理方法等课程。在求解线性偏微分方程组时，他的学生不得不面对繁杂的计算，那是一项要消耗大量时间的枯燥工作。阿塔纳索夫于是开拓新的思路，尝试运用模拟和数字的方法来帮助他的学生们处理那些繁杂的计算问题。两人经过了无数次挫折与失败后，终于在 1939 年造出来了一台完整的样机，证明了他们的设想是正确而可行的。人们把这台样机称为 ABC，代表的是包含他们两人名字的计算机。这台计算机是电子与电器的结合，电路系统中装有 300 个电子真空管执行数字计算与逻辑运算，机器使用电容器来进行数值存储，数据输入采用打孔读卡方法，还采用了二进位制。因此，ABC 的设计中已经包含了现代计算机中四个最重要的基本概念，它是一台真正现代意义上的电子计算机，这是不容置疑的。到 1973 年，经美国法院最终裁决阿塔纳索夫最终被认为是这个世界上电子计算机的真正发明人。阿塔纳索夫-贝瑞计算机原机（见图 3-25）及其复原机（见图 3-26）至今还存列在爱荷华州立大学的展览馆里。

图 3-23　阿塔纳索夫

图 3-24　克利福特·贝瑞

图 3-25　阿塔纳索夫-贝瑞计算机原机

图 3-26　阿塔纳索夫-贝瑞计算机复原机

### 3.3.3　自动控制技术

　　自动控制是在没有人直接参与的情况下，利用控制装置，对生产过程、工艺参数、目标要求等进行自动调节与控制，使之按照预定的程序执行各项任务并达到要求的指标。自动控制技术属于信息科学和信息技术范畴，它是信息处理的一项新技术。控制系统主要由控制器和控制对象两大部分构成。控制系统的数学模型由两部分组成：一部分是目标函数，由一个关于状态变量 $X(t)$，控制变量 $U(t)$ 和时间 t 的函数的积分来表示；另一部分是约束条件，这些约束条件包括被控对象状态方程、状态的初始条件等。

电子计算机的发展是新技术革命的重要内容和主要标志之一。它迅速影响并推动了产业革命，从根本上改变了人类的生产和生活方式。不管是以汽车工业为代表的技术密集型产业，还是以核电为代表的能源工业安全操作、废料处理都需要机器人来代替人类开展工作。

在生产领域，计算机被应用于实时控制，形成计算机管理生产系统，推动了自动化生产。生产自动控制技术早在 19 世纪初就已出现。1946 年美国的福特提出"自动化"概念。1948 年，美国麻省理工学院教授维纳博士发表《控制论》后，自动控制研究兴起热潮。1952 年美国麻省理工学院运用电子计算机和自动控制技术研制出三坐标数控机床，能按最佳控制要求在无人操作情况下加工复杂的曲面零件。机床工业从此进入数控新时代。到 1965 年，美国数控机床达到机床产量的 1/5。

接着，全自动化生产又经历了从生产线、生产车间到工厂的进步。在这一过程中，发电厂、炼油厂、化工厂、钢铁厂等企业很快实现了自动线与计算机的结合，极大提高了生产效率，也提高了产品质量，并且十分安全可靠。自动化还开始应用到办公室和家庭，使管理工作更加科学化，日常生活更加方便舒适。

### 3.3.4 能源新技术

能源是经济和社会发展的重要的物质基础，是实现四个现代化以提高我国人民生活水平的先决条件。现代社会生产的不断发展，随着机械化、电气化、自动化程度的不断提高，生产上对能源的需求量也就越来越大。能源和人民的衣、食、住、行等密切相关；能源与国防的关系甚为密切，不仅在生产种种武器上需用大量能源，而且在使用各种武器时也离不开能源。能源问题直接关系到国民经济的发展、社会的进步和人民生活水平的提高。

新技术革命中，能源问题受到特别重视。能源新技术包括各种能源资源从开采到最终使用各个环节的先进技术，它包括：① 洁净煤技术：先进燃烧和污染处理技术；煤的气化与液化技术。② 核能新技术：新一代压水堆核电站技术；核燃料的增殖——快中子增殖反应堆技术；新的供热资源——低温核供热堆和高温气冷堆技术；受控热核聚变能技术。③ 新能源技术：太阳能新技术、风能技术、生物质能利用新技术、波浪能和潮汐能利用技术、氢能利用技术。④ 节能新技术：余热回收利用技术、电子电力技术、高效电动机、高效节能照明技术、远红外线加热技术和电热膜加热技术。

在新技术革命中，人类继续直接或间接使用天然能源。20 世纪 70 年代，法国在朗斯河口建成世界上第一座大型潮汐发电站；20 世纪 80 年代，美国在夏威夷建成一座 10 万 kW 的温差发电厂。到现在为止，世界上许多国家都在开发太阳能、风能发电项目；煤炭的液化、气化和石油综合利用等新技术的研究取得了可喜的成果。

原子能的开发和利用是人类所完成的最伟大的能源革命。1941 年 12 月，意大利物理学家恩里科·费米（1901~1954）领导了美国第一个原子反应堆的建造。到 1942 年

底，反应堆建成正式运转，第一次实现了输出能大于输入能的核反应，宣告了人类利用原子能时代的开始。在第二次世界大战结束后，一些国家先后建立了原子反应堆，为和平利用原子能开辟了道路。

1954 年 6 月，前苏联在奥布宁斯克建成世界上第一座核电站（装机容量只有 5 千 kW）。1956 年 10 月和 1957 年，英国和美国也相继建成核电站（装机容量分别为 10 万 kW 和 23.6 万 kW）。

1991 年 12 月，在美丽富饶的杭州湾畔，中国第一座依靠自己的力量设计、建造的秦山核电站（见图 3-27）首次并网发电，装机容量 30 万 kW。1985 年 3 月浇灌第一罐核岛底板混凝土，1994 年 4 月投入商业运行，1995 年 7 月通过国家验收。它的建成投产结束了祖国大陆无核电站的历史，是我国和平利用核能的光辉典范，同时也使我国成为继美、英、法、前苏联、加拿大、瑞典之后世界上第七个能够自行设计、建造核电站的国家。

图 3-27　中国第一座依靠自己的力量设计、建造的秦山核电站

### 3.3.5　航空航天技术

航空航天技术是 20 世纪 50 年代后期蓬勃发展起来的一门新兴的、综合性的高新技术。它主要是利用空间飞行器作为手段来研究发生在空间的物理、化学和生命等自然现象，它综合应用了几百年来人类在数学、天文学、物理学、生物学和医学等方面的研究成果，又和当代许多科学：控制理论、系统理论、信息理论、计算机科学与技术、材料科学、电子科学与技术等的发展密切相关，是衡量一个国家科技水平、综合国力和发展程度的主要标志之一。

第二次世界大战极大地促进了航空事业。战前的飞机主要是用内燃机作动力的螺旋桨式，速度一般都低于音速。1939 年 8 月，德国首先研制成喷气式飞机。1949 年，英国研制出第一架喷气式客机，时速超过 800km。1951 年，苏联研制成功米格战斗机。1957 年 1 月，苏联研制成功第一代喷气客机。美国波音 707 喷气式客机也于 1958 年开始交付使用。

第二次世界大战结束后，德国先进的火箭技术和人才被美国和前苏联瓜分。起初美国似乎对发展远程火箭热情不高，火箭技术发展缓慢。而前苏联预见到远程火箭能在军事上发挥巨大作用，因而极为重视，火箭技术得到迅速发展。空间技术的形成以 1957 年 10 月 4 日前苏联成功地将世界上第一颗人造地球卫星——"斯普特尼克 1 号"送上太空为标志。从此，人造天体的诞生开创了空间时代的新纪元。空间技术的发展经历了三个阶段。

第一阶段（1957～1964 年）为基础技术与应用技术试验阶段。向地球周围及太阳系发射无人探卫星或探测器，其目的是探测空间温度、宇宙射线强度等环境条件并检验电子仪器、设备工作性能。这一阶段的工作由美、苏两国来完成。1958 年 2 月 1 日，美国"探险者 1 号"人造卫星发射成功；1959 年 1 月 2 日，前苏联发射第一颗人造行星；同年 10 月 4 日，前苏联发射第 3 号宇宙火箭，它拍摄的月球背面照片向全世界播发；1961 年 4 月 12 日，苏联宇航员加加林首次乘飞船"东方 1 号"绕地球一周，在太空飞行 108min 后安全返回地面，实现了人类遨游太空的梦想。

第二阶段（1964～1979 年）为实际应用发展阶段。发展各种应用卫星技术：通信卫星、地球资源探测卫星、导航卫星等。主要的成就有美、苏两大国在太空布置各种卫星网、各种探测器飞向太阳系各大行星。1964 年 8 月 19 日，美国发射第一颗地球同步静止轨道通信卫星，火箭—卫星技术达到了一个新的水平。从此，全球卫星通信事业发展迅速；1969 年 7 月 21 日，美国"阿波罗 11 号"宇宙飞船登月成功，宇航员阿姆斯特朗和奥尔德林在月球上留下了人类的第一个脚印，如图 3-28、图 3-29 所示。1975 年 7 月 15 日，美国的"阿波罗"飞船与前苏联的"联盟 9 号"飞船在太空实现对接并进行联合飞行。

图 3-28　人类在月球上留下的脚印

图 3-29　宇航员在月球上行走

1970 年 4 月 24 日，中国发射第一颗人造地球卫星"东方红 1 号"，成为继苏、美、法、日后第五个发射人造卫星的国家。中国长征 3 号火箭在西昌发射的情形如图 3-30 所示。

第三阶段（1979 年至今）为航空航天技术的商业化与军事化发展阶段。一系列的

商用卫星，如通信卫星、气象卫星、地球资源探测卫星、导航卫星等；军事卫星，如侦察卫星、环球定位系统卫星等投入使用。发展各种应用卫星技术，如通信卫星、地球资源探测卫星、导航卫星等。航天器中还出现轨道空间站，遥感技术发展到了航天遥感新阶段。图 3-31 所示为美国航天飞机在发射过程中。

图 3-30　中国长征 3 号火箭在西昌发射　　　　图 3-31　美国航天飞机在发射过程中

　　航空航天技术是许多科学技术的综合，它具有巨大的科学价值和经济意义。航空航天技术的研究和开发已发展成为一项利润丰厚的产业。航空航天技术的发展，需要大量先进的电子仪器、设备，它对新材料技术、电子信息技术、精密加工技术等也提出了极高的要求。航空航天技术对整个科学技术领域、国民经济与社会发展都产生了巨大影响，它代表着一个国家的科技、工业发展的水平，并带动许多工业技术的发展。

### 3.3.6　电子信息技术

　　电子信息技术是以电子技术为基础的计算机技术和电信技术相结合而形成的技术手段，对声音、图像、文字、数字等各种信号的获取、加工、处理、存储、传播和使用的先进技术。

　　20 世纪是通信技术迅速发展的世纪。1920 年，当人们发现电离层对无线电短波的反射作用后，从此，短波通信成为国际通信的主要传输手段，通信距离也有了极大增加。1935 年，雷达研制成功并迅速应用于军事及民用通信领域，促进了微波通信技术的发展。第二次世界大战后兴起微波多路通信技术，在一条微波通信信道上能同时开通数千路甚至数万路电话。微波因其波长短的特点，具有直线传播的局限性，在地面传播时容易被障碍物反射，因此它的传播只在视距范围内有效。要实现远距离传送信号，必须每隔一段距离建立一个中继站用以安装收、发设备来转发信号。

　　20 世纪 60 年代以后，无线电通信进入卫星时代。卫星通信克服了微波中继通信的缺点，而且利用波长短、穿透力强的特性，可以突破大气层特别是电离层对一般无线电波的屏蔽作用，使通信范围延伸到宇宙空间。1964 年 8 月 19 日，美国发射第一颗地球同步静止轨道通信卫星，可以把电视信号从美国传送到欧洲，打破了中继时代大西洋对信号的隔离。1980 年发射的"国际通信卫星 5 号"由美、法、西德、意、日共同研制，共耗资 7500 万美元。在太空中工作的通信卫星如图 3-32 所示。

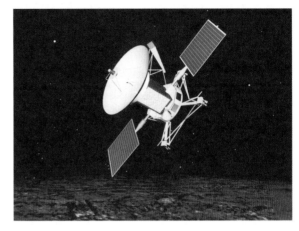

图 3-32　在太空中工作的通信卫星（概念图）

由于计算机在信息的传输、接受和处理过程方面具有高效能和通用性，其发展和应用成为信息技术革命的中心。自 20 世纪 70 年代以来，随计算机的日益普及，计算机网络系统建立起来，并出现集电话、计算机、电视机、录像机、打字机、报纸等功能于一身的信息器。人们开始用互联网获取信息。网络教育、网络医疗、网络电子商务等越来越普及。

通信技术的飞速发展还表现在传真机、寻呼机、移动电话等的大量生产和使用。移动通信是高频无线电波在移动物体之间或移动物体与固定物体之间进行信息传输交流的通信方式，是当前发展最快的通信领域。信息服务业已成为世界上发展最快的新兴行业之一。自 1984 年在上海开通第一个 BP 机寻呼台，20 多年来，我们经过了 BP 机、大哥大兴亡的全过程。到 2008 年底，全国内地手机用户已达到了 5.746 亿户，中国已成为名副其实的世界无线通信大国。信息产业的发展引起整个社会生活的巨大变革。人类迈进电子信息时代。

目前，世界各国都致力于高新技术的发展。在 21 世纪研究开发的高新领域中，电子信息技术是重点研究开发领域。人类文明的发展历史告诉我们，科学技术的每一次重大突破，都会引起生产力的深刻变革与人类社会的巨大进步。科学技术已成为推动生产力发展的最活跃因素和促进社会进步的决定性力量。电子信息技术的不断发展必将给人类社会带来美好前程。

### 3.3.7　新材料技术

新技术革命造成材料科学的巨大变革，具有优异特性、特殊功能的新型材料层出不穷。它们主要包括合成化学材料、半导体材料和超导材料。

现代高分子聚合物主要是由石油或天然气作原料的合成纤维、合成橡胶与塑料"三大合成材料"。它们日益取代天然纤维、天然橡胶和木材等大部分天然材料，在解决人们的穿着、建筑和交通等方面作出了巨大贡献。

毫不夸张地说，20 世纪 70~90 年代的大多数技术成就，主要取决于微电子技术的发展。1947 年 12 月，美国贝尔实验室的肖克莱、巴丁和布拉顿组成的研究小组，研制出一种点接触型的锗晶体管。晶体管的问世，是 20 世纪的一项重大发明，是微电子革命的先声。晶体管出现后，人们就能用一个小巧的、消耗功率低的电子器件，来代替体积大、功率消耗大的电子管了。晶体管的发明又为后来集成电路的降生吹响了号角。

集成电路发明者杰克·基尔比出生在堪萨斯州并在伊利诺伊州立大学就读。在第二次世界大战服役之后，基尔比在 1947 年在美国伊利诺伊州完成了电气工程学士学位的课程。毕业后他去了密尔沃基的工作，并在那里首次接触到作为集成电路基础元件的晶体管，后来，他又在威斯康星州立大学获得了硕士学位。1958 年，基尔比开始为德州仪器公司工作，并且发明了集成电路。除了诺贝尔奖之外，基尔比还获得了美国政府最高级别的技术奖：国家科学勋章和国家技术勋章。美国总统为基尔比颁奖的照片如图 3-33 所示。

晶体管、集成电路的发明引起了电子工业革命并产生半导体电子学。硅生产技术的进步，使大功率晶体管、整流器、太阳能电池以及集成电路（见图 3-34）的生产得以迅速发展，半导体工业崛起。

图 3-33　美国总统为基尔比颁奖

图 3-34　各种不同用途的集成电路

科技界正在探索新的半导体材料，如化合物半导体材料、有机半导体材料等。

超导现象最早是由荷兰物理学家昂尼斯于 1911 年发现的。他利用液态氦的低温环境，测定电阻随温度的变化关系，观察到汞在 4.2K 附近时，它的电阻突然减少到零，变成了超导体。在低温物理作出的杰出贡献，使昂尼斯获得 1913 年诺贝尔物理学奖。

迄今为止，已发现地球常态下的 28 种金属元素以及合金和化合物具有超导电性。还有一些元素只在高压下具有超导电性。1958 年，美国伊利诺伊大学的巴丁、库柏和斯里弗提出超导电量子理论（简称巴库斯理论），使超导电研究进入微观领域。超电材料具有零电阻和抗磁性两大特点，在科学技术领域显示出巨大的应用价值，特别是电工技术领域。例如超导电缆在理论上可以无损耗地传送电能；利用超导材料制造变压器，可以大幅度降低激磁损耗、缩小体积、减轻重量、提高效率；利用超导材料制造发电机，可以使单机功率极限由常规材料的 200 万 kW 提高 5~10 倍。提高超导临界温度是推广应用的关键之一。

在新技术革命中，科学的地位更加突出。以生命科学为例，其研究经历了从群体、个体、细胞，发展到分子水平的进步，从而提出用基因工程来改造生物，并被广泛用于生产、生活领域。在农业方面，可以培育抗病新品种；在医学方面，可以有效地预防和治疗许多疾病；在环保方面，可以改善人类的生活环境。

## 3.4 新理论、新材料对电工技术的影响

到 19 世纪末，电工技术已在电力和电信两方面都取得了巨大的成功。在 20 世纪的前 30 年中，物理学的研究获得重大突破，建立了量子论和相对论，使人们对物质世界从小至原子到大至天体的认识都更为深入。20 世纪初，电子管的发明带来了通信技术、无线电广播的兴起和繁荣。

20 世纪 40 年代末，半导体三极管的发明标志着电子技术进入了一个新的阶段，很快就出现了多种半导体器件，在体积小、重量轻、功耗低等方面显示出优越的性能，使电气工程中的控制设备得到更进一步升级。

同样，在 20 世纪 40 年代末电子计算机的发明是科技进步新的里程碑，计算机软件技术也不断完备，20 世纪 50 年代末研究出多种计算机语言，使得计算机的使用日趋方便。高速、大容量的电子计算机的作用已远不限于用作快速的计算工具，而是在生产、科学研究、管理等乃至社会生活的许多其他方面都成为技术进步的非常有力的手段。继而在 20 世纪 50 年代发明的集成电路，使电子技术跨进了集成电路、大规模集成电路和超大规模集成电路的时代。这些技术的出现，也对电工技术产生了极大的影响。

### 3.4.1 20 世纪下半叶对电工技术有影响的研究成果

20 世纪 50 年代以后，在受控热核聚变研究和空间技术的推动下，等离子物理学与放电物理学蓬勃发展，在理论和应用两方面都取得丰硕成果。

放电物理主要研究气体放电的物理图像和气体放电中的各种基本过程、其主要的特性和相关的机理以及常见的放电形式。

等离子体是宇宙中绝大部分可见物质的存在形式，其密度跨越 30 个量级而温度跨越 8 个量级。作为迅速发展的新兴学科，等离子体科学已涵盖了受控热核聚变、低温等离子体物理及应用、基础等离子体物理、国防和高技术应用、天体和空间等离子体物理等分支领域。这些研究领域对人类面临的能源、材料、信息、环保等许多全局性问题的解决具有重大意义。

由电磁流体力学的理论而获得的磁流体发电是一种新型的发电方法。它把燃料的热能直接转化为电能，省略了由热能转化为机械能的过程，因此，这种发电方法效率较高，可达到 60% 以上。同样烧 1t 煤，它能发电 4500kWh，而汽轮发电机只能发出 3000kWh 电，对环境的污染也小。

燃煤磁流体发电技术，亦称为等离子体发电，就是磁流体发电的典型应用，燃烧煤

而得到 2.6×106℃以上的高温等离子气体并以高速流过强磁场时，气体中的电子受磁力作用，沿着与磁力线垂直的方向流向电极，发出直流电，经直流逆变为交流送入交流电网。

直线电机可以认为是旋转电机在结构方面的一种变形，它可以看作是一台旋转电机沿其径向剖开，然后拉平演变而成。近年来，随着自动控制技术和微型计算机的高速发展，对各类自动控制系统的定位精度提出了更高的要求，在这种情况下，传统的旋转电机再加上一套变换机构组成的直线运动驱动装置，已经远不能满足现代控制系统的要求，为此，近年来世界许多国家都在研究、发展和应用直线电机，使得直线电机的应用领域越来越广。

磁悬浮列车是一种利用磁极吸引力和排斥力的高科技交通工具。简单地说，排斥力使列车悬起来、吸引力让列车开动。磁悬浮列车上装有电磁体，铁路底部则安装线圈。通电后，地面线圈产生的磁场极性与列车上的电磁体极性总保持相同，两者"同性相斥"，排斥力使列车悬浮起来。铁轨两侧也装有线圈，交流电使线圈变为电磁体。它与列车上的电磁体相互作用，使列车前进。列车头的电磁体（N 极）被轨道上靠前一点的电磁体（S 极）所吸引，同时被轨道上稍后一点的电磁体（N 极）所排斥——结果是一"推"一"拉"。磁悬浮列车运行时与轨道保持一定的间隙（一般为 1～10cm），因此运行安全、平稳舒适、无噪声，可以实现全自动化运行。

20 世纪 60 年代发明了激光技术。由激光器发出的光有相干性良好、能量密度高等特点，它首先在计量技术中得到应用，20 世纪 60 年代末又利用它实现了光纤通信。这一技术是当代电子技术的又一大进展。它在电力系统通信中得到广泛应用。20 世纪的许多重大技术进步都是在多方面的理论和技术综合应用的基础上实现的。电工技术在新技术进展中起着不可缺少的支持作用，新的技术进展又不断促进电工技术的进步。新的发电方式如磁流体发电已经实现，超导技术的进展将可能在电工技术中引起广泛的革新，等离子体研究的成果带来了实现受控核聚变的希望，在科技理论中信息论、控制论、系统工程等众多学科先后出现，各学科技术相互影响和发展，形成了当代科技进步的洪流，电工科技亦将在其中继续发展。

### 3.4.2　21 世纪上半叶电工技术发展趋势

当前世界上消耗的能量 99% 来自于煤、石油、天然气等化石燃料，这些燃料是十分宝贵的化工原料，付之一炬，实在可惜，而地下蕴藏量极其有限。更为严重的是，它们燃烧时释放出大量有害气体，污染环境、破坏生态、有损健康。现在所谓的清洁能源——核能发电是核裂变反应能，它也存在两大问题：一是燃料铀的储存量有限，不足以人类用几百年；二是放射反应产生的废物难以安全保存。

**一、能源、电力**

受控热核聚变是等离子体最诱人的应用领域，也是彻底解决人类能源危机的根本办法。它是在人工控制条件下，将轻元素在高温等离子体状态下约束起来，聚合成的原子核反应释放出能量。其优点是：原料蕴藏量丰富，轻元素氘可以从海水中提取，世界上海水所含有的氘，若全部用来发电，可供人类使用数亿年；另外，受控热核聚变产生的放射性废物少，运行安全可靠，不会对环境造成威胁。美国、法国等国在 20 世纪 80 年代中期发起了耗资 46 亿欧元的"国际热核实验反应堆"计划，旨在建立世界上第一个受控热核聚变实验反应堆，为人类输送巨大的清洁能量。这一过程与太阳产生能量的过程类似，因此受控热核聚变实验装置也被俗称为"人造太阳"。中国于 2003 年加入国际热核实验反应堆计划。位于安徽合肥的中国科学院等离子体研究所是这个国际科技合作计划的国内主要承担单位，其研究建设的"全超导非圆截面托卡马克核聚变实验装置"（见图 3-35），于 2006 年 9 月 28 日首次成功完成了放电实验，获得电流 200kA、时间接近 3s 的高温等离子体放电，稳定放电能力超过世界上所有正在建设的同类装置。虽然"人造太阳"的奇观在实验室中初现，但离真正的商业运行还有相当长的距离，它所发出的电能在短时间内还不可能进入人们的家中。根据目前世界各国的研究状况，这一梦想最快有可能在 30~50 年后实现。

图 3-35 中国建造的全超导核聚变实验装置

**二、交通运输**

在交通运输领域，人们对磁悬浮列车、磁流体推进船与电动车的研究也获得重大进展，特别在电动汽车的研究方面，已达到实用阶段。目前人们所说的电动汽车多是指纯电动汽车，即是一种采用单一蓄电池作为储能动力源的汽车。它利用蓄电池作为储能动力源，通过电池向电机提供电能，驱动电动机运转，从而推动汽车前进。从外形上看，电动汽车与日常见到的汽车并没有什么区别，区别主要在于动力源及其驱动系统。

电动车是一个综合技术的产物，它涉及机械、材料、化工、电机、电力、控制及能量支配管理系统。电驱动技术是电动车的关键技术，它包含电机、功率电子器件、控制技术三个主要方面，与电工领域密切相关。电动汽车将是 21 世纪研究的热点。

电动汽车的优点是无污染、噪声低、能源效率高、结构简单、使用维修方便。现阶段存在的缺点是动力电源使用成本高、续驶里程短。

**三、超导电工**

超导体在电气工程中的应用也是一个发展趋势。

超导储能是利用超导线圈将电磁能直接储存起来，需要时再将电磁能返回电网或其他负载。超导储能装置一般由超导线圈、低温容器、制冷装置、变流装置和测控系统几个部件组成。其中，超导线圈是超导储能装置的核心部件，它可以是一个螺旋管线圈或是环形线圈。螺旋管线圈结构简单，但是周围杂散磁场较大；而环形线圈周围散磁场较小，但是结构较为复杂。

超导故障限流器是利用超导体的超导与正常态转变特性，快速而有效地限制电力系统故障短路电流的一种电力设备。超导故障限流器集检测、触发和限流于一体，反应速度快，正常运行损耗低，能自动复位，克服了常规熔断器只能使用一次的缺点。

超导电机一般分为绕组型超导电机和块材型超导电机。所谓绕组型超导电机是指电机的定子绕组或转子绕组由超导线绕制的线圈组成，而块材型超导电机是指电机转子由高温超导块材组成。由于超导电机采用了超导体，超导电机的运行电流密度和磁通密度都大大地提高了。超导电机的基本结构和常规电机相似，主要由转子、定子组成，只是还需要有相应的低温容器以使超导体处于超导态。

目前，超导电缆制造也处于实用化研究阶段。

超导变压器一般都采用与常规变压器一样的铁芯结构，仅高、低压绕组采用超导绕组。超导绕组置于非金属低温容器中，以减少涡流损耗。变压器铁芯一般仍处在室温条件下。超导变压器的优点是体积小、重量轻、效率高，同时由于采用高阻值的基底材料，因此具有一定的限制故障电流作用。

## 思 考 题

3.1　在电工技术的初期发展过程中，有哪些科学家分别作出了什么贡献？
3.2　电工理论包含哪几个方面？它对电工技术的发展有何作用？
3.3　人类在对电磁现象的研究过程中，发现了哪些主要定律？
3.4　在新技术革命过程中取得了哪些主要成果？其中哪些成果对电气工程有何影响？

66

# 4

# 电能利用与发电类型

> 社会从来都不会准备接受任何发明，每一个新生事物都会受阻，发明者的声音也只有经过很多年以后才会为世人所听取，新生事物本身则需要更长的时间才会被接纳。
>
> ——爱迪生

## 4.1 电 能 利 用

### 4.1.1 能源的分类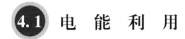

能源为人类提供各种形式能量的自然资源及其转化物，是国民经济发展和人民生活所必需的重要物质基础。一般来说，一个国家的国民生产总值和它的能源消费量大致是成正比的，能源的消费量越大，产品的产量就越多，整个社会也就越富裕。例如，美国、前苏联、日本、西德、英国、法国、意大利等工业发达国家的人口总和只占世界人口的 1/5，而能源消费量却占了世界能源总消费量的 2/3。

按照国际能源组织对能源的分类，按其产生方式可分为一次能源和二次能源。一次能源是指各种以现成形式存在于自然界而未经人们加工转换的能源，如水、石油、天然气、煤炭以及太阳能、风能、地热能、海洋能、生物能等；一次能源在未被开发而处于自然形态时，称作能源资源。世界各国的能源产量和消费量，一般均对一次能源而言。为了便于比较和计算，惯常将各种一次能源均折合为"标准煤"或"油当量"，作为各种能源的统一计量单位。二次能源则是指直接或间接由一次能源转化或加工制造而产生的其他形式的能源，如电能、煤气、汽油、柴油、焦炭、酒精、氢能、洁净煤、激光和沼气等。一次能源除了在少数情况下能够以原始状态使用外，更多的则是根据所需的目的进行加工，转换成便于使用的二次能源。随着科技水平和社会现代化要求的逐步提高，二次能源在整个能源消费系统中所占的份额将会日益扩大。

一次能源还可进一步细分。凡是可以不断得到补充或能在较短周期内再产生，即具有自然恢复能力的能源称为可再生能源，根据联合国的定义，可再生能源又可分为传统可再生能源和新的可再生能源。传统可再生能源主要包括大水电和利用传统技术的生物能源；新的可再生能源主要指利用现代技术的小水电、太阳能、风能、生物质能、地热能、海洋能等。随着人类的利用而逐渐减少的能源称为不可再生能源，如煤炭、原油、天然气、油页岩、核能等，它们经过亿万年形成而在短期内无法恢复再生，用掉一点，便少一点。

如果按照其来源的不同，一次能源又可分为三类，即来自地球以外天体的能源、来自地球内部的能源和地球与其他天体相互作用时所产生的能源。来自地球以外天体的能源，主要是指太阳辐射能。各种植物通过光合作用把太阳能转变为化学能，在植物体内储存下来。这部分能量为动物和人类的生存提供了能源，地球上的煤炭、石油、天然气等化石燃料，是由古代埋藏在地下的动植物经过漫长的地质年代而形成的，所以化石燃料实质上是储存下来的太阳能。太阳能、风能、水能、海水温差能、海洋波浪能以及生物质能等，也都直接或间接来自太阳；来自地球内部的能源，主要是指地下热水、地下蒸汽、岩浆等地热能和铀、钍等核燃料所具有的核能；地球与其他天体相互作用产生的能源，主要是指由于地球和月亮以及太阳之间的引力作用造成的海水有规律的涨落而形成的潮汐能。

根据其使用的广泛程度，能源又分为常规能源和新能源。在现有经济技术条件下已经大规模生产并得到广泛使用的能源即为常规能源，如水能、煤炭、石油、天然气和核裂变能等，目前这五类能源几乎支撑着全世界的能源消费；所谓新能源就是尚未被人类大规模利用，并有待进一步研究实验的能源，如太阳能、风能、地热能、海洋能、核能、生物能等，新能源大部分是天然、可再生的，它们构成了未来世界持久能源系统的基础。显然，常规能源和新能源有一个时间上相对的概念。

根据上述各种能源的分类情况，列成表4-1。

表4-1　　　　　　　　　　能源分类表

| 类别 | 来自地球内部的能源 | | 来自地球以外的能源 | | | | | | | 地球与其他天体相互作用产生的能源 | |
|---|---|---|---|---|---|---|---|---|---|---|---|
| 一次能源 | 可再生能源 | 地热能 | 太阳能 | 风能 | 水能 | 生物质能 | 海水盐差能 | 海水波浪能 | 海（湖）流能 | 潮汐能 | |
| | 非再生能源 | 核能 | 煤炭　石油　天然气　油页岩 | | | | | | | …… | |
| 二次能源 | 焦炭 | 煤气 | 电力 | 氢 | 蒸汽 | 酒精 | 汽油 | 柴油 | 重油 | 液化气 | 电石 |

从环境保护的角度出发，能源还可分为污染型的和清洁型的。清洁能源还可分为狭义的和广义的两大类。狭义的清洁能源仅指可再生能源，包括水能、生物质能、太阳能、风能、地热能和海洋能等，它们消耗之后可以得到恢复补充，不产生或者很少产生污染物。所以可再生能源被认为是未来能源结构的基础。广义的清洁能源是指在能源生产、产品化及其消费过程中，对生态环境尽可能低污染或无污染的能源，包括低污染的

天然气等化石能源、利用洁净能源技术处理的洁净煤和洁净油等化石能源、可再生能源和核能等。显然，在未来人类社会科学技术高度发达并具备了强大经济能力的情况下，狭义的清洁能源是最为理想的环境友好型能源。图4-1描绘了百余年来以及今后100年内世界能源利用的变化情况与发展趋势。图4-2所示为人类近代文明随着化石能源形态：固体→液体→气体利用技术的发展飞速进步。

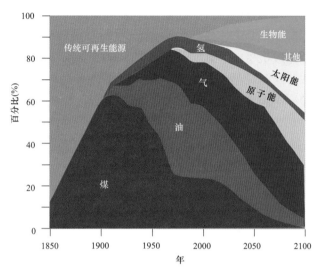

图4-1　世界能源利用过去与未来的变化情况与发展趋势

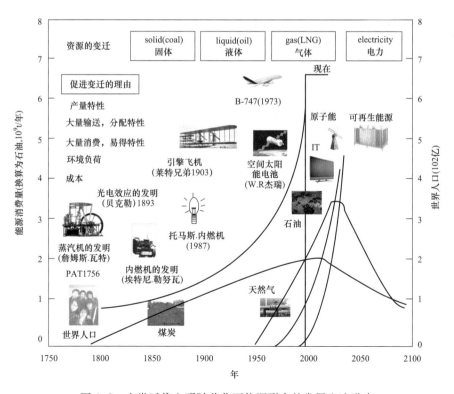

图4-2　人类近代文明随着化石能源形态的发展飞速进步

### 4.1.2　电能的利用及产生方式

电能是迄今为止人类文明史上最优质的能源。正是有赖于对电能的开发和利用，人类才得以进入如此发达的工业化和信息化社会。人类在电能的产生、传输和利用方面已经取得了十分辉煌的成就。电力与人们的生产和生活息息相关。电气化成为一个国家现代化水平的重要标志，因而发电形式的开发情况也就能从一个侧面反映这个国家的先进程度。

由于电能易于转化成机械能、热能、光能以及价格低廉、容易控制，还便于大规模生产、远距离输送和分配，又是信息的重要载体，所以由最初用于照明、电报、电话，迅速扩展进入到电镀、电动力以及人类生产活动和日常生活的方方面面。

电能在现代工业生产中占有重要地位。从技术上来说，现代工业生产有三项不可缺少的物质条件，一是原料或材料，二是电能，三是机器设备。其中，电能是现代工业的血液和神经。

电能与现代化农业的关系十分密切。现代化的农业生产中，耕种和灌溉等一系列环节都直接或间接地消耗电能。随着农业机械化和电气化的发展，农业生产对电能的需求量将日益增加，电力工业的发展水平将直接影响农业生产的发展。现代化的交通运输工具、人民日常生活和公用事业也都离不开电能。

电能产生的方式种类繁多，有火力、水力、核能、风力、太阳能等。就目前的生产力水平而言，以火力、水力和核能发电为主。

### 4.1.3　电能利用的发展历程

一百多年来，电气工业发展的历史其实也是一部探索电能利用形式、最大限度和最经济地利用电能的发明创造史。

早在 19 世纪上半叶电能用于工业生产之前，作为通信用的电气设备就已经开始进入试用阶段用于通信领域，在这一阶段，电主要用来传递信号，涉及的电气设备有电池、电线电缆和各种电子器件。人类最早发明的电光源是弧光灯和白炽灯。1807 年，英国的戴维就研制成了碳极弧光灯。1878 年，美国的布拉许利用弧光灯在街道和广场照明中取得了成功。一年后，两位美国费城的高级中学教师汤姆生和霍斯顿通过设计弧光灯系统开创了他们的电工业。

1870 年，比利时的格拉姆制成往复式蒸汽发电机供工厂电弧灯用电。1875 年，巴黎北火车站建成世界第一个火电厂，用直流发电供附近照明。1879 年，旧金山建成世界第一座商用发电厂，两台发电机供 22 盏电弧灯，收费 10 美元/灯周。同年先后在法国和美国装设了实验性电弧路灯。1880 年，爱迪生又发明了实用白炽灯，开创了电照明的新时代。爱迪生之后，电灯不断改进。1882 年 7 月，英国人利特尔（Little）在上海成立上海电气公司，供招商码头电弧灯照明，也是中国第一个商用发电厂。同年，法国人德普勒（Deprez）在慕尼黑博览会上表演了电压为 1500 ~ 2000V 直流发电机经 57km 线路驱动电动泵（最早的直流输电）。1885 年，制成交流发电机和变压器，于

1886 年 3 月用以在美国马萨诸塞州的大巴林顿建立了第一个单相交流输电系统，电源侧升压至 3000V，经 1.2km 线路，端电压降至 500V，显示了交流输电的优越性。1891 年，德国在劳芬电厂安装了第一台三相 100kV 交流发电机，并通过第一条三相输电线路送电至法兰克福。

1907 年，美国工程师爱德华（Edward）和哈罗德（Harold）发明了悬式绝缘子，为提高输电电压开辟了道路。1916 年，美国建成第一条 90km 的 132kV 线路。1922 年，在加州建成 200kV 线路，1923 年投运。1929 年，美国制成第一台 20kW 汽轮机组。1934 年，美国建成 432km 的 287kV 线路。1932 年，苏联建成第聂伯水电站，单机 6.2 万 kW。1920 年时世界装机为 3000 万 kW，其中美国占 2000 万 kW。1939 年管状日光灯问世，很快被广泛采用，成为了一种重要的照明光源。随后电能用于耗电较小的收音机、电视机、洗衣机等家用电器，此为电能在家庭生活中应用的第一阶段。第二阶段发展到使用耗电较多的电冰箱、厨房用电炉、电热水器和空调设备等。第三阶段发展到电气采暖和家庭生活全面电气化。

第二次世界大战以后，美国于 1955、1960、1963、1970 年和 1973 年分别制成并投运 30 万 kW、50 万 kW、100 万 kW、115 万 kW 和 130 万 kW 汽轮发电机组。二战期间开发的核技术还为电力提供了新能源。1945 年前苏联研制成功第一台 5000kW 核电机组。1973 年法国试制成功 120 万 kW 核反应堆。1954 年，瑞典首先建立了 380kV 线路，采用 2 分裂导线，距离 960km，将北极圈内的哈斯普朗特（Harspranget）水电站电力送至瑞典南部。1964 年，美国开始研制 500kV 交流输电线路。1965 年，加拿大建成 765kV 交流线路。1965 年苏联建成 ±400kV 的 470km 高压直流架空输电线路，送电 75kW。1970 年美国造成 ±400kV 的 1330km 高压直流输电线路，送电 144 万 kW。

在电气设备走入千家万户的同时，也走进了交通和企业。从 19 世纪 80 年代开始，电力驱动逐渐进入交通运输部门。1879 年西门子和哈尔斯克在柏林工业博览会上展出了第一条小型电车轨道。到 1899、1900、1902 年，伦敦、巴黎、柏林先后建成了第一条电气化地下铁道。1912 年，瑞士第一批电力牵引火车开始行驶。除城市电车外，l887、1908 年首次出现了电动矿用机车和电动运输车。l894 年，美国的一家棉花加工厂首先实现了电气化，其供电系统全部用交流电。20 世纪初，所有新建工厂都使用电动机作为动力。

照明技术和动力技术的发展和普及对强大电源提出了新的需求，正是由于电能的广泛应用促进了发电和输变电以及电源技术的高速发展。

回顾电力技术发展史，从 1875 年建成第一座发电厂至今只有 100 多年的历史，从 1832 年第一台发电机问世至今也仅有一个半世纪，在此期间电力技术和电力生产取得了众多的历史性重要成就：发电机组容量和电厂规模从小到大，技术参数和自动化水平不断提高，发电能源由单一进而多样化，输电电压等级也不断提高，输电距离不断延长，电网规模日益扩大。

今后，随着现代科学技术的飞速发展，无论是发电、输电、配电还是电能的利用技术都将会在继承中得到发展，在应用中日趋完善。

 现有的发电类型

人类历史上最早的发电厂是燃煤火力发电厂。进入 20 世纪以后，随着电照明和电力传动等推广，社会对电能的需要促进了火力发电的迅速发展，表现为火电机组的容量不断增大。火力发电一直是电能中的主力军，目前世界最大的燃油发电厂为日本的鹿儿岛电厂，装机容量为 440 万 kW。我国随着用电量的不断增长和单机容量的不断增大，火电厂的规模也在不断发展。

**一、火力发电的类型与流程**

火力发电一般是指利用石油、煤炭和天然气等燃料燃烧时产生的热能来加热水，使水变成高温、高压水蒸气，然后再由水蒸气推动发电机来发电的方式的总称。

火力发电厂由三大主要设备——锅炉、汽轮机、发电机及相应辅助设备组成，它们通过管道或线路相连构成生产主系统，即燃烧系统、汽水系统和电气系统。火力发电的简单流程如图 4-3 所示。

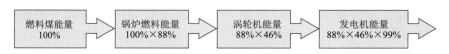

图 4-3　火力发电的简单流程

由图 4-3 可知，由化学能转化为电能的总效率＝锅炉效率×涡轮机效率×发电机效率＝0.88×0.46×0.99×100%≈40%，这表明，化石燃料所含化学能的 40% 转换成电能，其余 60% 基本都以热能形式损失，锅炉燃烧的烟气带走一部分热量，造成大气升温，大部分热量由汽轮机排出的热蒸汽传递给冷凝水，冷凝水流入河流或其他水体，形成热污染。

按其作用划分，火力发电有纯供电的和既发电又供热的（热电联产的热电厂）两类。按原动机分，主要有汽轮机发电、燃气轮机发电、柴油机发电（其他内燃机发电容量很小）。按所用燃料分，主要有燃煤发电、燃油发电、燃气（天然气）发电、垃圾发电、沼气发电以及利用工业锅炉余热发电等。为了提高经济效益，降低发电成本，保护大城市和工业区的环境，火力发电应尽量在靠近燃料基地的地方进行，利用高压输电或超高压输电线路把强大电能输往负荷中心。热电联产方式则应在大城市的工业区实施。

火力发电的流程依所用原动机而异。在汽轮机发电方式中，其基本流程是先将经过粉碎的煤送进锅炉，同时送入空气，锅炉注入经过化学处理的给水，利用燃料燃烧放出的热能使水变成高温、高压蒸汽，驱动汽轮机旋转做功而带动发电机发电；热电联产方式则是利用原动机的排汽（或专门的抽汽）向工业生产或居民生活供热。在燃气轮机发电方式中，基本流程是用压气机将压缩过的空气压入燃烧室，与喷入的燃料混合雾化后进行燃烧，形成高温燃气进入燃气轮机膨胀做功，推动轮机的叶片旋转并带动发电机发电。在柴油机发电中基本流程是用喷油泵和喷油器将燃油高压喷入汽缸，形成雾状，与空气混合燃烧，推动柴油机旋转并带动发电机发电。

**二、火力发电系统的构成**

根据火力发电的生产流程可知，其基本组成包括燃烧系统、汽水系统（燃气轮机发电和柴油机发电无此系统，但这两者在火力发电中所占比重都不大）、电气系统和控制系统。

（1）燃烧系统：主要由锅炉的燃烧室（即炉膛）、送风装置、送煤（或油、天然气）装置、灰渣排放装置等组成。主要功能是完成燃料的燃烧过程，将燃料所含能量以热能形式释放出来，用于加热锅炉里的水。主要流程有烟气流程、通风流程、排灰出渣流程等。对燃烧系统的基本要求是：尽量做到完全燃烧，使锅炉效率≥90%；排灰符合标准规定。

（2）汽水系统：主要由给水泵、循环泵、给水加热器、凝汽器、除氧器、水冷壁及管道系统等组成。其功能是利用燃料的燃烧使水变成高温、高压蒸汽，并使水进行循环。主要流程有汽水流程、补给水流程、冷却水流程等。对汽水系统的基本要求是汽水损失尽量少；尽可能利用抽汽加热凝结水，提高给水温度。

（3）电气系统：主要由电厂主接线、汽轮发电机、主变压器、配电设备、开关设备、发电机引出线、厂用接线、厂用变压器和电抗器、厂用电动机、保安电源、蓄电池直流系统及通信设备、照明设备等组成。基本功能是保证按电能质量要求向负荷或电力系统供电。主要流程包括供电用流程、厂用电流程。对电气系统的基本要求是供电安全、可靠；调度灵活；具有良好的调整和操作功能，保证供电质量；能迅速切除故障，避免事故扩大。

（4）控制系统：主要由锅炉及其辅机系统、汽轮机及其辅机系统、发电机及电工设备、附属系统组成。基本功能是对火电厂各生产环节实行自动化的调节、控制，以协调各部分的工况，使整个火电厂安全、合理、经济运行，降低劳动强度，提高生产率，遇有故障时能迅速、正确处理，以避免酿成事故。主要工作流程包括汽轮机的自启停、自动升速控制流程、锅炉的燃烧控制流程、灭火保护系统控制流程、热工测控流程、自动切除电气故障流程、排灰除渣自动化流程等。

### 4.2.2 水力发电 //////////

水力发电就是利用水力（具有水头）推动水力机械（水轮机）转动，将水能转变为机械能，如果在水轮机上接上另一种机械（发电机）随着水轮机转动便可发出电来，这时机械能又转变为电能。水力发电在某种意义上讲是水的势能变成机械能，又变成电能的转换过程。水力发电原理如图4-4所示。

水力发电具有其独特的优越性，即清洁、绿色和可再生性。水电不会明显地污染空气，也不会产生温室气体。对水电的使用寿命进行分析可知，水电与其他多数能源类型相比更为有利。水电的可再生性依赖水文的周期性而变化。

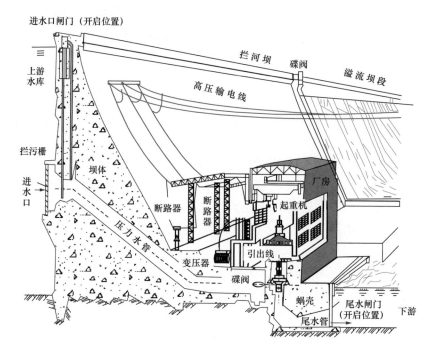

图 4-4　水力发电原理图

我国的水能资源最为丰富，居世界第一位。其次是巴西、美国、俄罗斯、加拿大、扎伊尔和印度等国。世界上许多国家在电力发展初期就十分重视利用江河水的落差和流量来发电。各国开发水力发电站一般都从小水电站开始，随着用电需要的增长和机械技术、输电技术的进步，逐步发展中型和大型水电站。世界上第一座水电站建于美国威斯康星州的福克河边，1882年9月30日开始发电，装有25kW直流发电机两台，其后的半个多世纪，一些水电资源丰富的国家水电发展较快。

水电因其清洁、绿色和可再生性而具有环境和市场效益。另外，水电又由于其固有的技术特点，具有下列优越性：① 快速响应：机组可在数秒内启动和关闭，具有荷载曲线陡峭的特点。这种特性使水电更有利于电网的特殊运行。② 可靠性：与风和太阳能不同，虽然供水有限，水能是可预测的而且可靠。③ 稳定的成本：虽然水电的投资高，但其运行费用却很低，且不受燃料价格变动的影响。

**一、水力发电的类型**

水力发电是直接利用水的动能作为源动力，来驱动发电机发电方式的总称。这是一种具有悠久历史的发电方法，在能源发展中占有重要的地位。因为具有安全、经济、稳定和无污染等特点，是在有水资源的地区首选的发电方法。水力发电有以下四种方式：

（1）流入式水力发电。在河川坡度比较大的上游或者中部建设取水大坝，在取水口取出的水经无压水路导水槽，利用河川的落差驱动水轮来发电。由于河川的自然流量时时变化，所以发电能力也随之变动。丰水流量大时发电能力大，枯水期流量小时发电能力小。

74

（2）调整水库式发电。调整水库式发电是利用河川或者导水路途中的凹地、溪谷等，建设具有能容纳枯水期一天流量库容的调整水库，根据用电量的需求来发电的方式。调整水库式发电比流入式水力发电更能充分地利用河川的水资源，提高发电效率。

（3）水库式发电。水库式发电是建设比较大型的水库，预先存储河川洪水期及丰水期的水量，在枯水期补给用的发电方式。水库式发电具有较高、较稳定的发电能力，但初期投资较大。

（4）扬水式发电。扬水式发电是在深夜用电量少的时候，利用火力或者原子能发电站的富余电力作为扬水的电力资源，预先将下部水库的储留水抽到上部水库，在白天用电多时进行发电的方式。扬水式发电能充分利用火力发电或原子能发电的富余电力资源，是储存电能的较好方式，但其发电能力较小，成本较高。

**二、举世瞩目的三峡工程**

三峡工程自 1994 年正式开工以来，创造了 100 多项"世界之最"，突破了世界水利工程的纪录，其中最重要的"世界之最"就有七项。图 4-5 所示为三峡水电站鸟瞰图。

图 4-5  三峡水电站鸟瞰图

目前，三峡水电站供电区域为湖北、河南、湖南、江西、上海、江苏、浙江、安徽、广东等八省一市，三峡电力外送形成中、东、南三大送电通道。2008 年上述三个通道全部建成后，一个纵横 9000km、贯穿八省一市的三峡输变电系将纵横交错。目前三峡总电量的 50% 输送到华东电网，华中和广东接收的输电份额各占三峡总电量的 25%。截至 2005 年底，三峡输变电工程已累计向华中送电 300 亿 kWh，向华东送电 433 亿 kW，向华南送电 232 亿 kW。图 4-6 所示为三峡水电站 2003—2016 年历年实发电量。

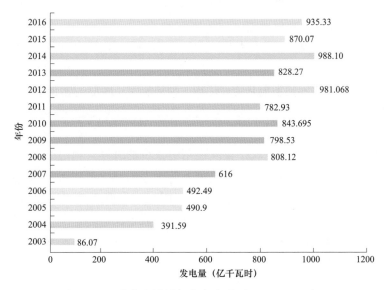

图 4-6    三峡水电站历年实发电量（2003—2016 年）

三峡工程对中国能源安全的另一个重大作用，就是将极大地提高全国电力供应的可靠性和稳定性。在以三峡水电站为中心的 1000km 半径内，全国除辽宁、吉林、黑龙江、西藏、海南等省区外，多数省市区都在这个范围内。

### 4.2.3  核能发电 //////////

20 世纪 30 年代，人类发现了一种新能源即原子核能。原子核能的发现引起了世界发电能源的重大革命。

**一、核能发电简介**

核能是指原子核裂变反应或聚变反应所释放出的能量，通常所说的核能是指在核反应堆中由受控链式核裂变反应产生的能量。核能发电（简称核电）是和平利用核能的最重要方式。核电站，亦称原子电站，是用铀、钚作燃料来进行发电的。以图 4-7 所示的压水堆核电站为例，在反应堆中核燃料进行裂变反应产生的能量以热能形式传给一回路水（又称冷却剂）。高温一回路水流入蒸汽发生器将热能传给二回路水，使二回路水变为蒸汽。蒸汽再进入汽轮机带动发电机旋转发电，电能通过电网送出。一回路水经过蒸汽发生器变为低温一回路水，经主泵送回反应堆继续接收裂变反应产生的能量，如此循环往复。二回路中蒸汽在汽轮机内做功后排入冷凝器，放出汽化热后变成水，经凝水泵、给水泵和各级加热器回到蒸汽发生器作蒸汽的补水，如此往复循环。冷凝器需要大量冷却水带走蒸汽的汽化热，通常从大海或江河中用循环水泵取水。核电站由核岛（主要是核蒸汽供应系统）、常规岛（主要是汽轮发电机组）和电站配套设施三大部分组成。其中，反应堆是以铀、钚作核燃料，实现受控核裂变链式反应的装置，主要由燃料组件、控制棒、压力容器、堆芯吊篮、堆芯结构和一次仪表组成。控制棒用以控制裂变反应速率以达启动、正常运行和停止反应堆的目的；蒸汽发生器是将一回路水热量传给二回路水，产生饱和蒸汽的设备。其内部有几千根薄壁传热管，工作条件苛刻，是一、二回路的传热界面，也是一回路压力边界的一部分，一有泄漏便使带放射性的一回路水流到不带放射性的二回路水中，造成放射性污染。为此，在设计、材料选用、制造和运行方面都有严格要求。主泵（主冷却剂泵）是保证冷却水不断流过堆芯带出热量的不能停运的重要设备。主泵停运会引起失流事故。现在通常使用立式单级轴封式离心泵。

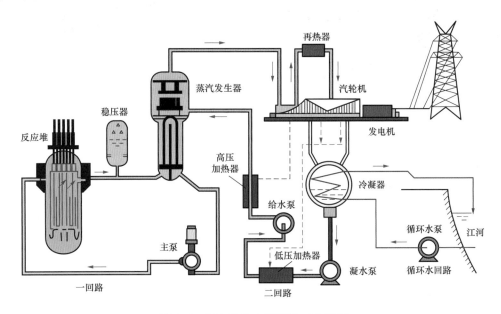

图 4-7　压水堆核电厂简化工艺流程

为保证高质量水，一回路设备及其相关系统都由不锈钢制造。核电站的汽轮机相对于火电厂用的是低压低温的饱和蒸汽，体积大，疏水考虑较多；发电机转速低，体积也大；冷凝器、主变压器与火电站相近。

核能发电具有以下四个特点：① 能量高度集中；② 铀资源丰富；③ 有利于环境保护；④ 核电厂建设投资大、周期长。

我国的秦山核电站位于东海之滨美丽富饶的杭州湾畔，是中国第一座依靠自己的力量设计、建造和运营管理的 30 万 kW 压水堆核电站，1991 年 12 月首次并网发电，1994 年 4 月投入商业运行，它的建成投产结束了我国大陆无核电的历史，同时也使我国成为继美、英、法、前苏联、加拿大、瑞典之后世界上第七个能够自行设计、建造核电站的国家。

大亚湾核电站是我国大陆第一座百万千瓦级大型商用核电站，拥有两台 98.4 万 kW 的压水堆核电机组，1994 年 5 月建成投入商业运行。到 20 世纪 90 年代初期，全世界已有 30 多个国家和地区建有核电站。当前世界上最大的核电站是日本福岛第一核电站，容量为 454.6 万 kW。法国则是核电装机容量最多的国家（3822 万 kW）。发展核电乃是大势所趋，它仍是世界电力发展的重要途径。图 4-8 所示为大亚湾核电站全景。

图 4-8　大亚湾核电站全景

**二、核反应堆类型**

核电站按所采用的核反应堆类型一般分为以下 7 种。

（1）压水堆：用低富集铀作燃料。有一定过冷度要求的轻水作冷却剂和慢化剂。二回路没有放射性污染，具有功率密度高、结构紧凑、安全易控、技术成熟、造价和发电成本较低等优点。世界上核电厂的核反应堆有一半以上是压水堆型。我国核电发展的主要堆型也是压水堆。

（2）沸水堆：用低富集铀作燃料。以沸腾轻水作冷却剂和慢化剂。在反应堆压力容器内直接产生饱和蒸汽，所以没有蒸汽发生器。二回路有一定放射性污染。

（3）重水堆：重水的中子吸收截面小，中子慢化性能好，中子利用率高，因此可用天然铀作核燃料。重水堆以重水作慢化剂。冷却剂可以是重水也可以是轻水。重水堆核电厂采用不停堆换料。

（4）石墨水冷堆：慢化剂的材料是石墨，用水作冷却剂。用天然铀或低浓铀作燃料，反应堆属于压力管沸水型。堆内裂变热能使冷却剂部分汽化，蒸汽经汽水分离后送往汽轮机做功。

（5）石墨气冷堆：用石墨作慢化剂和堆芯结构材料，用二氧化碳气体作冷却剂，用金属天然铀作核燃料。气体冷却剂能在不高的压力下得到稍高出口温度，提高热效率。石墨气冷堆核电厂采用不停堆换料。

（6）高温气冷堆：石墨慢化、氦气冷却的高温堆。采用耐高温的陶瓷型涂敷颗粒燃料元件，以化学惰性和热工性能良好的氦气作冷却剂，耐高温的石墨作慢化剂和堆芯结构材料。其具有高度的固有安全性、燃料循环灵活、热效率高和未来用途广泛等特点。

（7）快中子增殖堆：由快中子引起裂变链式反应。它能在消耗裂变材料的同时产生更多的裂变材料，实现裂变材料的增殖，能高效利用钍，并能使一般反应堆产生的长寿命放射性锕系元素在快堆中变成较短寿命的裂变产物。

## 4.3 新型发电方式

第三次科技革命以来，世界经济社会发展对传统能源不断消耗，因而带来了日益严重的资源短缺和一系列环境问题，迫使人类不得不开始寻找再生能源和新能源。据预测，今后 10~20 年可再生能源和新能源将在世界能源消费结构中占有重要的份额。

地球赋予人类的资源是很丰富的。除石油、煤炭等常规化石能源以外，很多新能源至今都并没有得到很好的利用。从技术和市场潜力等方面分析，太阳能光伏、地热能、风能、氢能和燃料电池等新能源将是非常有前途和实用价值的可再生能源，因而是重点发展领域。

### 4.3.1 太阳能发电

**一、太阳能资源的特点及分布**

（1）太阳能资源的特点。所谓太阳能是指太阳内部连续不断的核聚变反应过程所产生的能量。我们知道，太阳内部进行着剧烈的由氢聚变成氦的热核反应，并按 $E = MC^2$（$E$ 为能量，$M$ 为物质的质量，$C$ 为光速）的关系进行着质能转换，即 1g 物质可转化为 $9×10^{13}$J 能量，不断地向宇宙空间辐射出巨大的能量。因此，太阳能是一个巨大的能源。据估算，太阳每秒钟向太空散射的能量约 $3.8×10^{20}$MW，其中有 22 亿分之一向地球投射，而投射到地球上的太阳辐射被大气层反射、吸收之后，只有大约 70% 投射到地面，每年接收到的能量高达 $1.05×10^{18}$kWh，相当于 $1.3×10^6$亿 t 标煤，其中我国陆地面积每年接收到的太阳辐射能相当于 $2.4×10^4$亿 t 标煤。

地球上太阳能资源的分布与各地的纬度、海拔高度、地理状况和气候条件有关。资源的丰富度一般以全年总辐射量〔单位为 $kW/(cm^2·年)$〕和全年日照总时数表示。由于地球以椭圆形轨道绕太阳运行，因此，太阳与地球之间的距离并不是一个常数，而且一年里每天的日地距离也不相同。某一点的辐射强度与距辐射源的距离的平方成反比，这意味着地球大气上方的太阳辐射强度会随日地间距离的不同而异。由于地球距离太阳很远（平均距离为 $1.5×10^8$km），所以地球大气层外的太阳辐射强度可以认为几乎为一常数。因而采用所谓"太阳常数"来描述地球大气层上方的太阳辐射强度，它是指平均日地距离时，在地球大气层上界垂直于太阳辐射的单位表面积上所接受的太阳辐射能。近年来，通过各种先进手段测得的太阳常数的标准值为 $1353W/m^2$。一年中由于日地距离的变化所引起太阳辐射强度的变化不超过±3.4%。图 4-9 所示为地球表面接收的太阳辐射能和地球保有能源（按单位时间内辐射的能量换算成电能）。

（2）太阳能的分布。由于大气中空气分子、水蒸气和尘埃等对太阳辐射的吸收、反射和散射，不仅使太阳辐射强度减弱，还会改变辐射的方向和和光谱分布。因此，实际到达地面的太阳总辐射通常是由直达日射和漫射日射两部分组成。漫射日射的变化范围很大，当天空晴朗无云时漫射日射为总日射的 10%，但当天空乌云密布见不到太阳时，总日

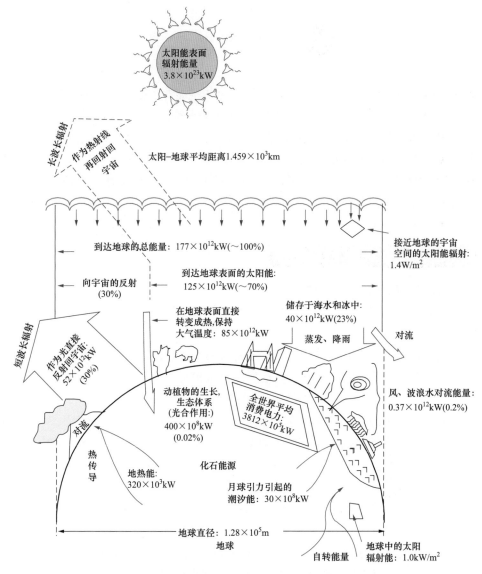

图4-9　地球表面接收的太阳辐射能和地球保有能源
（按单位时间内辐射的能量换算成电能）

射则等于漫射日射。事实上，到达地球表面的太阳辐射主要是受大气层厚度的影响。大气层越厚，对太阳辐射的吸收、反射和散射就越严重，到达地面的太阳辐射就越少。此外，大气的状况和大气的质量对到达地面的太阳辐射也会有影响。太阳辐射穿过大气层的路径长短与太阳辐射的方向有关，因此，地球上不同地区、不同季节以及不同气象条件下到达地面的太阳辐射强度都是不同的。我国属太阳能资源丰富的国家之一，辐射总量在$3.3×10^6$～$8.4×10^6$kJ/（m·年）之间。据统计，我国太阳能年日照时数在2200h以上的地区约占国土面积的2/3以上，具有良好的开发条件和应用价值。其中西藏、青海、新疆、甘肃、宁夏、内蒙古高原的总辐射量和日照时数均为全国最高，属世界太阳能资源丰富的地区之一，四川盆地、两湖地区、秦巴山地是太阳能资源低值区；我国东部、南部、及东北为资源中等区。

**二、太阳能发电的优缺点**

（1）太阳能发电的优点：① 太阳能是一个巨大的能源：照射到地球上的太阳能要比人类消耗的能量大6000倍。只要在美国阳光丰富的西南部沙漠地区，建立一个面积为160.9km×160.9km的巨型光伏电站，所发的电力可以满足全美国的用电需要。② 太阳能发电安全可靠，不会遭受能源危机或燃料市场不稳定的冲击。③ 太阳能随处可得，可就近供电，不必长距离输送，节省了输电线路等。④ 太阳能不用燃料，运行成本很低。⑤ 太阳能发电没有运动部件，维护简单，不易损坏，特别适合无人值守情况下使用。⑥ 太阳能发电不产生任何废弃物，没有污染、噪声等公害，是一种对环境无污染的理想清洁能源。⑦ 太阳能发电系统建设周期短，由于是模块化安装，使用规模小到用作太阳能计算器的几毫瓦，大到数十兆瓦的光伏电站，方便灵活。而且可以根据负荷的增减，任意添加或减少太阳电池容量，避免浪费。⑧ 结构简单，体积小且轻。能独立供电的太阳能电池组件和方阵的结构都比较简单。⑨ 易安装，易运输，建设周期短。只要用简单的支架把太阳能电池组件支撑，使之面向太阳，即可以发电，特别适宜于作为小功率移动电源。图4-10所示为太阳能发电塔示意图。

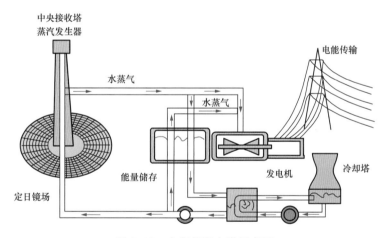

图4-10　太阳能发电塔示意图

（2）太阳能发电的缺点：① 地面应用时有间歇性，发电量与气候条件有关，在晚上或阴雨天就不能发电或很少发电，与负荷用电需要常常不相符合，所以通常要配备储能装置。并且要根据不同使用地点进行专门的优化设计。② 能量密度较低，在标准测试条件下，地面上接收到的太阳辐射强度为$1kW/m^2$，大规模使用时，需要占用较大面积。③ 目前价格仍较贵，为常规发电的2~10倍。初始投资较高，影响了其大量推广应用。

**三、太阳能的转换和利用方式**

太阳能的转换和利用共有三种方式，即光-热转换、光-电转换和光-化学转换。

（1）太阳能热利用和热发电技术。太阳能热利用是太阳辐射能量通过各种集热部件

转变成热能后被直接利用，它可分低温（100~300℃）和高温（300℃以上）两种，分别适用于工业用热、制冷、空调、烹调与热发电、材料高温处理等。

太阳能节能建筑分主动式和被动式两种，前者与常规能源采暖系统基本相同，仅以太阳能集热器作为热源代替传统锅炉，后者则是利用建筑本身的结构，吸收和储存太阳能，达到取暖的目的。

太阳能发电主要有两种形式，一种是通过光电器材，将太阳能直接转换成电能，称为太阳能电池发电；另一种是由太阳辐射能变为热能，用常规火力发电厂的方式发电，称为太阳能热力发电。

太阳能热发电技术是利用太阳能产生热能再转换成机械能的发电过程。发电系统主要由集热系统、热传输系统、蓄热器、热交换器以及汽轮发电机系统等组成。美国 LUZ 公司已建了 9 个电站，总装机容量为 35 万 kW，平均效率达 14%，电价约 8 美分/kWh。太阳能热发电技术涉及光学、传热学、材料科学、自动化等学科，是一门综合性交叉性很强的高新技术，也是太阳能开发和研究领域的难点。太阳能热发电技术的关键问题是太阳能的光辐射吸收和高效传热技术。

（2）太阳能光电转换技术。太阳能电池类型很多，如单晶硅电池、多晶硅电池、非晶硅电池、硫化电池、化电池等。美国、德国、日本都将太阳能光电技术列为新能源首位，制造和发电成本已在特殊应用场合有一定竞争能力。我国已有一定的生产能力。多晶硅电池采用熔化浇铸，定向凝固方法制造，有可能在现有基础上降低成本 30%，向实用化推进一步，但要使其数量级下降，需改变制造工艺，在制造硅膜太阳能电池和发电系统方面，需大力加强基础研究。

（3）光化学转换技术。光化学是研究光和物质相互作用引起的化学反应的一个化学分支。光化学电池是利用光照射半导体和电解液界面，发生化学反应，在电解液内形成电流，并使水电离直接产生氢的电池。

### 四、太阳能光伏发电

（1）太阳能光伏发电的原理。太阳能发电，是通过太阳能电池又叫光伏电池（是由各种具有不同电子特性的半导体材料薄膜制成的平展晶体，可产生强大的内部电场）直接将太阳光转换成电能的，由于光照而产生电动势的现象，称为光生伏打效应，简称光伏效应。太阳能光伏发电的原理主要是利用半导体的光生伏打效应。太阳能电池实际上是由若干个 PN 结构成。当太阳光照射到 PN 结时，一部分被反射，其余部分被 PN 结吸收，被吸收的辐射能有一部分变成热，另一部分以光子的形式与组成 PN 结的原子价电子碰撞，产生电子空穴对，在 PN 结势垒区内建电场的作用下，将电子驱向 N 区，空穴驱向 P 区，从而使得 N 区有过剩的电子，P 区有过剩的空穴。这样在 PN 结附近就形成与内建电场方向相反的光生电场。光生电场除一部分抵消内建电场外，还使 P 型层带正电，N 型层带负电，在 N 区和 P 区之间的薄层产生光生电动势，这种现象称为光生伏打效应。若分别在 P 型层和 N 型层焊上金属引线，接通负载时，在持续光照下，外电路就会有电流通过，如此形成一个电池元件，经过串并联，就能产生一定的电压和电流，输出电能，从而实现光电转换。图 4-11 表示了太阳能发电的原理。图 4-12 所示为 10GW 卫星发电所系统人造卫星太阳能电站构成图。

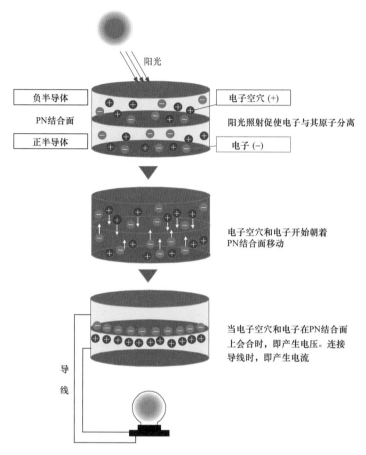

图 4-11 太阳能发电原理示意图

为了防止太阳能电池受外部环境的影响，需要把它们连接起来并封装在组件中，当光线进入晶体时，由光产生的电子被这些电场分离，在太阳能电池的顶面和底面之间产生电动势。这时，如果用电路连通，就会产生直流电流，这些电流储存到蓄电池，再通过固态电子功率调节装置转换成所需的交流电提供给各种负载。所以晚上没有太阳时，负载可以照常工作。

（2）常见的光伏发电系统。太阳能光伏发电系统的运行方式主要分为离网运行和并网运行两大类。

1）独立光伏发电系统：离网型光伏发电系统。

独立光伏发电系统是指仅仅依靠太阳能电池

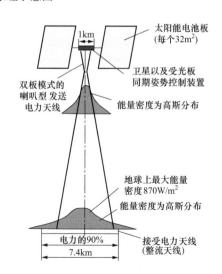

图 4-12 10GW 卫星发电所系统
人造卫星太阳能电站构成图

供电的光伏发电系统或主要依靠太阳能电池供电的光伏发电系统，在必要时可以由油机发电、风力发电、电网电源或其他电源作为补充。从电力系统来说，千瓦级以上的独立光伏发电系统也称为离网型光伏发电系统。

独立光伏发电系统的工作原理是：太阳能电池方阵吸收太阳光并将其转化为电能后，在防反冲二极管的控制下为蓄电池组充电。直流或交流负载通过开关与控制器负责保护蓄电池，防止出现过充电或过放电状态，即在蓄电池达到一定的放电深度时，控制器将自动切断负载；当蓄电池达到过充电状态时，控制器将自动切断充电电路。有的控制器能够显示独立光伏发电系统的充放电状态，并能储存必要的数据，甚至还具有遥测、遥信和遥控的功能。在交流光伏发电系统中，DC-AC 逆变器将蓄电池组提供的直流电变成能满足交流电负载需要的交流电。

独立光伏发电系统由太阳能电池方阵、防反充二极管、控制器、逆变器、蓄电池组以及支架和输配电设备等部分构成。其中，太阳能电池方阵在国外文献中常被称为太阳能发电机，而其余部分则被统称为太阳能发电机的"平衡系统"或"配套系统"，简称"BOS"。有时 BOS 还包括太阳能电池方阵所占用的土地和防雷安全系统。对于太阳能电池，BOS 在整个独立光伏发电系统中占有的费用比例较小，但随着太阳能电池的不断降价，BOS 所占费用比例在逐渐增加。

2）并网光伏发电系统：光伏发电系统的主流发展趋势。

太阳能电池发的电是直流，必须通过逆变装置变换成交流，再同电网的交流电结合起来使用，这种形态的光伏发电系统就是并网光伏发电系统。

并网光伏发电系统可分为住宅用并网发电系统和集中式并网发电系统两大类。前者的特点是光伏系统发的电直接被分配到住宅的用电负载上，多余或不足的电力通过连接电网来调节；后者的特点是光伏系统发的电直接被输送到电网上，由电网把电力统一分配到各个用电单位。目前，住宅用并网光伏系统在国外已得到大力推广，而集中式并网光伏系统由于目前成本较高，应用尚不多，但随着太阳能电池价格的逐年下降，可以预期不久会有更大的发展。图4-13和图4-14分别为1MW并网光伏电站全景和日本超巨大船形太阳能发电机外观。

图4-13　1MW 并网光伏电站全景

图 4-14　日本超巨大船形太阳能发电机外观

## 4.3.2　潮汐能发电

　　长期以来，人类一直认为广阔的海洋是地球的资源宝库，也称作能量之海。海洋面积占地球面积的 71%，其中蕴藏着丰富的功能资源，其中，海洋热能指由于海洋表层水体和深层水体温差引起的热能。除了发电，海洋热能还可以用于海水脱盐、空调和深海矿藏开发。海洋波浪能指蕴藏在海面波浪中的动能和势能。在中国沿海的大部分海域，平均浪能密度达到 $2 \sim 7 kW/m^2$。波浪能主要用于发电，同时也可用于输送和抽运水、供暖、海水脱盐和制造氢气。目前，波浪能发电的进展已表明了这种新能源具有很大的商业价值，日本的一座海洋波浪能发电厂已运行多年，电厂的发电成本虽高于其他发电方式，但对于边远岛屿来说，可节省电力传输等投资费用。目前，美、英、印度等国家已建成几十座波浪能发电站，且均运行良好。

　　从经济及技术上的可行性、地球环境的生态平衡以及可持续发展的能源资源等方面综合分析，潮汐能将会作为成熟的技术得到更大规模的利用，充分利用海洋潮汐发电，已成为人类理想的新能源之一。有关专家预言，随着开发利用的力度稳步加大，21 世纪将是人类充分利用海洋能源的新时代。

　　由于潮汐能比较集中，并且又在海岸线上，因此最早被利用来发电，其他的海洋能发电还在研究实验阶段。世界上第一座实验性潮汐发电站是德国的希苏姆电站，建于 1912 年，迄今世界上最大的潮汐能发电站是法国的朗斯电站，共装有 24 台 1 万 kW 机组，除了意大利和法国外，利用潮汐发电较好的国家还有日本、加拿大、韩国和俄罗斯。

### 一、潮汐和潮汐能

　　在浩瀚无际的大海里，海水总是处在永不停息的运动当中。有时候，海水似万马奔驰，势不可挡地拥往岸边；有时候，它又像溃逃的兵士，急速地退到离海岸很远的地

方，大片的海滩、沙洲露出水面，贝类和鱼虾遍地可见，这就是海水的涨潮和退潮现象。这种由于太阳和月球对地球各处引力的不同所引起的海水周期性的、有规律的自然涨落现象，称为海洋潮汐，习惯上简称为潮汐。涨潮时由月球的引潮力可使海面升高0.246m，在两者的共同作用下，一般潮汐的最大潮差为8.9m；北美芬迪湾蒙克顿港的最大潮差竟达19m。

所谓潮汐能，简而言之，就是潮汐所蕴含的能量。这种能量是十分巨大的，潮汐涨落的动能和位能可以说是一种取之不尽、用之不竭的动力资源，人们誉称其为"蓝色的煤海"。显然，潮汐能的大小直接与潮差有关，潮差越大，能量也就越大。由于深海大洋中的潮差一般极小，因此，潮汐能的利用主要集中在潮差较大的浅海、海湾和河口地区。我国的海岸线漫长曲折，港湾交错，入河海口众多，有些地区潮差很大，开发利用潮汐能的优势很强。例如，浙江省杭州湾钱塘江口，因海湾广阔，河口逐渐浅狭，潮波传播受到束阻而形成了有名的钱塘潮，每当涌潮出现时，潮头壁立，波涛汹涌，隆隆作响，有如千军万马奔腾而来，景象十分壮观，潮头高度达3.5m，潮差可达8.9m，蕴藏着巨大的能量，据估算，其能量约为三门峡水电站的一半之巨。

据能源专家预测，世界海洋潮汐能蕴藏量约为27亿kW，若全部转换成电能，每年发电量大约为1.2万亿kWh。在太阳、月球引力的作用下，潮汐能量的大小与潮高的平方成正比。在1km$^2$的海面上，潮汐在运动中每秒钟可产生20万kW的能量。烟波浩渺的海洋聚集了地球97%的水量，因而潮汐能的蕴藏量是目前全球发电总量的600倍。在印度的东海岸线，潮汐发电量约4万MW；挪威在岩石窄湾线上，每年有10亿MW的潜在电能；英国电能的40%可由潮汐提供；在日本10多万km长的海岸线上，每年可利用的潮汐能高达该国电能的30倍。

**二、潮汐能发电的基本原理与分类**

潮汐能发电虽然仅是海洋能发电的一种，但它是海洋能利用中发展最早、规模最大、技术较成熟的一种。现代海洋能源开发主要就是指利用海洋能发电。利用海洋能发电的方式很多，其中包括波力发电、潮汐发电、潮流发电、海水温差发电和海水含盐浓度差发电等，而国内外已开发利用海洋能发电主要是潮汐发电。20世纪50年代以来，各国开始兴建潮汐发电站，20世纪末，世界上最大的潮汐电站是法国朗斯电站。该电站建成于1966年，装机容量24万kW，年发电量是5.4亿kWh。中国江厦潮汐电站装机容量3200kW，年发电量1000万kWh。由于潮汐发电的开发成本较高和技术上的原因，所以目前发展并不很快。

（1）发电的基本原理。由于电能具有易于生产、便于运输、使用方便、利用率高等一系列优点，因而利用潮汐能量来发电目前已成为世界各国利用潮汐能的一种基本方式。

所谓潮汐能发电，就是利用海水涨落及其所造成的水位差来推动水轮机，再由水轮机带动发电机来发电，其发电原理与一般的水力发电差别不大。只是一般的水力发电水流的方向是单向的，而潮汐发电则有所不同。从能量转换的角度来说，潮汐发电首先是把潮汐的动能和位能通过水轮机变成机械能，然后再由水轮机带动发电机，把机械能转变成电能。如果建筑一条大坝，把靠海的河口或海湾同大海隔开，造成一个天然的水库，在大坝的中央留一个缺口，并在缺口中安装上水轮发电机组，那么涨潮时，海水从大海通过缺口流进水库，冲击水轮机旋转，从而就带动发电机发出电来；而在落潮时，海水又从水库通过缺口流入大海，则又可以从相反的方向带动发电机组发电。这样，随着海潮的不停涨落，电站就可源源不断地发出电来。潮汐发电的原理如图 4-15 所示。

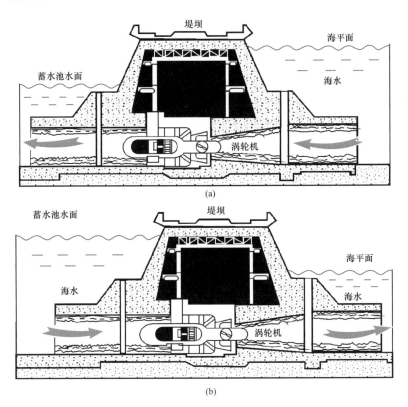

图 4-15　潮汐发电原理图示
（a）涨潮发电；（b）落潮发电

（2）分类。潮汐发电可按其利用能量形式的不同可以分为两种，一种是利用潮汐的动能发电，即利用具有一定流速的涨落潮水直接冲击水轮机发电；另一种则是利用潮汐的势能来发电，也就是在海湾或河口修筑拦潮大坝，利用坝内外涨、落潮时的水位差来发电。利用潮汐动能发电的方式，一般是在流速大于 1m/s 的地方的水闸闸孔中安装水利转子来发电，它可充分利用原有建筑，因而结构简单，造价较低，如果安装双向发电机，则涨、落潮时都能发电。但是由于潮水流速周期性的变化，致使发电时间不稳定，发电量也较小。因此，目前一般较少采用这种方式，但是在潮流较强的地区和某些特殊的地区，也还是可以考虑的。利用潮汐势能发电，发电量较大，但要建筑较多的水工建筑，因而造价较高。由于潮汐周期性地发生变化，所以其电力供应具有间歇性。

### 4.3.3 风力发电

风主要是由于太阳照射到地球上由于各处地形与纬度的差异使得日照不均匀致使受热不同产生温差所引起的冷热空气对流（热轻上升、冷重下降）而形成的，所以从广义上讲，风能是太阳能的一部分。到达地球的太阳能约有2%转化为风能，此外，月球引力产生潮汐与地球的自转也能产生风。据估计，全球风能储量约为 $2.74×10^9$ MW，其中可供开发利用的约为 $2×10^7$ MW，比全球可开发利用的水能总量要大10倍。

风车是人们最早用以转换能量的装置之一，在公元2000年前，中国农村即利用风力驱动磨坊或灌溉水田、抽取海水到盐田晒盐，而在西方13世纪中期，欧洲农村的风车也遍布于地中海周围地区。之后，大动力的大型荷兰风车出现。荷兰有一大片土地是在海平面之下的低地，连续几世纪以来，都使用风车泵抽排水，其风车的功率可达50Hz。到了1855年，美国出现了多叶片型风车。

将风力的动能转换为电能称之为风力发电，其历史已有100多年。风力发电的创始人是丹麦气象学家、发明家鲍尔·拉·库尔教授，1890年，他开始尝试将传统的风车改造成直流发电。在空气动力学领域，鲍尔·拉·库尔率先使用了电力驱动的风轮。1891年，他用风轮驱动了两台9kW的直流发电机。最早，风力发电仅用于农业排灌和照明，20世纪20年代，人们开始研究利用风车作大规模发电。1931年，在苏联的Crimean Balaclava地区建造了一座100kW容量的风力发电机，此乃最早商业化的风力发电机。到了20世纪50年代后，一些国家研制 $100\sim1000$ kW 的风力发电试验机组。但由于其技术性能、经济效益和安全可靠性都远不如水、火电机组，不久就相继停运，直到20世纪70年代中期，因石油涨价，能源短缺，风力发电才重新引起重视。

风力发电首先将风能转换为机械能，再转换为电能，最终将电能输送至用户。风力发电技术是一项多学科的、可持续发展的、绿色环保的综合技术，目前的发展方向是：风力发电机组重量更轻、结构更具柔性，直接驱动发电机（无齿轮箱）和变转速运行，风能利用率越来越高，单机容量越来越大。

**一、风能的特性**

风能主要具有以下特性：

（1）风能是可再生能源。风能是由太阳能转化而来的能源，因此，它与自然界中的煤炭、石油、天然气等化石燃料能源不同，不会因人类的利用而减少，它周而复始、取之不尽、用之不竭，具有长久性及可再生性的特点。

（2）风能是清洁能源。开发利用风能有利于生态环境、减少温室气体排放、不会造成大气和环境污染、因而是真正意义上的绿色能源；另外，开发利用风能还有助于实现能源的安全性和多元化，减少石化燃料造成的环境污染，风力发电的资源效益和环境效益是十分巨大的，按火力发电标准煤耗 350g/kWh 计算，风力发电站如果每年发电1亿kWh，则每年可节省标准煤315万t，相应减少的废气排放量：$SO_2$ 为672t、$NO_2$ 为382t，CO 为917t，$CO_2$ 为8022t。

（3）风能具有统计性规律。从短时间和局部来看，风忽有忽无，风速时大时小，其方向也左右不定，具有很大的随机性和不可控性，但是，从长时间和宏观来看，风能却具有一定的统计规律，在一定程度上是可以预测的，因而风能是完全可以充分加以利用的。

**二、风力发电的优势**

在当今世界的可再生能源开发中，风力发电是除水能资源开发外技术最成熟、最具有大规模开发和商业利用价值的发电方式，随着风力发电技术的不断发展、风力发电机组制造成本和项目开发成本会不断降低，因此，风力发电的开发利用前景十分乐观。之所以如此，是因为风力发电与常规发电相比，除了不消耗燃料、不污染环境，所需的原料是取之不尽、用之不竭之外，还具有以下几方面固有的独特优势：① 占地极少，且不存在水库淹没和移民问题。在整个风力发电场总面积中，发电机组与监控设备等的建筑占地仅占约1%，其余场地仍可用作原用途。② 工程建设周期短。1台风力发电机组从运输到安装时间一般不会超过3个月；1个50台以下的风力发电场的建设周期一般在1年左右。③ 装机规模灵活方便。在资金筹集困难时，可对风力发电场进行分期分批开发建设。④ 运行简单，可完全做到无人值守。在数百、数千公里处也可了解到风力发电场的运行情况并进行开关机组的操作。⑤ 风电技术日趋成熟，产品质量可靠，可用率已达95%以上，已是一种安全可靠的能源。⑥ 风力发电的经济性日益提高，发电成本已接近煤电，低于油电与核电，若计煤电的环境保护与交通运输的间接投资，则风电经济性将优于煤电。

图 4-16　目前世界最大的 5MW 风力发电机（德国制造）

一般来说，年平均风速达到或超过4m/s的地区即可为开发风力发电的最佳场所，一般以沿海或北方地区为宜。近年来，欧洲新能源的趋势是在海上进行风力发电。图 4-16 所示为目前世界最大的 5MW 风力发电机（德国制造），图 4-17 所示为德国啤酒厂的 15MW 风力发电机，图 4-18 所示为澳洲发明的飞行风力发电机。

图 4-17　德国啤酒厂的 15MW 风力发电机

图 4-18　澳洲发明的飞行风力发电机

### 三、我国风电发展简况

我国风能资源总体非常丰富，但资源分布与电力市场不均衡制约了风电的规模化发展。为加大风电建设规模，必须依托风能资源丰富区，以"建设大基地，融入大电网"的方式进行规划和布局。国家能源局提出，按照新疆和甘肃的风电融入西北电网，内蒙古西部和河北的风电融入华北电网，内蒙古东北和东北地区融入东北电网，东部沿海及近海风电融入华东电网进行规划和建设。

我国并网风电建设始于 20 世纪 80 年代，至今已有 20 多年的历史。在发展初期，风电项目不仅规模小，装机容量不足 1 万 kW，而且设备主要依靠进口，建设成本高，市场竞争力弱。到 2002 年底，全国风电装机容量仅为 45 万 kW，最大投运机组为 600kW，而到 2008 年年底，我国风电装机将达到 1000 万 kW，按照我国《可再生能源中长期发展规划》目标要求以及风电发展现状，到 2010 年末，全国风电累计装机容量预计将达到 2000 万 kW。《2008 年中国风电发展报告》预言，到 2020 年末，全国风电开发建设规模有望达到 1 亿 kW。

### 四、世界风电发展概况

（1）装机容量不断扩大。从 1996~2006 年，全球风电累计装机容量从 600 万 kW 增加到 7000 万 kW 以上，增加了 10 倍多，年增长率超过 20%。全球风电发电量占世界总发电量的比例从 0.1% 增加到 0.7% 以上。2007 年全球新增风电装机约 2000 万 kW，累计装机约 9400 万 kW，远高于常规电源增长率。其中，德国、美国和西班牙风电发展较快，近 10 年来风电装机一直保持领先地位。

（2）风电机组制造水平不断提高。20 世纪风电机组主要采用结构简单的定桨定速技术，速率较低，21 世纪初效率较高的变桨变速双馈风电机组逐渐成为主流机型。另外，"直驱式"风电机组采用风轮直接驱动低速发电机结构，取消了传统的增速齿轮箱，降低了风电机组因齿轮箱引发的故障率，受到业界青睐，目前"直驱式"风电机组市场份额将近 20%。

（3）近海风电逐步进入商业化开发。目前，近海风电已逐步进入商业化开发阶段。2007 年底，全球商业运营的近海风电场总装机容量已达到 108 万 kW，主要集中在丹麦和英国，预计德国也将大规模开发近海风电。

### 4.3.4　地热发电

（1）地热能简介。

地球的内部是一个高温、高压的世界，因而是一个蕴藏着巨大热能的热库。地球表层以下的温度随深度逐渐增高，大部分地区每深入 100m，温度大约增加 3℃，以后其增长速度又逐渐减慢，到一定深度就不再升高了。估计地核的温度在 5000℃ 以上。地热能就是地球内部的热释放到地表的能量。

地球内部究竟蕴藏有多少热能呢？假定地球的平均温度为 2000℃，地球的质量为 $6\times10^{27}$g，地球内部的比热为 1.045J/(g·℃)，那么整个地球内部的热含量大约为 $1.25\times10^{31}$J。即便是地球表层 10km 厚这样薄薄的一层，所储存的热量就有 $10^{25}$J。地球通过火山爆发、间歇喷泉和温泉等途径，源源不断地把它内部的热能通过传导、对流和辐射的方式传到地面上来。据估计，全世界地热资源总储量十分巨大，据初步估算，大约为 $1.45×10^{26}$ J，相当于 $4.948×10^{15}$ t 标准煤燃烧时所放出的热量。如果把地球上储存的全部煤炭燃烧所放出的热量作为标准来计算，那么，石油的储量约为煤炭的 3%，目前可利用的核燃料储存量约为煤炭的 15%，而地热能的总储量则为煤炭的 1.7 亿倍。由此可见，我们居住的地球是一个名副其实的巨大热球。

地球内部的高温高热从何而来？这个问题与地球的起源密切相关。关于地球的起源，目前有许多不同的假说，因此，关于地热的来源问题，也就有许多不同的解释。但是，这些解释有一点是共同，即一致认为地球物质中放射性元素衰变所产生的热量是地热的主要来源。我们知道，放射性元素有铀238、铀235、钾40等，这些放射性元素的衰变是原子核能的释放过程。放射性物质的原子核，无需外力的作用就能自发地放出电子、氢核和光子等高速粒子并形成射线。目前一般认为，地下热水和地热蒸汽主要是由在地下不同深处被热岩体加热了的大气降水所形成的。

形成地热资源有四个要素，即热储层、热储体盖层、热流体通道和热源。通常将地热资源按其在地下热储中存在的不同形式，分为蒸汽型、热水型、地压型、干热岩型和岩浆型等五类。

（2）地热能的利用。

地热能的利用的方式可分为两大类，即直接利用和地热发电。

1）地热能的直接利用。从热力学的角度来看，将中、低温地热能直接用于中、低温的用热过程，是最合理不过的。近年来，国外对地热能的非电力利用（也就是直接利用）十分重视。地热发电的热效率低，对温度的要求较高。所谓热效率低，是指利用地热能发电一般要求地下热水或蒸汽的温度要在150℃以上，否则将影响其经济性。而对地热能进行直接利用，不但能量的损耗要小得多，并且对地下热水的温度要求也低得多，从 15~180℃ 这样宽的温度范围均可利用。在全部地热资源中，这类中、低温地热资源是十分丰富的，远比高温地热资源丰富得多。但是，对地热能的直接利用也有其局限性，由于受载热介质——热水输送距离的制约，一般来说，热源不宜离用热的城镇或居民点过远，不然会造成投资多、损耗大、经济性差的情况。

目前对地热能的直接利用发展十分迅速，已有着非常广泛的应用，收到了良好的经济技术效益。图 4-19 所示为地热加热系统。

2）地热发电。地热发电是利用地下热水和蒸汽为动力源的一种新型发电技术，它涉及地质学、地球物理、地球化学、钻探技术、材料科学和发电工程等多种现代科学技术。地热发电和火力发电的基本原理是基本一样的，都是将蒸汽的热能经过汽轮机转变为机械能，然后带动发电机发电。所不同的是，地热发电不像火力发电那样要备有强大的锅炉也不需要消耗燃料，它所用的能源就是地热能。地热发电的过程，就是把地下能首先转变为机械能，然后再把机械能转变为电能的过程。地热发电示意图如图 4-20 所示。

我们知道，要利用地下热能，首先需要由载热体把地下的热能带到地面上来。目前

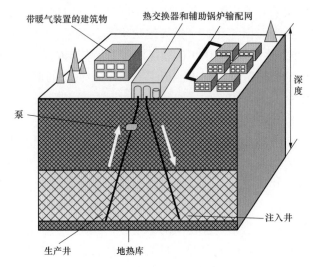

图 4-19　地热加热系统

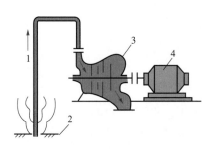

图 4-20　地热发电示意图
1—地热蒸汽；2—地热蒸汽井；
3—汽轮机；4—发电机

能够被地热电站利用的载热体，主要是地下的天然蒸汽和热水。按照载热体类型、温度、压力和其他特性的不同，可把地热发电的方式划分为地热蒸汽发电和地下热水发电两大类。此外，还有正处于研究试验阶段的干热岩发电系统。

中国地热发电的研究试验工作开始于 20 世纪 70 年代，30 余年来的发展经历了两大阶段：1970～1985 年期间，为以发展中低温地热试验电站为主的阶段；1985 年以后，进入发展商业应用高温地热电站的阶段。

目前，中国高温地热电站主要集中在西藏地区，总装机容量为 27.18MW，其中闻名世界的羊八井地热电站装机容量 25.18MW，发电方式是将地热井出来的汽水混合物经汽水分离器分离出来的蒸汽送入汽轮机，分离出来的热水经减压扩容产生的蒸汽也送入汽轮机。羊八井地热电站的功率稳定，其发电量已占到拉萨电网的 40%。朗久地热电站装机容量为 1MW，那曲地热电站装机容量为 1MW。

羊八井地热电站是中国自行设计建设的第一座用于商业应用的、装机容量最大的高温地热电站，年发电量达 1 亿 kWh，占拉萨电网总电量的 40% 以上，对缓和拉萨地区电力紧缺的状况起了重要作用。

### 4.3.5　燃料电池发电

一般的干电池或蓄电池是没有反应物质的输入和生成物排出的，所以其寿命是有限的，但是，燃料电池却可以连续地对其供给反应物（燃料）以及不断排出生成物（水），因而它可以连续地输出电力。

**一、燃料电池的发电原理**

燃料电池的发电原理可以从氢与氧结合和电气两种状态来说明。首先在能量水平高的氢与氧结合时，氢气放出电子，带正电荷；同时，氧气从氢气中吸收电子，带负电荷，两者结合成中性的水。在氢与氧进行化学反应时，发生电子的移动，为了使移动的电子能够取出加到外部连接的负载上，必须将氢与氧用以离子为导体的电解质将其分开，在电解质的两边进行反应。氢气反应的地方称为燃料极，为阳极；氧气反应的地方称为空气极，为阴极，这两个极统称为电极。夹在这两个极之间、通过离子传导电力的地方为电解质。图4-21所示为燃料电池的发电原理图。

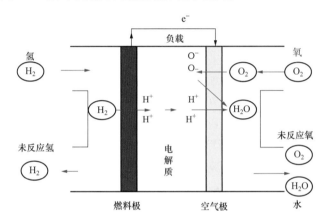

图4-21　燃料电池的发电原理图

燃料极与空气极作为电极由电子导体的金属或炭等制成，为了对电极提供氢与氧以及排出化学反应中所生成的水，电极中有相当多的细小毛孔。流动到燃料极中细小毛孔的氢在电极与电解质的交界处通过金属的催化剂分离成氢离子（$H^+$）和电子（$e^-$），氢离子通过电解质、电子通过外部负载分别到达空气极。在空气极处，通过外部负载得到电子。同时也由于金属催化剂，氧气变为氧离子。氧离子与电解质中流来的氢离子起反应产生了水。从燃料电池所得到的电力就是通过把燃料极所产生的电子经外部负载流入到空气极时产生的。

电解质能使正负离子在两极之间定向运动，它由不透气的通过离子导电的导体组成。所谓离子导体，是指通过离子移动而使电子传递。碱性液体和酸是良好的离子导体；在固体中，锆也是一种良好的导体。

从上述工作过程可以看出，与传统的火力发电不同，燃料电池在发电时，其燃料无需经过燃烧，没有从燃料化学能转化为热能，再转化为机械能，最终转化为电能的复杂过程，而是直接将燃料（天然气、煤制气、石油等）中的氢气借助于电解质与空气中的氧气发生化学反应，在生成水的同时进行发电，因此，其实质是化学能发电。燃料电池发电被称为是继火力发电、水力发电、原子能发电之后的第四大发电方式。

燃料电池的工作方式与常规的化学电源也不同，它的燃料和氧化剂由电池外的辅助系统提供，在运行过程中，为保持电池连续工作，除需匀速地供应氢气和氧气外，还需连续、匀速地从空气极排出电池反应生成的水，以维持电解液浓度的恒定，排除电池反

应的废热以维持电池工作温度的恒定。

由一个燃料极和空气极以及电解质、燃料、空气通路组成的一组电池称为单体电池，多个单体电池的重叠称为电堆。实用的燃料电池由电堆组成，构成巨大的燃料电池组，向外输送大功率的电流，这时，燃料电池组就是一座大型发电厂了。

燃料电池发电装置除了燃料电池本体之外，还必须配备周边装置共同组成一个系统，燃料电池系统因燃料电池本体的形式以及所使用燃料和用途的不同而有所区别，主要包括有燃料重整系统、空气供应系统、直流—交流逆变系统、余热回收系统以及控制系统等，在高温燃料电池中还有剩余气体循环系统。

**二、燃料电池的优点与分类**

（1）优点。燃料电池由于燃料不通过燃烧而由化学反应直接发电，因而具有电厂和常规化学电源无法达到的优点，主要有：① 污染极少、噪声小；② 能量转换效率高，其本体的效率即可达 40%~50%，如果将排出的燃料重复利用，再利用其排热，对于中、高温燃料电池，综合效率可达 70%~80%；③ 适应负荷能力强，供电质量高：燃料电池能在数秒钟内从最低功率变换到额定功率以应付负荷的快速变动，适应负荷的峰谷变化；④ 占地少，建设快，构造简单，便于维护保养；⑤ 燃料广泛，补充方便：甲醇、天然气、煤气、沼气、含氢废气、液化石油气、轻油、柴油、汽油等经过净化和重整后均可作为燃料电池的燃料，利用现有的加油站系统，采用与汽车加油大体相同的燃料补充方式可以在短时间内完成燃料的补充；⑥ 不需要大量的冷却水，适合于内陆及城市地下应用；⑦ 由于燃料电池由基本电池组成，可以用积木式的方法组成各种不同规格、功率的电池，并可按需要装配成所要求的发电系统安装在海岛、边疆、沙漠等地区，构成 21 世纪的发展方向的分散能源。

（2）分类。目前，已经开发出多种类型的燃料电池。最常见的分类方法是按电池所采用的电解质进行分类，有碱性燃料电池（AFC）、磷酸型燃料电池（PAFC）、熔融碳酸盐型燃料电池（MCFC）、固体电解质型燃料电池（SOFC）、固体高分子型（对称质子交换膜）燃料电池（PEFC/PEMFC）以及直接甲醇型燃料电池（DMFC）等基本类型，它们的类型与特性如表 4-2 所示。

表 4-2 燃料电池的类型与特性

| 类型 | PAFC | MCFC | SOF | PEMFC |
|---|---|---|---|---|
| 主要燃料 | $H_2$ | $H_2$、CO | $H_2$、CO | $H_2$ |
| 电解质 | 磷酸 | 碳酸钾、碳酸锂 | 二氧化锆 | 质子交换膜 |
| 工作温度 | 200℃ | 650℃ | 1000℃ | 85℃ |
| 理论效率 | 80% | 78% | 73% | 83% |
| 应用领域 | 现场集成能量系统 | 电站区域性供电 | 电站联合循环发电 | 电动车、潜艇电源 |

碱性燃料电池最先研究成功，多用于火箭、卫星上，但其成本高，不宜于大规模研究开发。目前技术比较成熟、使用较多的是磷酸型燃料电池，它的电解质是磷酸水溶液。固体高分子型（对称质子交换膜）燃料电池是目前研制的热点。直接甲醇型燃料

电池特别适合于作为小型电源（如手提电话、笔记本电脑等的电源），故而很受重视，现在已开始对其进行基础研究。

我国于20世纪50年代末就开始了燃料电池的研究，中国科学院大连化学物理研究所于1969年开始进行石棉膜型氢氧燃料电池的研制，至1978年完成了两种型号航天用石棉膜型氢氧燃料电池系统的研制，并通过了例行的地面航天环境模拟试验。20世纪70年代，天津电源研究所也研制成功了石棉模型动力排水的航天用氢氧燃料电池系统。20世纪70年代初期我国与当时国际水平之间的差距并不大，此后近20年内由于种种原因，燃料电池的研究工作渐趋停滞。直到20世纪90年代初，在国外燃料电池迅速发展的形势下，我国燃料电池的研究才兴起了第二次热潮。到目前，我国燃料电池研究已取得阶段性成果，特别是PEMFC，已成功组装出千瓦级电池组。

### 4.3.6 生物质能发电

#### 一、生物质与生物质能

所谓生物质，就是所有来源于植物、动物和微生物、除矿物燃料外的可再生物质，即是由光合作用而产生的各种有机体的总称。所谓光合作用是利用空气中的二氧化碳和土壤中的水，将吸收的太阳能转换为碳水化合物和氧气的过程，光合作用是生命活动中的关键过程，植物光合作用的简单过程如下：

$$水 + 二氧化碳 \xrightarrow[太阳能]{植物} 有机体 + 氧$$

生物质能来源于生物质，它是绿色植物通过绿素将太阳能转化为化学能而储存在生物质内部的一种能量形式，因而是一种以生物质为载体的能量。动物的生存以植物为主，而植物通过光合作用把太阳能转变为生物质的化学能。因此，生物质能直接或间接地来源于植物的光合作用，所以从根本上说，生物质能来源于太阳能，是取之不尽的可再生能源和最有希望的"绿色能源"。生物质能通常包括木材和森林工业废弃物、农业废弃物、水生植物、油料植物、城市与工业有机废弃物和动物粪便等。在各种可再生能源中，生物质能是独特的，它是储存的太阳能，更是一种唯一可再生的碳源，可转化成常规的固态、气态和液态燃料。据估计，地球上每年植物光合作用固定的碳达$2 \times 10^{11}$t，含能量达$3 \times 10^{11}$J，因此每年通过光合作用储存在植物中的枝、茎、叶中的太阳能，相当于全世界每年耗能量的10倍。生物质能遍布世界各地，其蕴藏量极大，就其能源当量而言，是仅次于煤、石油、天然气而列第四位的能源，在整个能源系统中占有重要地位。生物质能一直是人类赖与生存的重要能源之一，在世界能源消耗中，生物质能占能源总消耗的14%，但在发展中国家占到40%以上。

生物学的研究表明，绿色植物通过与太阳能的光合作用，把二氧化碳和水合成为储藏能量的有机物，并释放出氧气。利用地球上的绿色植物及其所"喂养"的动物，包括各种各样的垃圾、废弃物，即可开发出不同类型的生物质源。

地球上的生物质能资源极其丰富，且属无污染、无公害的能源。以热量来计算，地球的表面积共5.1亿km$^2$，其中陆地表面积1.49亿km$^2$，海洋表面积3.61亿km$^2$。陆地植物每年可固定的太阳能为$1.97 \times 10^{21}$J，按每1kg绿色植物的发热量为$1.7 \times 10^4$J，即

相当于1180亿t有机物；海洋植物每年可固定的太阳能为$9.2\times10^{20}$J，每千克海洋植物的发热量也按$1.7\times10^4$J计，则相当于550亿t有机物。这样，若地区表面全部都覆盖上植物，这些绿色植物每年可以"固定"的太阳能，相当于产生1730亿t有机物质。实验表明，1t有机碳燃烧释放的热量为$4.017\times10^{10}$J。以1730亿t有机物所拥有的能量计算，可相当于全世界能源总消耗量的10~20倍，而目前只有1%~3%的生物能源被人利用，主要用于取暖、烹饪和照明。

生物质种类繁多，大致可作如下分类：

（1）木质素类：木屑、木块、树枝、树叶、树根、芦苇等。

（2）农业废弃物：各种秸秆、果壳、果核、玉米芯、蔗渣等。

（3）水生植物：藻类、水葫芦等。

（4）油料作物：棉籽、油菜加工废料等。

（5）食品加工废弃物：屠宰场、酒厂、豆制品厂加工过程产生的废物与废水。

（6）粪便及活动废物：人畜粪便、畜禽场冲洗废水、人类活动产生的各种垃圾等。

目前生物质能利用技术主要有：

（1）热化学转化技术：将固体生物质转换成可燃气体、焦油、木炭等品位高的能源产品。

（2）生物化学转换技术：主要指生物质在微生物的发酵作用下生成沼气、酒精等能源产品，其中，沼气是有机物质在一定温度、湿度、酸碱度和厌氧条件下经各种微生物发酵及分解作用而产生的一种混合可燃气体。

（3）生物质压块细密成型技术：把粉碎烘干的生物质加入成型挤压机，在一定的温度和压力下，形成较高密度的固体燃料，密度为$1.2\sim1.3$g/cm³，热值在20J/kg左右。

**二、生物质能发电技术**

这里介绍几种生物质能发电技术。

（1）甲醇发电站。当前研究开发利用生物能源的重要课题是甲醇作为发电站燃料。日本专家采用甲醇汽化—水蒸气反应产生氢气的工艺流程，开发了以氢气作为燃料驱动燃气轮机带动发电机组发电的技术。日本建成1座1000kW级甲醇发电实验站并于1990年6月正式发电。甲醇发电的优点除了低污染外，其成本低于石油和天然气发电也很有吸引力。利用甲醇的主要问题是燃烧甲醇时会产生大量的甲醛（比石油燃烧多5倍）。但是，有人认为甲醛是致癌物质，且有毒、刺激眼睛，导致目前对甲醇的开发利用存在分歧，应对其危害性进行进一步的研究观察。

（2）城市垃圾发电。垃圾发电有下列三项关键技术：

1）垃圾焚烧炉的设计、制造和管理。目前国际上技术先进的国家是德国和法国，他们普遍采用水冷壁焚烧炉焚烧垃圾、产生的蒸汽直接用于发电。美国和瑞典采用半悬浮式水冷壁焚烧炉，还有直接焚烧炉、流化焚烧炉、低焰焚烧炉等多种形式焚烧炉。日本对垃圾焚烧处理厂的设计采用"综合发电系统"，即在离垃圾堆基地50、100、200km的海岸同时建立火力发电厂和大型废弃物处理厂，把垃圾焚烧产生的蒸汽与火力发电厂的蒸汽混合用作动力源，驱动汽轮机带动发电机发电。该系统大大提高了发电效率（可到26%），远高于废弃物单独焚烧时的发电效率（14%）。废物处理厂规模越大，成本越低，效率越高。日本该类系统的实践表明，当排放垃圾人口达到10万~30万时，建立处理厂的规模为100~300t/天即可满足自身用电；当排放垃圾人口达到30万~100万时，建立处理厂的规模为300~1000t/天不仅可满足自身用电，还可以对外供电；当排放垃圾人口少于10万时，建立处理厂的规模小于100t/天，由于无法满足电厂连续运转需要，则不宜建立发电厂。日本能源部门预计，如果全国的垃圾全部用于发电，其电能相当于全日本电能消费总量的3.7%；对于垃圾集中的大城市，如东京，则可达到9.5%。

2）垃圾的质量管理。由于垃圾中可燃废弃物的质量和数量都随季节和地区的不同而发生变化，发电量稳定性小，导致垃圾发电厂的电力向电力公司出售时"评价"较低，价格偏低。为此，必须加强垃圾的管理，如扩大垃圾搜集范围，加大垃圾处理厂储藏容量，加强垃圾筛选和分离，增加可燃物的回收数量和质量，加强工业废物的回收，提高垃圾可燃成分的含量等。

3）对焚烧炉温度和蒸汽产量的控制。应采取措施改进汽轮机和冷凝器等设备的控制系统，以提高垃圾发电的稳定性。

（3）生物质燃气发电。生物质燃气发电中的关键是汽化炉及裂解技术。

生物质燃气发电系统主要由汽化炉、冷却过滤装置、煤气发动机、发电机等四大主机构成，其工作流程为：首先将生物燃气冷却过滤送入煤气发动机，将燃气的热能转化为机械能，再带动发电机发电。图4-22所示为2MW生物质发电站，图4-23所示为生物质燃料油发电的三种形式。

图4-22　2MW生物质发电站

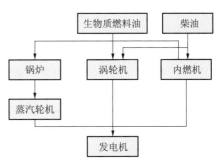

图4-23　生物质燃料油发电的三种形式

（4）秸秆发电。秸秆发电，是以秸秆为主要燃料的一种发电方式，可分为秸秆气化发电和秸秆燃烧发电两类。秸秆气化发电是将秸秆在缺氧状态下燃烧，发生化学反应，生成高品位、易输送、利用效率高的气体，利用它进行发电。秸秆燃烧发电是将秸秆直接送入锅炉燃烧后，产生蒸汽带动发电机发电，与常规的火力发电相似，但秸秆燃烧发电与常规的火力发电又有所不同，最大的不同点在于燃料的制备和储存。

农作物秸秆量大，覆盖面广，燃料来源充足。尤其是农作物生长中的光合作用吸收$CO_2$，它与农作物秸秆燃烧生成的$CO_2$相平衡，这对减少温室气体排放，执行"京都议定书"有着直接关系。

秸秆燃烧后的灰渣是很好的钾肥，可被农作物直接利用或深加工成为复合肥料。

**三、生物质能发电的优点与前景**

生物质能发电在可再生能源发电中具有电能质量好、可靠性高的优点，比小水电、风电和太阳能发电等间歇性发电要好得多，可以作为小水电、风电、太阳能发电的补充能源，具有很高的经济价值。

2002 年，我国可再生能源发电装机容量 3234.6 万 kW，生物质能发电装机容量 80 万 kW，在众多新能源、可再生能源发电中仅次于小水电（3100 万 kW），居第二位。2020 年预计可再生能源发电达 0.9 亿~1 亿 kW，其中生物质能发电为 1000 万 kW，其余小水电 6000 万~7000 万 kW，风力发电 2000 万 kW，太阳能、地热、海洋能等发电 100 万 kW；另一种估计结果是 2020 年可再生能源发电装机容量将达到 1.21 亿 kW，其中生物质能发电 2000 万 kW，其余为小水电 8000 万 kW，风力发电 2000 万 kW，太阳能发电 100 万 kW。生物质能发电与风力发电同居可再生能源发电的第二位。图 4-24 所示为采用沼气发动机、燃气轮机和锅炉发电的结构示意图。

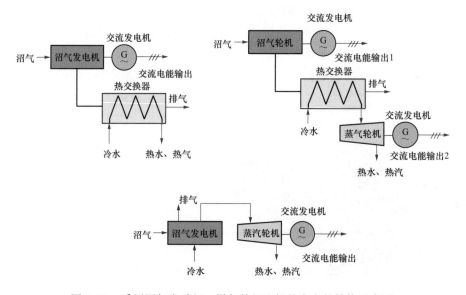

图 4-24 采用沼气发动机、燃气轮机和锅炉发电的结构示意图

### 4.3.7 核聚变——人类未来的能源之星

人类自 1973 年以来，共向地球索取了 5000 亿桶（约合 800 亿 t）石油，剩下的石油按现有生产水平估算，还可保证开采 44 年。天然气也只能持续开采 56 年，大约在 200 年之内，地球上石油、煤和天然气资源都将会逐渐枯竭。因此，从长远来看，核能将是继石油、煤和天然气之后的主要能源。这表明，人类必定要从"石油文明"跨入

"核能文明"。

原子核中蕴藏巨大的能量，原子核的变化（从一种原子核变化为另外一种原子核）往往伴随着能量的释放。由重的原子核变化为轻的原子核，称作核裂变，人们熟悉的原子弹和核电站发电也都利用的是核裂变原理。核聚变的过程与核裂变相反，核聚变是指由质量轻的原子，在一定条件下（如超高温和高压），发生原子核互相聚合作用，生成新的质量更重的原子核，并伴随着巨大的能量释放的一种核反应形式，也就是说，核聚变是几个原子核聚合成一个原子核的过程，只有较轻的原子核才能发生核聚变，如氢的同位素氘（dao）、氚（chuan）等。太阳内部连续进行着氢聚变成氦的过程，它的光和热就是由核聚变产生的，比原子弹威力更大的核武器——氢弹也是利用核聚变来发挥作用的。图4-25所示为核聚变反应原理简图。

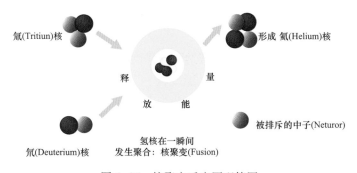

图4-25 核聚变反应原理简图

核聚变能释放出巨大的能量，但目前人们只能在氢弹爆炸的一瞬间实现不受控制的人工核聚变。而要利用人工核聚变产生的巨大能量为人类服务，就必须使核聚变在人们的控制下进行，这就是受控核聚变，即必须能够合理地控制核聚变的速度和规模，实现持续、平稳的能量输出。科学家正努力研究如何控制核聚变，但是现在看来还有很长的路要走。目前唯一简单可行的可控核聚变方式是以普通氢原子（其他原子也可以，但是需要的启动能量更为巨大）为反应原料，通过降温（和其他降低物质能量）的方法，缩小氢原子之间的距离，直到原子核的融合，从而释放出能量。如果每秒钟发生三、四次这样的爆炸并且连续不断地进行下去，所释放出的能量就相当于百万千瓦级的发电站。

核聚变较之核裂变有两个重大优点。一是地球上蕴藏的核聚变能远比核裂变能丰富得多，约为可进行核裂变元素所能释出的全部核裂变能的1000万倍，可以说是取之不竭的能源。核聚变反应燃料是氢的同位素氘、氚及惰性气体3He（氦-3），氘和氚在地球上蕴藏极其丰富，据测，每1L海水中含30mg氘，而30mg氘聚变产生的能量相当于300L汽油，这就是说，1L海水可产生相当于300L汽油的能量。一座100万kW的核聚变电站，每年耗氘量只需304kg。氘的发热量相当于同等煤的2000万倍，天然存在于海水中的氘有45亿t，把海水通过核聚变转化为能源，按目前世界能源消耗水平，可供人类用上亿年。锂是核聚变实现纯氘反应的过渡性辅助"燃料"，地球上的锂足够用1万年~2万年，我国羌塘高原锂矿储量占世界的一半。地球上蕴藏的核聚变能，至于氚虽

然自然界中不存在，但靠中子同锂作用可以产生，而海水中也含有大量锂。第二个优点是既干净又安全。因为它不会产生污染环境的放射性物质，所以是干净的。同时受控核聚变反应可在稀薄的气体中持续地稳定进行，所以又是安全的。

核聚变要在近亿度的高温条件下进行，地球上原子弹爆炸时可以达到这个温度。用核聚变原理造出来的氢弹就是靠先爆发一颗核裂变原子弹而产生的高热，来触发核聚变起燃器，使氢弹得以爆炸。但是，用原子弹引发核聚变只能引发氢弹爆炸，却不适用于核聚变发电，因为电厂并不需要如此之大的爆炸力，而需要缓缓释放的电能。不过，关于核聚变的"点火"问题，激光技术的发展，使可控核聚变的"点火"难题有了解决的可能。目前，世界上最大激光输出功率达 100 万亿 W，足以"点燃"核聚变。除激光外，利用超高额微波加热法，也可达到"点火"温度。世界上不少国家都在积极研究受控热核反应的理论和技术，美国、俄罗斯、日本和西欧国家的研究已经取得了可喜的进展。

1991 年 11 月 9 日 17 时 21 分，物理学家们用欧洲联合环形聚变反应堆在 1.8s 里再造了"太阳"，首次实现了核聚变反应，温度高达 $2 \times 10^8 ℃$，为太阳内部温度的 10 倍，产生了近 2MW 的电能，从而使人类多年来对于获得充足而无污染的核能的科学梦想向现实大大跨近了一大步。

我国自行设计和研制的最大的受控核聚变实验装置"中国环流器一号"，已在四川省乐山地区建成，并于 1984 年 9 月顺利启动，它标志着我国研究受控核聚变的实验手段又有了新的发展和提高，并将为人类探求新能源事业作出贡献。美中两国科学家分别于 1993 年和 1994 年在这个领域的研究和实验中取得新成果。

目前，美、英、俄、德、法、日等国都在竞相开发核聚变发电厂，据估计，到 2025 年以后，核聚变发电厂才有可能投入商业运营，2050 年前后，受控核聚变发电将广泛造福人类。

科学家发现，以 3He 为燃料的核聚变反应比氘氚聚变更清洁，效益更高，而且与放射性的氘氚不同的是 3He 是一种惰性气体，操作安全。诺贝尔奖得主科学家博格等曾表示没有其他能源像 3He 那样几乎无污染。

地球上并不存在天然的 3He 矿藏，而月球上的钛矿中蕴藏着丰富的 3He 资源，可以用于代替氚。月球表面的钛金属能吸收太阳风刮来的 3He 粒子。据估计，月球诞生的 40 亿年间，钛矿吸收了大约 100 万 t 3He，其能量相当于地球上有史以来所有开发矿物燃料的 10 倍以上。

1986 年起美国威斯康星州的麦迪逊就成了 3He 研究中心。只要从月球上运回 25t 3He，就可满足美国大约一年的能源需要。目前，全球每年的能源消费大约 1000 万 MW，联合国 1990 年公布的数字，到 2050 年时将会猛增至 3000 万 MW，每年从月球上开采 1500t 3He，就能满足世界范围内对能源的需求。

按上述开采量推算，月球上的 3He 至少可供地球上使用 700 年，而木星和土星上的 3He 几乎是取之不尽、用之不竭的。

虽然很多核聚变反应是可能的，但是聚变反应堆仍处在研究阶段，一种商用上和技术上可行的聚变反应堆至今也尚未建造出来，据专家预测，如果能对开发核聚变技术给予适当的支持，就有可能在21世纪中叶提供发电用的核材料。

可以看出，60多年来科学家们的不懈努力，已在核聚变方面为人类摆脱能源危机展现了美好的前景。

##  4.4 发电、供电和用电的基本设备

多种能源都可用于发电，其中一次能源通过不同形式转变为电能是由发电机来实现的，而要远距离供电则需经过变压器进行升压或降压，即发电机的出口电压经变压器将电压升高再送至远方，然后再通过变压器降压供给用户使用。在用户方，电动机是主要负载。因此，在发、供、用电构成的电力系统中，发电机、变压器、电动机是基本的电气设备。

### 4.4.1 发电机

在19世纪初期，廉价地并能方便地获得电能的方法是科学家们研究的重要课题。1820年，当奥斯特成功地完成了通电导线能使磁针偏转的实验后，当时的不少科学家又作了进一步的研究：磁针的偏转是受到力的作用，这种机械力，来自于电荷流动的电力。那么，能否让机械力通过磁又转变成电力呢？著名科学家安培是其中的研究者之一，他实验的方法很多，但犯了根本性错误，实验没有成功。另一位科学家科拉顿，在1825年做了这样一个实验，他想若将一块磁铁插入绕成圆筒状的线圈中或许能得到电流。为了防止磁铁对检测电流的电流表的影响，他用了很长的导线把电表接到隔壁的房间里。由于没有助手，他只好把磁铁插到线圈中以后，再跑到隔壁房间去看电流表指针是否偏转。现在看来，他的装置与实验的方法都是完全正确的。但是，他犯了一个令人扼腕叹息的错误，这就是电表指针的偏转，只发生在磁铁插入线圈那一瞬间，一旦磁铁插进线圈后不动，电表指针又回到原来的位置。所以，等他插好磁铁再赶紧跑到隔壁房间里去看电表，无论怎样快也看不到电表指针的偏转现象。要是他有个助手或是他把电表放在同一个房间里，他就是第一个实现变机械力为电力的人了。然而，他失去了这个好机会。又过了整整6年，到了1831年8月29日，美国科学家法拉第成功地使机械力转变为电力，他的实验装置与科拉顿的实验装置并没有什么两样，只不过是他把电流表放在自己身边，在磁铁插入线圈的一瞬间，指针明显地发生了偏转，手使磁铁运动的机械力终于转变成了使电荷移动的电力。

在法拉第迈出了这最艰难的一步之后，他不断研究，历经两个月试制了能产生稳恒电流的第一台真正的发电机，标志着人类从蒸汽时代跨入了电气时代。

一百多年来，相继出现了很多现代的发电形式，有风力发电、水力发电、火力发电、原子能发电、热发电、潮汐发电等，发电机的类型日益丰富，构造日臻完善，效率也越来越高，但基本原理仍与法拉第的实验一样：少不了运动着的闭合导体，也少不了

磁铁。

### 一、发电机的结构及工作原理

发电机是将其他形式的能源转换成电能的机械设备，它由水轮机、汽轮机、柴油机或其他动力机械驱动，将水流、气流、燃料燃烧或原子核裂变产生的能量转化为机械能传给发电机，再由发电机转换为电能。

发电机的形式很多，但工作原理都是基于电磁感应定律和电磁力定律。因此，其构造的一般性原则是用适当的导磁和导电材料构成互相进行电磁感应的磁路和电路，以产生电磁功率，达到能量转换的目的。发电机通常由定子、转子、端盖及轴承等部件构成。定子由定子铁芯、线包绕组、机座以及固定这些部分的其他结构件组成。转子由转子铁芯（或磁极、磁轭）绕组、护环、中心环、滑环、风扇及转轴等部件组成。由轴承及端盖将发电机的定子、转子连接组装起来，使转子能在定子中旋转，做切割磁力线的运动，从而产生感应电势，通过接线端子引出，接在回路中，便产生了电流。图 4-26 所示为发电机的主要部件图示。

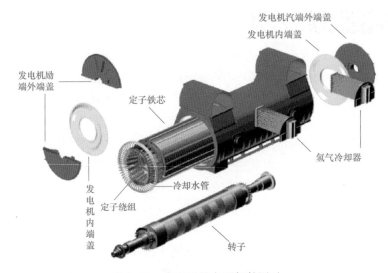

图 4-26　发电机的主要部件图示

### 二、发电机的类别

发电机可以分为直流发电机和交流发电机，而交流发电机又可分为同步发电机和异步发电机，此外，交流发电机还可分为单相发电机与三相发电机。

### 三、发电机发明史上的重大事件

1832 年，法国比奇发明世界上第一台旋转式交流发电机，为永磁手摇式，可进行火花放电实验。

1833 年，比奇在 1832 年发明的交流发电机上装了整流子，发明了直流发电机。

1840 年，英国阿姆斯特朗发明水轮发电机。

1845 年，英国惠斯通发明采用电磁铁的发电机。

1856 年，英国霍姆斯用多极永久磁铁创制成世界上第一台商用发电机，这台发电机用蒸汽机驱动，转速 600r/min，功率不到 1.5kW。

1866 年，德国韦纳·西门子发明自激直流发电机，用电磁铁代替永久磁铁。

1870 年，比利时格拉姆发明实用自激直流发电机，功率大、电压高、经济性能好，很快广泛投入市场，被称为格拉姆发电机。

1880 年，爱迪生创制当时世界上最大的直流发电机，重 27t，功率 150 马力（1 马力＝0.735kW），电压 110V。

1885 年，爱迪生发明双极高速直流发电机，转速 3000r/min。

**四、发电机简介**

发电机的类型主要有直流发电机、柴油发电机、同步发电机、汽轮发电机、水冷式发电机等，下面分别介绍几种，重点是几类新能源发电机。

（1）直流发电机。直流发电机和旋转电枢式交流发电机的主体结构是相同的，都由转子和定子组成，它们的不同点在于直流发电机中以换向器（即两个半金属环）代替了交流发电机中的滑环，从而能输出方向不变化的直流电。

直流发电机的工作原理就是把电枢线圈中感应产生的交变电动势，靠换向器配合电刷的换向作用，使之从电刷端引出时变为直流电动势。

从基本电磁情况来看，一台直流电机原则上既可作为电动机运行，也可以作为发电机运行，只是约束的条件不同而已。在直流电机的两电刷端上，加上直流电压，将电能输入电枢，机械能从电机轴上输出，拖动生产机械，将电能转换成机械能而成为电动机，如用原动机拖动直流电机的电枢，而电刷上不加直流电压，则电刷端可以引出直流电动势作为直流电源，可输出电能，电机将机械能转换成电能而成为发电机。同一台电机，能作电动机或作发电机运行的这种原理，在电机理论中称为可逆原理。图 4-27 所示为直流发电机工作原理。

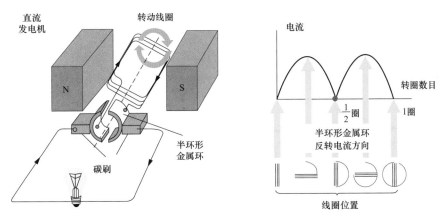

图 4-27　直流发电机工作原理图

（2）同步发电机。在发电厂中，同步发电机是将机械能转变成电能的唯一电气设备。因而将一次能源（水力、煤、油、风力、原子能等）转换为二次能源的发电机，现在几乎都是采用三相交流同步发电机。

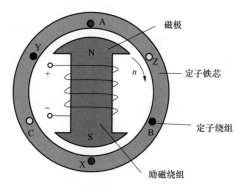

图4-28　转场式同步发电机结构模型

同步发电机和其他类型的旋转电机一样，由固定的定子和可旋转的转子两大部分组成，一般分为转场式同步电机和转枢式同步电机。图4-28给出了最常用的转场式同步发电机的结构模型，其定子铁芯的内圆均匀分布着定子槽，槽内嵌放着按一定规律排列的三相对称交流绕组，这种同步电机的定子又称为电枢，定子铁芯和绕组又称为电枢铁芯和电枢绕组。转子铁芯上装有制成一定形状的成对磁极，磁极上绕有励磁绕组，通以直流电流时，将会在电机的气隙中形成极性相间的分布磁场，称为励磁磁场（也称主磁场、转子磁场）。气隙处于电枢内圆和转子磁极之间，气隙层的厚度和形状对电机内部磁场的分布和同步电机的性能有重大影响。

转枢式同步电机的磁极安装于定子上，而交流绕组分布于转子表面的槽内，这种同步电机的转子充当了电枢。

当原动机拖动转子旋转（给电机输入机械能）时，极性相间的励磁磁场随轴一起旋转并顺次切割定子各相绕组（相当于绕组的导体反向切割励磁磁场）。由于电枢绕组与主磁场之间的相对切割运动，电枢绕组中将会感应出大小和方向按周期性变化的三相对称交变电势，通过引出线即可提供交流电源。

（3）风力发电机。风力发电机是靠将风能转化为机械能，再转化成电能的一种发电方式。风力发电机的工作原理比较简单，风轮在风力的作用下旋转，它把风的动能转变为风轮轴的机械能。发电机在风轮轴的带动下旋转发电。在风力发电机中，已采用的发电机有直流发电机、同步交流发电机和异步交流发电机3种。

目前商用大型风力发电机组一般为水平轴风力发电机，它由风轮、增速齿轮箱、发电机、偏航装置、控制系统、塔架等部件所组成。风轮是集风装置，它由气动性能优异的叶片（目前商业机组风力发电机的风轮一般由2个或3个叶片构成）装在轮毂上所组成，其作用是把流动空气具有的动能转变为风轮旋转的机械能。低速转动的风轮通过传动系统由增速齿轮箱增速，将风车叶片旋转的速度提升，将动力传递给发电机，使其发电。上述这些部件都安装在机舱平面上，整个机舱由高大的塔架举起。由于风向经常变化，为了有效地利用风能，必须要有迎风装置，它根据风向传感器测得的风向信号，由控制器控制偏航电机，驱动与塔架上大齿轮咬合的小齿轮转动，使机舱始终对风。塔架是风力发电机的支撑机构，稍大的风力发电机塔架一般采用由角钢或圆钢组成的桁架结构。限速安全机构是用来保证风力发电机运行安全的。限速安全机构的设置可以使风力发电机风轮的转速在一定的风速范围内保持基本不变。

风力发电机组的单机容量范围为几十瓦到几兆瓦。典型的风力发电系统通常由风能资源、风力发电机组、控制装置、蓄能装置、备用电源、电能用户组成。风力发电机组是实现由风能到电能转换的关键设备。由于风能是随机性的，风力的大小时刻变化，必须根据风力大小及电能需要量的变化及时通过控制装置来实现对风力发电机组的启动、调节（转速、电压、频率）、停机、故障维护（超速、振动、过负荷等）以及对电能用户所接负荷的接通、调整及断开等操作。

现代风力发电机是无人值守的，控制系统是其神经中枢。就600kW风机而言，一般在4m/s左右的风速自动启动，在14m/s左右发出额定功率。然后，随着风速的增加，一直控制在额定功率附近发电，直到风速达到25m/s时自动停机。现代风机的存活风速为60~70m/s，也就是说在这么大的风速下风机也不会被吹坏。通常所说的12级飓风，其风速范围也仅为32.7~36.9m/s。风机的控制系统，要在这样恶劣的条件下，根据风速、风向对系统加以控制，在稳定的电压和频率下运行，自动地并网和脱网。并监视齿轮箱、发电机的运行温度，液压系统的油压，对出现

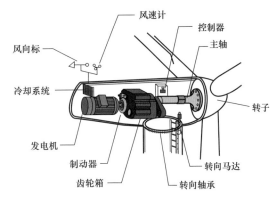

图4-29　风力发电机内部构造图

的任何异常进行报警，必要时自动停机。图4-29和图4-30分别展示了风力发电机的内部构造和外观。

在小容量的风力发电系统中，一般采用由继电器、接触器及传感元件组成的控制装置。在容量较大的风力发电系统中，现在普遍采用微机控制。储能装置是为了保证电能用户在无风期间内可以不间断地获得电能而配备的设备；在有风期间，当风能急剧增加时，储能装置可以吸收多余的风能。为了实现不间断地供电，有的风力发电系统还配备了备用电源，如柴油发电机组。

风力机的输出功率与风速的大小有关。由于自然界的风速是极不稳定的，风力发电机的输出功率也极不稳定。风力发电机发出的电能一般是不能直接用在电器上的，先要储存起来。目前风力发电机用的蓄电池多为铅酸蓄电池。

依据目前的风车技术，大约是3m/s的微风速度（微风的程度），便可以开始发电。风力发电机因风量不稳定，故其输出的是13~25V变化的交流电，须经充电器整流，再对蓄电瓶充电，使风力发电机产生的电能变成化学能。然后用有保护电路的逆变电源，把电瓶里的化学能转变成交流220V市电，才能保证稳定使用。

通常人们认为，风力发电的功率完全由风力发电机的功率决定，总想选购大一点的风力发

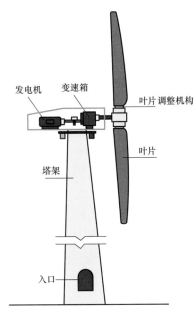

图4-30　风力发电机外观

机，但这是不正确的。目前的风力发电机只是给电瓶充电，而由电瓶把电能储存起来，人们最终使用电功率的大小与电瓶大小有更密切的关系。功率的大小更主要取决于风量的大小，而不仅是机头功率的大小。在内地，小的风力发电机会比大的更合适。因为它更容易被小风量带动而发电，持续不断的小风，会比一时狂风更能供给较大的能量。当无风时人们还可以正常使用风力带来的电能，也就是说一台 200W 风力发电机也可以通过大电瓶与逆变器的配合使用，获得 500W 甚至 1000W 乃至更大的功率输出。

（4）太阳能发电机。太阳能热发电分为两大类：一类为集中式热发电站；另一类为分散小功率发电装置。早期集中式多为塔式太阳能电站，后来则发展为抛物线柱面集热式太阳能发电站。

1）塔式太阳能电站。20 世纪 80 年代初，美国、日本和欧洲先后建设了一批塔式太阳能电站，多数是研究试验性的，投资大，经济性差。图 4-31 所示为塔式太阳能发电站，它是由定日镜群、接收器、蓄热槽、主控系统和发电系统五个部分组成。定日镜群用许多平面反光镜组成，每面定日镜都安装在刚性钢架上，采用计算机控制，自动跟踪太阳。所有镜面的反光都集中到高塔的接收器上。接收器也称集热锅炉，它把收集的太阳光转变为

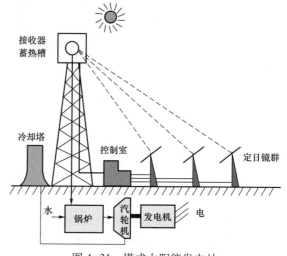

图 4-31　塔式太阳能发电站

热，并加热接收器内的工质。接收器有腔式、盘式、柱状式等结构形式。蓄热槽是利用传热性能良好的油或熔盐来吸收热能，以供锅炉使用。锅炉产生的蒸汽送往汽轮机，最后由汽轮机带动发电机发电。控制均采用计算机，它对所有设备进行监测，保证安全运行。塔式发电站的运行温度约 500℃，热效率在 15% 以上。这种发电站占地面积大，主要是定日镜布满塔下，如美国加利福尼亚州的太阳 1 号电站，功率 1 万 kW，定日镜 1818 块，每块镜面为 39.1m²，总占地面积 71 084m²，塔高 55m，姿态十分壮观。

2）抛物线柱面集热式太阳能发电站。20 世纪 80 年代中期，以美国卢兹公司为代表的抛物线柱面集热式太阳能发电站，如图 4-32 所示。

这种集热方式是横向线性，被加热的工质沿聚焦线流动，比塔式的定日镜聚焦简便，也不要建高塔，可以平面布置。一般直接用水作传热工质，水在集热器受热后，进入过热器，若太阳能的热力不够（受天气影响），还可用辅助燃料加热。由过热器产生的蒸汽送入汽轮机，即可带动发电机发电。其操作过程与普通热电站相似，只是增加了太阳集热器部分，在充分利用太阳能的条件下，可以大量节约燃料，因此经济性可以与普通热电竞争。如美国加利福尼亚新投入的 2 台 8 万 kW 的太阳能机组，单机年发电量

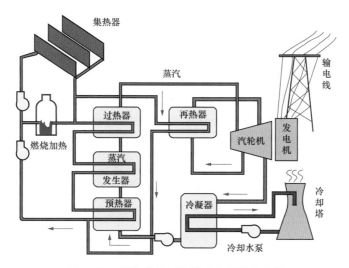

图 4-32 抛物线柱面集热式太阳能发电站

已达 25 万 MWh，发电成本约 8 美分，因此已具有商业开发意义。若考虑技术进步和环境效益，无疑这种发电方式将优于消耗化石能源的电力生产。

3）分散式太阳能发电装置。分散式太阳能发电装置主要采用碟形抛物面聚光器，并在聚焦面上安装外热式斯特林发电机组，如图 4-33 所示。这种太阳能发电系统可独立运行，适合于无电或缺电地区作小型电源，一般功率为 10～25kW，聚光镜直径为 10～15m。对于稍大的用电户，也可将几台机组并联发电，组成小型电站，美国夏威夷岛建有这种发电装置，但是单机造价偏高，无法与集中式电站相比。分散式太阳能发电

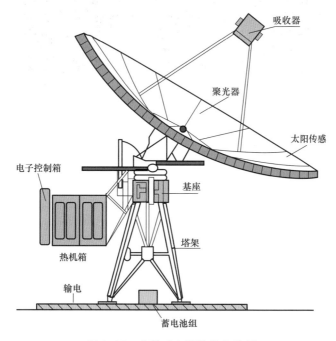

图 4-33 分散式太阳能发电装置

机若不进行发电，也可改装成太阳能热力机，直接作为动力机使用，如带动水泵或其他小型传动机械。特别是对于阳光充足的干旱地区，太阳能热力泵有发展前景，如我国的西部高原。太阳能热力泵只取决于太阳辐射强度，不像柴油内燃机还受海拔高度的影响使功率下降。

（5）潮汐发电机。潮汐发电机的原理与风力发电机类似，只不过把风力推动改为潮汐和水流推动，因而潮汐发电机被称为海水下面的"风车"，由此产生更为环保的电力。由于生活在湍急水域的海洋生物通常都比较敏捷，因此，涡轮机对于海洋生态环境所带来的影响也并不会太大。图4-34所示为英国安装的世界首台潮汐能发电机，好似倒置的风车。

图4-34　世界首台潮汐能发电机

## 4.4.2　变压器

变压器是一种把电压和电流转变成另一种（或几种）同频率的不同电压、电流的电气设备。发电机发出的电功率，需要升高电压才能送至远方用户，而用户则需把电压再降成低压才能使用，这个任务是由变压器来完成的。随着输电距离、输送容量的增长，对变压器的要求也越来越高，不仅需要数量多，而且要性能好，技术经济指标先进，还要保证运行安全、可靠、经济。变压器除应用于电力系统外，还应用于一些工业部门中，如在电炉整流、电焊设备、船舶、电机等设备中都应用特种变压器，此外，在高压试验的测量设备和控制设备中也应用着各种各样的变压器。

### 一、变压器工作原理

变压器的最基本形式，包括两组绕有导线的线圈，并且彼此以电感方式耦合在一起。当一交流电流（具有某一已知频率）流于其中一组线圈时，于另一组线圈中将感应出具有相同频率的交流电压，而感应的电压大小取决于两线圈耦合及磁交链的程度。

一般将连接交流电源的线圈称为"一次绕组"；而跨于此线圈的电压称为"一次电压"。在二次绕组的感应电压可能大于或小于一次电压，是由一次绕组与二次绕组间的"匝数比"所决定的。因此，变压器区分为升压与降压变压器两种。

变压器是变换交流电压、电流和阻抗的器件，当一次绕组中通有交流电流时，铁芯（或磁芯）中便产生交流磁通，使二次绕组中感应出电压（或电流）。变压器由铁芯（或磁芯）和线圈组成，线圈有两个或两个以上的绕组，其中接电源的绕组叫一次绕组，其余的绕组叫二次绕组。

如果把两个绕组并列放置在一起，那么当其中的一个线圈通以交流电所产生的磁通切割另一线圈时，将产生感应电动势。如果将电压表跨接于这一线圈的两端，表针就会偏转。改变两个绕组的圈数比就会在第二个线圈上得到不同的电压，变压器就是根据这个原理制成的一种电压变换装置。将一次绕组和二次绕组的圈数采用适当的比例，可以把电路中的电压升高或降低，用公式近似地表示为：一次电压（$U_1$）／二次电压（$U_2$）＝一次圈数（$n_1$）／二次圈数（$n_2$）。应该注意的是，任何一只变压器只能把电能由一次侧转移到二次侧，使电压升高或降低，但不能增大功率。变压器一、二次侧的电压之比等于二、一次侧的电流之比。在不考虑变压器损耗的情况下，可以说一次侧输入的功率等于二次侧输出的功率。一次侧的功率 $P_1$＝二次侧的功率 $P_2$，可写成：$U_1 \times I_1 = U_2 \times I_2$，可以变成 $U_1/U_2 = I_2/I_1$。图 4-35 所示为应用于电能传输中的变压器。

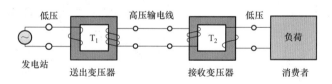

图 4-35　应用于电能传输中的变压器

**二、变压器分类**
从不同的角度可以对变压器进行分类，具体如下：

（1）按冷却方式分类，有干式（自冷）变压器、油浸（自冷）变压器、氟化物（蒸发冷却）变压器。

（2）按防潮方式分类，有开放式变压器、灌封式变压器、密封式变压器。

（3）按铁芯或线圈结构分类，芯式变压器（插片铁芯、C 型铁芯、铁氧体铁芯）、壳式变压器（插片铁芯、C 型铁芯、铁氧体铁芯）、环型变压器、金属箔变压器。

（4）按电源相数分类，有单相变压器、三相变压器、多相变压器。

（5）按用途分类，有电源变压器、调压变压器、音频变压器、中频变压器、高频变压器、脉冲变压器。

图 4-36 所示为电力变压器结构及外形示意图，图 4-37 所示为三维立体卷铁芯干式变压器，图 4-38 所示为 12V 电子变压器。

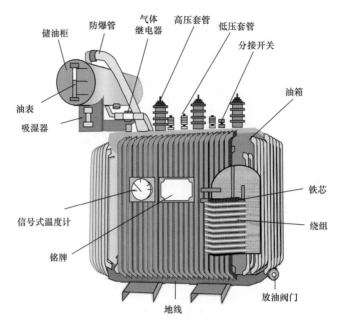

图 4-36　电力变压器结构及外形示意图

图 4-37　三维立体卷铁芯干式变压器

图 4-38　12V 电子变压器

### 三、变压器发明简史

变压器是根据电磁感应定律，将交流电变换为同频率、不同电压交流电的非旋转式电机。因此，它是随着电磁感应现象的发现而诞生，并经过历代科学家和工程师不断发明、改进而逐步完善的。

（1）感应线圈——变压器的雏形。

1888 年，英国著名物理学家弗来明（J. A. Fleming，1849~1945）在他的名著《The Alternating Current Transformers（交流变压器）》中曾说："在一大批研究变压器的杰出人士中，法拉第和亨利是开拓者、巨人，他们奠定了真理的基石，而所有后来者则是致力于大厦的完成。"因此可以说，变压器发明的源头在法拉第和亨利。

1831 年 8 月 29 日，法拉第采用图 4-39 所示的实验装置进行磁生电的实验。

图 4-39 中，圆环用 7/8 英寸的铁棍制成，圆环外径 6 英寸；A 是三段各 24 英尺长铜线绕成的线圈（三段间可根据需要串联）；B 是 50 英尺铜线绕成的 2 个绕组（2 个绕组可以串联）。实验时，当合上开关 K 后，法拉第发现检流器 G 摆动，即线圈 B 和检流器 G 中有电流流过。也就是说，法拉第通过这个实验发现了电磁感应现象。法拉第感应线圈实际上

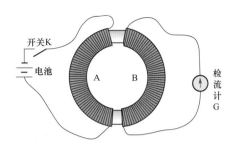

图 4-39　法拉第实验装置原理图

是世界上第一台变压器的雏形，以后法拉第又做了数次实验，同年 10 月 28 日还制成了一台圆盘式直流发电机。同年 11 月 24 日，法拉第又向英国皇家学会报告了他的实验内容（1831 年 8 月 29 日）及其发现，因此法拉第被公认为电磁感应现象的发现者及变压器的发明人。

但是，事实上，最早发明变压器的应该说是美国著名科学家亨利。1830 年 8 月，时为纽约奥尔巴尼（Albang）学院教授的亨利利用学院假期，采用如图 4-40 所示实验装置进行了磁生电实验。当他合上开关 K 时，发现检流计 G 的指针摆动；打开开关 K 时，又发现检流计 G 的指针向相反方向摆动。实验中，当打开开关 K 时，亨利还在线圈 B 的两端间观察到了火花。此外，亨利还发现，改变线圈 A 和 B 的匝数，可以将大电流变为小电流，也可将小电流变为大电流。因此，亨利所做的这个实验是电磁感应现象非常直观的一个关键性实验，亨利的这个实验装置实际上也是一台变压器的雏形。但是，由于亨利的行事作风非常细致谨慎，所以并没有急于发表他的实验成果，他还想再做一些实验作进一步的研究。然而假期过后，他只得将这件事搁置一

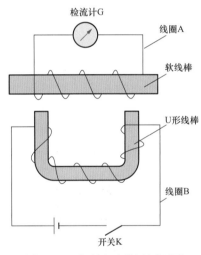

图 4-40　亨利实验装置原理图
（1830 年 8 月）

旁。尽管后来他又进行了多次实验，但是直到 1832 年才将实验论文发表在《美国科学和艺术杂志》第 7 期上，而在此前，法拉第已经首先公布、介绍了他的电磁感应实验及其实验装置，因此，电磁感应现象及变压器的发明权就只能归法拉第所有，亨利非常遗憾地与这两者的发明权擦肩而过，尽管如此，他在电学上的贡献以及对变压器发明的贡献却是有目共睹的。特别值得一提的是，亨利的实验装置比法拉第的感应线圈更接近于现代通用的变压器，因为从现代变压器原理来看，法拉第的感应线圈是一只单心闭合磁路双绕组式变压器。由于当时没有交流电源，所以它只是一种原始的脉冲变压器，而亨利的变压器则是一种原始的双心开路磁路双绕组式脉冲变压器。

1835 年，美国物理学家佩奇（C. J. Page，1812～1868）制成了图 4-41 所示的感应线圈，这是世界上第一只自耦变压器，利用自动锤的振动使水银接通或断开电路，在二

次绕组感生的电动势能使一个真空管的电火花达 4.5in 长。

1837 年，英国牧师卡兰（N. J. Callan）将佩奇变压器分成无电气连接的两部分，如图 4-42 所示。当打开开关 K、断开线圈 A 的电路时，则线圈 B 的两端间 S 将会产生火花。但是，佩奇和卡兰的变压器与法拉第、亨利的一样都是利用断续直流来工作的，因而只能用于实验观察，都无实际应用价值。

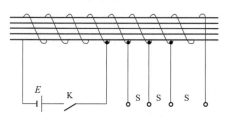

图 4-41　佩奇感应线圈原理图

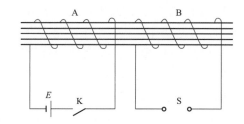

图 4-42　卡兰实验装置原理图（1830 年 8 月）

在变压器发明史上作出过较大贡献的人是德国技师鲁姆科尔夫（H. D. Ruhmkorff，1803~1877）。他生于德国，后到巴黎定居，并自己开办了精密机械制造工厂。鲁姆科尔夫在理论上并无建树，但是他善于研究他人的建议，并利用他心灵手巧的特长将其付诸实践，制造了一些优良的感应线圈。

1842 年，在梅森和布瑞克的指导下，鲁姆科尔夫开始对卡兰变压器进行研究，1850 年制成了第一只感应线圈。1851 年，鲁姆科尔夫提出第一个感应火花线圈（变压器）的专利。鲁姆科尔夫感应线圈如图 4-43、图 4-44 所示，其中铁芯用软铁丝制成，一次绕组包绕在芯上，二次绕组则包绕在一次绕组上。一次绕组由蓄电池供电，并通过一个磁化铁芯机构反复开、合水银开关，使一次绕组中通以脉动直流并反复改变方向，二次绕组中就感应出一个交变电流。与此前的感应线圈相比，鲁姆科尔夫感应线圈有了较大的改进。首先二次绕组的绝缘更加可靠，线圈用涂漆铜线绕成，线圈层间用纸或漆绸绝缘，二次绕组与一次绕组则用一只玻璃管隔开；其次，鲁姆科尔夫采用 E. English 和 C. Bright 的发明，将二次绕组分成几段，各段间彼此分开，然后串在一起。这样可使电位差最大的点（出线端 S—S）之间的距离最远。后来，鲁姆科尔夫对该线

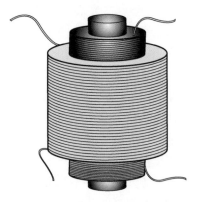

图 4-43　鲁姆科尔夫感应线圈（1850 年）

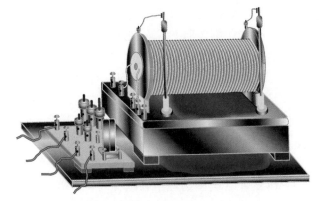

图 4-44　鲁姆科尔夫感应线圈（1851 年）

圈又进行了改进，如将以前采用的水银开关改为酒精开关，不但消除了开关火花，而且还可以防止氧化；此外，他还在一次绕组接入电容器以提高感应电压。鲁姆科尔夫感应线圈由于功率较大，不但可用作实验，而且还可用于放电治疗。因此可以说，鲁姆科尔夫感应线圈是第一个有实用价值的变压器。

为了获得更大的火花，1856年，英国电工技师瓦里（C. F. Varley，1828~1883）也对卡兰变压器作了改进，如图4-45、图4-46所示，他采用一只双刀双掷开关来回改变电流方向，使线圈A中的电流交替改变方向，从而线圈B中感应出一个交变电流，因此可以说，瓦里感应线圈是交流变压器的始祖。

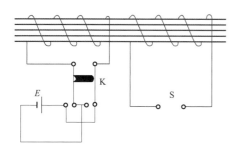

图 4-45　瓦里感应线圈原理图

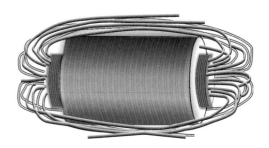

图 4-46　瓦里感应线圈（1856年）

1862年，莫里斯（Morris）、魏尔（Weave）和蒙克顿（Moncktom）取得一个将感应线圈用于交流电的专利权。

1868 年，英 国 物 理 学 家 格 罗 夫（W. R. Grove，1811~1896）采用图4-47所示的装置将交流电源 V 与线圈 A 相连，在线圈 B 中得到一个电压不同的交流电流。因此格罗夫感应线圈实际上是世界上第一只交流变压器。

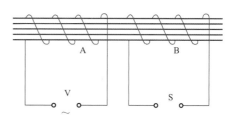

图 4-47　格罗夫感应线圈原理图（1868年）

继格罗夫之后，又有很多人对感应线圈进行了较多的研究，提出了一些改进建议。如美国富勒（J. B. Fuller）在19世纪70年代初对感应线圈进行了理论研究，提出感应线圈应采用闭合铁芯，一次绕组采用并联而不是当时大多数感应线圈所采用的串联。但是他的想法生前只向他的上司谈过，直到他死后不久，人们才发现他的手稿。1879年2月，人们将他的手稿整理发表，他关于感应线圈的设想得以公诸于世。

1876年，俄国物理学家雅勃洛奇科夫（Л. Н. Яълочков，1847~1894）发明所谓的"电烛"，采用一只两个绕组的感应线圈，一次侧与交流电源相连，为高压侧，二次低压侧的交流向"电烛"供电。这只感应线圈实际上是一台不闭合磁芯的单相变压器。

1882年，俄国工程师 И. Ф. 乌萨金在莫斯科首次展出了有升压、降压感应线圈的高压变电装置。

（2）高兰德-吉布斯二次发电机。

19世纪80年代后，交流电进入人类的社会生活，变压器的原理也为许多人所了

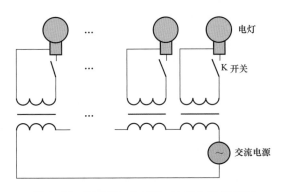

图 4-48　高兰德-吉布斯二次发电机原理图

解，人们自然而然地就想到将变压器用于实际交流电路中。在这方面迈出第一步并作出重大贡献的是法国人高兰德（L. Gauland，1850～1888）和英国人吉布斯（J. D. Gibbs）。1882 年 9 月 13 日，它们在英国申请了第一个感应线圈及其供电系统的专利（No. 4362），他们称这种感应线圈为"二次发电机"（Secondary generator）。图 4-48 所示为高兰德-吉布斯二次发电机原理图，一次绕组数与二次绕组数之比为 1∶1，一次绕组串联，而二次绕组均分为数段，分别与电灯相连。高兰德-吉布斯二次发电机（变压器）是一种开路铁芯变压器，它通过推进、拉出铁芯来控制电压，一次绕组仍坚持采用串联。尽管麦克斯韦 1865 年就证明，一次绕组如果采用串联，二次电压就不能单独控制。

1882 年 10 月 7 日，他们制成了第一台 3000V/100V 的二次发电机，1983 年又制成一台容量约 5kV 的二次发电机，在伦敦郊外一个小型电工展览会上展出表演。当年，他们为伦敦市区铁路提供了几台小型变压器。1884 年，他们在意大利都灵技术博览会上展出了他们的变压器，并表演了交流远距离输电。采用开磁路变压器串联交流输电系统，将 30kW、133Hz 的交流电输送到 40km 远处。同年他们还售出了几台类似的变压器，其中有售给意大利物理学家费拉里斯（G. Ferraris，1847～1897）的实验用变压器，该变压器铁芯为铁丝组成的开路铁芯，一次绕组用由 0.25mm 厚铜片绕成的 445 个环（匝）组成，但它们在高度方向上分成 4 段，通过正前方的塞子将二次绕组的 4 段串联或并路，从而改变了二次侧的输出电压。

1884 年 3 月 4 日，高兰德和吉布斯在美国申请第一个有关开路铁芯变压器的专利（No. 297924）——"产生和利用二次电流的装置"，1885 年，高兰德和吉布斯受岗茨工厂变压器的启发，研究采用闭路铁芯结构的变压器。1886 年 3 月 6 日，他们在美国申请有关闭合磁路变压器的专利（No. 351589）。图 4-49 所示为 1886 年制造的高兰德-吉布斯闭路铁芯式二次发电机。

（3）齐伯诺夫斯基-德里-布拉什（Z-D-B）变压器。

高兰德-吉布斯二次发电机（变压器）虽然开辟了变压器的实际应用领域，但早期的这种变压器仍然存在某些先天不足，如开路铁

图 4-49　高兰德-吉布斯闭路铁芯式
二次发电机（1886 年）

芯、一次绕组串联等问题。首先对此提出质疑并作出改进的是匈牙利岗茨工厂（Ganz）的三个年轻工程师布拉什（O. T. Blathy，1860～1939）、齐伯诺夫斯基（C. Zipernowsky，1853～1942）和德里（M. Deri，1854～1938）。

布拉什 1883 年进入岗茨工厂，长期担任技术负责人。他一生发明颇丰，曾获得 100 多项专利权，包括变压器、电压调整器、汽轮发电机等。布拉什是首次研究交流发电机并联运行的人之一，他还发明了许多电机设计程序和设计计算方法。另外，他在 1885 年首先引入单词"Transformer"（变压器），这一简明传神的术语很快为人们所认同和接受，迅速取代以往采用的"感应线圈"、"二次发电机"等术语，一直沿用至今。

齐伯诺夫斯基是 1878 年成立的岗茨工厂电气部的奠基人之一。1893 年，他提任匈牙利布达佩斯技术大学的电气教授。他一生取得 40 多项专利权，曾任匈牙利电工学会主席 30 年。

德里 1882 年加入岗茨工厂，他长期在销售部工作，但却对电机和变压器颇有研究。他曾设计复激交流发电机，还发明了以他名字命名的双电刷推斥式电动机——德里电动机。

1884 年，意大利都灵技术博览会召开，布拉什和岗茨工厂一批技术人员参观了该博览会，见到了会上展出的高兰德-吉布斯二次发电机。布拉什当时敏锐地觉察到这种二次发电机有很大发展前途，注意到这种变压器的优点及不足之处。在博览会上，布拉什曾问高兰德："为什么你们的二次发电机不采用闭路铁芯？"高兰德不假思索地回答："采用闭路铁芯非常危险，而且很不经济。"

1884 年 7 月，布拉什从都灵回到布达佩斯后，立即将都灵博览会上的所见所闻告诉了齐伯诺夫斯基和达里，他们决定立即进行变压器的改进实验。布拉什建议采用闭路铁芯，齐伯诺夫斯基建议将一次绕组改为并联，并和德里一道进行研究实验。1884 年 8 月 7 日，他们在岗茨工厂实验杂志上介绍了有关闭合磁路铁芯的变压器（见图 4-50）。

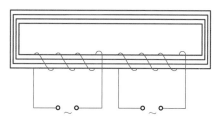

图 4-50　Z-D-B 变压器示意图

1884 年冬，德里在维也纳贸易联合会展示了他们的发明。1885 年 1 月 2 日，齐伯诺夫斯基和德里在奥地利申请第一个有关并联运行变压器的专利（№.37/101），同年 2 月 2 日他们三人在奥地利和德国申请第二个变压器专利（奥地利专利№.35/2446，德国专利№.40414）。

1884 年 9 月 16 日，岗茨工厂制成的第一台变压器（1400W，120/72V，变比 1.67），是一台单相壳式、闭路铁芯（铁丝）变压器。同年，岗茨工厂还制造了另外 4 台变压器。图 4-51 所示为最原始的 Z-D-B 变压器。

1885 年 5 月 1 日，匈牙利布拉佩斯国家博览会开幕，一台 150V、70Hz 单相交流发电机发出的电流，经过 75 台岗茨工厂 5kV 变压器（闭路铁芯，并联，壳式）降压，点燃了博览会场的 1067 只爱迪生灯泡，其光耀夺目的壮观场面轰动了世界。所

图 4-51　最原始的 Z-D-B
变压器（1884 年）

以，后来人们把 1885 年 5 月 1 日作为现代实用变压器的诞生日而加以纪念。布达佩斯博览会使岗茨工厂名扬四海，博览会期间工厂就接到一批订单。图 4-52 和图 4-53 分别为 1885 年和 1887 年的岗茨变压器。从图中可以看出，它们均为心式变压器，与现代变压器已十分接近。

1885 年 6~10 月，Z-D-B 变压器参加了伦敦发明展览会，并在会上作了演示。高兰德-吉布斯公司的工程师贝尔费尔德（R. Belfield）参观了伦敦发明，对 Z-D-B 变压器很感兴趣。1885 年 5 月 7 日，齐伯诺夫斯基、德里和布拉什在美国申请第一个闭路铁芯变压器及交流配电系统的专利。

图 4-52　Z-D-B 为 G 费兰里斯实验室制造的变压器
（1885 年，3000W，变比 1:2 或 1:4）

图 4-53　Z-D-B 全金属变压器铁芯
（4000VA，1926/105V，2.19/38A，42Hz）

齐伯诺夫斯基-德里-布拉什（Z-D-B）变压器是变压器技术发展史上的重要里程碑，它所采用的闭路铁芯、一次绕组并联等基本结构一直沿用至今。可以说 Z-D-B 变压器已使现代变压器的结构基本定型，从此变压器正式进入交流电流的输电、配电领域，有力推动了交流电流的普及应用，促进了现代交流电机的发展。1888 年，岗茨工厂向德国西门子-哈尔斯克（Simens-Halske）公司转让变压器专利权。不久，另外两家德国公司也购买了岗茨工厂的变压器专利权。1890 年，法国、西班牙的公司也购买了岗茨的变压器专利。从 19 世纪 80 年代后期开始，变压器在欧洲迅速推广，到 1889 年已总共生产 1000 台变压器，到 1899 年突破 10 000 台。在 20 世纪 20 年代前，岗茨工厂在变压器制造领域一直保持世界领先水平。

（4）美国变压器技术的兴起和发展。

19 世纪 80 年代初，当欧洲人正致力于改进变压器、探索变压器应用领域的时候，大洋彼岸美国的爱迪生公司正沉醉于在直流电系统方面的成功及由此带来的丰厚利润之中，对交流电系统、变压器不屑一顾。但此时，由火车空气制动器起家的威斯汀豪斯正想涉足交流电领域。1885 年春，他漫游欧洲，参观了伦敦和布达佩斯，与当时欧洲发明家也有接触，对高兰德-布吉斯二次发电机很感兴趣，当即决定购买几台二次发电机。1885 年 5 月，西屋空气制动器公司的年轻工程师潘塔伦里（Pantaleoni）因父亲病逝，回意大利奔丧，他到都灵拜会他的大学老师时，遇到正在都灵技术博览会的高兰德，当时高兰德正安装 Lanzo 和 Circe 间的交流系统。潘塔伦里对此十分感兴趣，立即给威斯汀豪期打电报，报告他的观感。威斯汀豪斯十分重视，回电潘塔伦里，要他与高兰德联系，买下高兰德、吉布斯在美国申请的有关变压器的独家专有权。经友好协商，高兰德同意了威斯汀豪斯的要求。

1885 年 9 月 1 日，西屋空气制动器公司订购的高兰德-吉布斯二次发电机和西门子公司的单相交流发电机从欧洲运到美国。

1885 年 11 月 23 日，贝尔费尔德（R. Belfield）作为高兰德-吉布斯的全权代表到达美国匹兹堡，向西屋空气制动器公司转让变压器技术，并帮助该公司设计新型（闭路铁芯）变压器。1886 年 1 月 5 日，他到 Great Barrington，帮助斯坦利（W. Stanley，时为威斯汀豪斯的助手）建设、运行 Great Barrington 3000V 交流输电线。1886 年 3 月 20 日，美国第一条交流输电线建成投入运行，这标志美国电气时代的真正开始。

威斯汀豪斯除了以实业家胆识招揽人才、购买专利、订购设备、发展交流电系统和变压器外，还身体力行，潜心于变压器的研究。1886 年 1 月 8 日，他组建威斯汀豪斯电气公司（西屋电气公司），大踏步地进入电气（主要是交流电）领域，正式进入变压器的研究和工业化生产。1886 年 2 月，他申请了有关配电系统和闭路铁芯变压器的 2 项美国专利（№. 342552 和№. 342553）。1888 年，西屋公司制成 40 盏电灯用 2kW 变压器。1891 年，西屋公司制成第一台充油变压器（10kV 电压）。

与威斯汀豪斯积极开拓、发展变压器工业成为鲜明对比的是爱迪生对变压器的漠视和短视态度。当时，爱迪生电灯公司的电灯和直流发电机独霸北美大陆，远销欧洲。爱迪生踌躇满志，对刚刚出现的交流电供电系统既不屑一顾，又怀有一丝敌意，这也为以后的美国交直流之战埋下了种子。1885 年，爱迪生公司代表李博（J. W. Lieb）参观都灵博览会，见到了展出的交流电配电系统和变压器。但李博与爱迪生一样，是一名顽固的直流主义者，他向爱迪生打了一报告，报告了他的观感，对会上展出的交流配电系统和变压器横加挑剔指责。这份报告也更坚定了爱迪生反对交流电的决心。1886 年，布拉什到美国，会见爱迪生，双方签订了一个协议，由爱迪生公司出资 2 万美元购买岗茨工厂在美国申请的变压器的独家专利使用权。但是，爱迪生公司出资压根就不想发展交流电系统和变压器，签订这项协议只不过是不让其他公司发展交流电、变压器的一种策略。因此，这一纸协议的直接后果是阻碍了 Z-D-B 变压器在美国的推广应用。这种情况直到 1892 年，爱迪生公司合并为通用电气（GE）公司后才得以根本改变。

在美国变压器发展的历史上，还有两个人也作出了不可磨灭的贡献，他们是斯坦利（W. Stanley，1856~1927）和斯特拉（N. Tesla，1856~1943）。

斯坦利 1883 年开始接触交流电，对变压器在交流电系统中的作用有深刻的论述。他

曾多次称变压器是"heart of the alternating current system"（交流电系统的心脏）。1883～1884年，他在自己的小型实验室里就进行过变压器的研究。1884年2月，他受雇于威斯汀豪斯，成为他的助手，主持设计制造交流系统及变压器。1885年9月29日制成美国第一台一次绕组并联、闭合磁路铁芯的变压器（500V/100V），并在西屋空气制动器公司车间里进行了试验。1885年10月23日，他在美国申请第一个有关闭路铁芯变压器的专利（No.349612）；同年11月23日，他提出3个专利，其中2个带变压器的配电系统的专利（No.372943和No.372944），1个是开路铁芯变压器的专利（No.349611），这4个专利都转让给了威斯汀豪斯。1885年12月，他主持建设美国第一个交流输电系统——Great Barringto交流输电系统。1886年3月20日，该系统建成投运。1890年他离开西屋电气公司，1891年在Pittsfield组建斯坦利电气制造公司，继续研制变压器。1891年，斯坦利公司制成5kV商用变压器。1892年，斯坦利公司研制成15kV变压器，使美国交流电输电电压一举突破10kV，从而打开了高电压输电的大门。斯坦利也因而赢得了"电气传输之父"的美名。1903年，他将公司并入通用电气公司。在通用电气公司，他继续指导开发变压器。因此使西屋公司和通用电气公司早期的变压器技术同宗同源，都是采用壳式变压器结构，直到1918年通用电气公司改用心式变压器后，两者才分道扬镳。

特斯拉是誉为"电工天才"的美籍克罗地亚科学家，他在交流电系统和交流电动机方面的贡献享誉世界。1888年，他受聘到西屋公司工作后也在变压器方面作出了成绩。1890年，他离开西屋公司自立门户，继续研究变压器。图4-54所示为特斯拉在1891年发明的高频发生器原理图，图4-55所示为特斯拉高频变压器复原图。变压器一次绕组为12匝$\phi$5mm的铜线，绕在一个$\phi$55mm的玻璃管上。二次绕组380匝，$\phi$0.2mm铜线，绕在一个$\phi$113mm的玻璃管上。一、二次绕组放入一个高50cm、内径$\phi$16.5cm的玻璃管内，浸入绝缘矿物油内。一次绕组与振荡电路相连，二次绕组两端可获得$10^5\sim10^6$Hz的高频电流，并可观察到明显的火花。这台变压器曾用于研究高频电振荡现象，并曾观察到集肤效应。

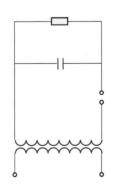

图4-54　特斯拉高频发生器原理图（1891年）

图4-55　特斯拉高频变压器复原图（1891年）

（5）三相变压器的诞生。

高兰特-吉布斯二次发电机和Z-D-B变压器都是单相变压器，发明三相变压器的则是被誉为"三相交流电之父"的俄国科学家多利沃-多布罗夫斯基。1888 年，他提出三相电流可以产生旋转磁场，并发明三相同步发电机和三相鼠笼式电动机。1889 年，他为解决三相电流的传输及供电问题，开始研究三相变压器。与当时的单相变压器相比，多利沃-多布罗夫斯基三相变压器的一、二次绕组并无太大差别，主要区别是在铁芯布置方面。当年，他申请第 1 个三相变压器铁芯的专利，3 个心柱在周向垂直对称布置，上、下与两个轭环相连。这种结构类似欧洲中世纪的修道院，故称为"Temple type（寺院式）"，如图 4-56（a）所示。"寺院式"结构后来又发展出图 4-56（b）、（c）所示形式。

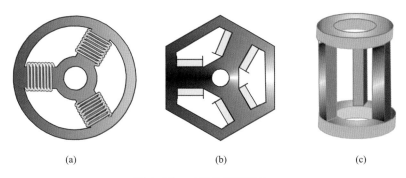

（a）　　　　　　　　　（b）　　　　　　　　　（c）

图 4-56　三相变压器铁芯

世界上第一台三相变压器出现于 1891 年。当年 8 月，世界博览会在德国法兰克福（Frankfurt）召开，会议组织者为了展示交流电的输送和应用，在 175km 外的德国劳芬（Lauffen）的波特兰（Portland）水泥厂内装设了一套三相水轮发电机组（210kVA，150r/min，40Hz，相电压 55V），向博览会上的 1000 盏电灯和一台 100 马力的三相感应电动机供电。为此，德国通用电气公司（AEG）和瑞士奥立康（Oerlikon）厂分别为劳芬-法兰克福工程提供了 4 台和 2 台三相变压器。在劳芬，AEG 公司提供了 2 台三相升压变压器（每台 100kVA，变比为 1：160，Y-Y 接），Oerlikon 工厂提供了一台升压变压器（150kVA，变比为 1：155）；在法兰克福的两座降压变电站，则分别装有 2 台 AEG 公司生产的三相降压变压器（变比为 123：1）向电动机供电，以及一台 Oerlikon 工厂生产的三相降压变压器（变比为 116：1）向 1000 盏电灯供电。实测变压器的最高效率已达到 96%。

（6）其他类型的变压器。

除上面介绍的各种变压器外，19 世纪后期及 20 世纪初期，还有许多人也进行了变压器的研究工作，制成了多种多样的变压器，也为后期各型变压器的发展积累了宝贵的经验和教训。

英国科学家费兰特（S. Z. Ferranti，1864～1930）对变压器进行了研究，并于 1885 年取得有关闭合磁路变压器专利权。1888 年研制成铁片弯成圆形组成铁芯的变压器。1891 年制成一台 10kV/2kV 的较大容量的变压器，其铁芯由 10 段组成，每段铁芯均由弯成圆形的铁片组成，各段铁芯间的间隙用作通风冷却。

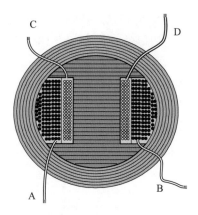

图 4-57　迪克-肯尼迪变压器剖面图

1884 年，英国电工学家 J. 霍普金森（J. Hopkinson，1849～1898）和他的弟弟 E. 霍普金森（E. Hopkinson，1859～1922）申请闭合磁路变压器的专利。1891 年，莫迪（M. W. Mordey）为布拉什（Brush）公司设计制成一台采用叠片铁芯的变压器。美国电工学家汤姆森（E. Thomson，1853～1937）早在 1879 年就在弗朗克林（Franklin）学院研究过变压器。1886 年，他制成第一台电焊变压器，其二次绕组为单匝，不久又制成恒流变压器。迪克（Disk）和肯尼迪（R. Kennedey）发明了一种采用 H 形铁芯的变压器结构，如图4-57所示。

1889 年，英国斯温伯恩（M. Swinburne）发明"刺猬式"油浸变压器，这种变压器现在仍有应用。此外，在 19 世纪 80、90 年代还有很多人对变压器进行了研究。进入 20 世纪以后，随着电力工业的不断发展，人类在大型变压器、特种变压器等各方面都取得了巨大的进步。

### 4.4.3　无线电能传输

迄今为止，人们提出了四种电能的无线传输方式：一是电磁感应型无线电能传输方式。该方式利用变压器一二次侧耦合原理传输电能，传输功率大，效率高，但距离很近，仅在 1cm 内，目前已应用于轨道交通方面。二是无线电接收型无线电能传输方式。该方式利用无线电波收发原理传输电能，传输功率只能在几毫瓦至 100mW 之间，应用范围不大。三是谐振耦合型电能无线传输方式。该方式利用电路中电感电容谐振原理传输电能，理论上电能的传输功率、传输距离不受限制，是当前最有希望突破传输距离和传输功率的一种电能无线传输技术。四是电场耦合方式的电能无线传输技术，该技术传输距离较远，功率较大，且能够克服电磁干扰和金属障碍物造成的能量传输阻断，因此也非常受到重视。

**一、电磁感应型**

20 世纪 90 年代初，奥克兰大学以 BOY 教授为首的课题组最先开始对电磁感应型电能传输（Inductively Coupled Power Transfer，ICPT）技术进行了系统的研究。电磁感应型电能传输方式利用变化的磁场耦合，通过一定的气隙，以非接触方式将电能传输到负载。相比传统的导线接触式电能传输，非接触电能传输有一些内在的优势。由于非接触电能传输是电气隔离的，所以它可以工作于潮湿环境中或者其他不方便物理接触的电能传输领域。另外，相比于传统的接插式接触，非接触电能传输不会产生污染物，并且非常可靠，无需维修。

电磁感应型非接触电能传输的原理主要是一次侧线圈和二次侧线圈相邻数厘米，在一次侧线圈中施加高频交流电流，以电磁场作为媒介在二次侧线圈感应出电动势。二次侧经过整流滤波稳压，为移动终端供电，从而实现电能传输。该技术已经逐渐普遍应用于移动终端非接触充电，效率可以达到 70% 以上，功率范围很大，从几瓦到几十千瓦不等，但是传输距离有限。最近电磁感应已经被应用于手机、笔记本电脑等移动终端的充电和电动汽车的充电。图 4-58 所示为电磁感应型汽车充电图，图 4-59 所示为电磁感应型轨道交通供电图，图 4-60 所示为电磁感应型手机充电图。

图 4-58　电磁感应型汽车充电图

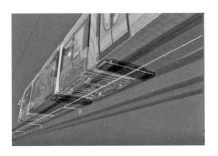

图 4-59　电磁感应型轨道交通供电图

## 二、无线电接收型

无线电接收型非接触电能传输的原理主要是利用天线来发射和接收无线电波能量，不同于以往的放大电路，而使用整流滤波电路将无线电波转化成直流进而应用。无线电接收型电能传输方式距离较远，但是传输效率和传输功率很不理想。无线电接收型的最大发送距离长达 10m，但是能够接收的功率很小，只有几毫瓦到 1000mW。因此，其主要用途是在便携式终端中提供待机时消耗的功率。图 4-61 所示为无线电接收型家电充电图。

图 4-60　电磁感应型手机充电图

图 4-61　无线电接收型家电充电图

另外，无线电接收型电能传输可以用在太空到地面的电能传输，主要应用在太阳能卫星发电站。该系统主要由四部分组成：第一部分是将太阳能、风能和交流电等转变成直流电；第二部分是将直流电变成微波，即微波功率发生器；第三部分是发射天线，它将微波能量以聚焦的方式高效地发射出去；第四部分是通过高效的接收整流天线将微波能量转换成直流或工业用电。实际中，先通过磁控管将电能转变为微波能形式，再由发射天线将微波束送出，接收天线接收后由整流设备将微波能量转换为电能。无线电接收型电能传输距离远，在大气中能量传递损耗很小，能量传输不受地球引力的影响，但容易对通信造成干扰、能量散射损耗大，定向性差，传输效率低。图 4-62 所示为无线电接收型远距离户外电能传输图，图 4-63 所示为无线电接收型空间电能传输图。

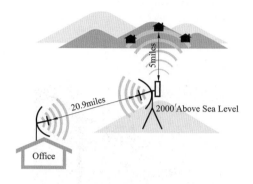

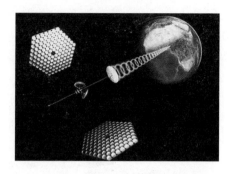

图 4-62　无线电接收型远距离户外电能传输图　　　图 4-63　无线电接收型空间电能传输图

目前三菱重工开发的微波式非接触充电系统，将一组共四十八个硅整流二极管作为接收天线，每个硅整流二极管可产生 20V 的电压，可将电压提升至充电所需的指标并可实现 1kW 的功率输出。

### 三、谐振耦合型

谐振耦合型无线电能传输技术是最近两年才被提出来的世界前沿课题，该技术思路最早是由美国麻省理工学院（MIT）物理系助理教授 Marin Soljacic 的研究小组于 2006 年 11 月在美国 AIP 工业物理论坛上提出，并于 2007 年 6 月通过验证，相隔 2.16m 隔空将一只 60W 灯泡点亮。该技术通过磁场的近场耦合，使接收线圈和发射线圈产生共振，来实现能量的无线传输。该技术可以在有障碍物的情况下传输，传输距离可以达到米级范围。

谐振耦合型无线电能传输技术得到了比较广泛和深入的研究。虽然尚未得到大规模的应用，但是已经有一部分机构开始尝试将该技术应用于实际系统中，主要包括植入医疗器械，医疗传感器如胶囊内镜，电动汽车充电等。

谐振耦合型无线电能传输在实际应用中，仍会遇到各种问题。例如在植入式医疗器械方面，传统的无线电能传输的接收端的线圈体积一般设计得比较大，而植入式医疗器械则要求体积小型化。

在实际应用中，除了上述问题之外，还存在的问题有高频电源的制作。谐振耦合型无线电能传输的谐振频率一般设计得比较高，虽然用传统的模拟式功率放大器可以比较容易产生所需要的高频波形，但电源效率低，难以应用于对效率要求高的场合。而目前利用电力电子变换器产生如此高频的波形仍存在着下述问题：传输距离、传输功率和传输效率三者同时提高，尤其是线圈的耐压能力有限带来的功率受限；充电的主动控制问题和能量的双向流动以及负载的匹配，包括多个负载，负载的移动等；磁耦合谐振与环境的互动，具体表现为磁耦合谐振无线电能传输对环境作用带来的电磁兼容问题，以及环境对谐振耦合型无线电能传输作用带来的抗干扰问题等。尽管存在不少问题，作为在传输距离、传输功率和传输效率这三方面能够达到均衡较优的无线电能传输方式，谐振耦合型无线电能传输方式在实际应用中却具有广阔的前景。

图4-64所示为谐振耦合型远距离电能传输图，图4-65所示为谐振耦合型家电供电图，图4-66所示为谐振耦合型远距离电能传输的现场演示图，图4-67所示为谐振耦合型植入式芯片供电图。

图4-64 谐振耦合型远距离电能传输图

图4-65 谐振耦合型家电供电图

图4-66 谐振耦合型远距离电能传输的现场演示图

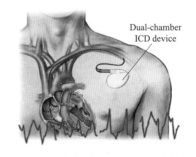

图4-67 谐振耦合型植入式芯片供电图

**四、电场耦合型**

基于电场耦合方式的电能无线传输（Electrical ECPT，见图4-68）的概念最早由尼古拉·特斯拉所提出，但当时由于技术条件的限制未能得到广泛关注。近几十年来，电场耦合技术在信号方面的应用得到了比较好的发展与应用，由于技术条件的限制，该技术在能量传输方面的应用受到一定的制约。但随着技术等各方面的进步，电场耦合技术在能量传输方面的优势

图4-68 电场耦合型远距离电能传输图

逐渐显露出来，如能够克服电磁干扰和金属障碍物能量传输阻断等问题，实现能量的无线传输。因其独特的结构与性质，ECPT技术已经开始引起重视。

由于目前的技术限制，电场耦合型无线电能传输还存在以下问题有待改善：如需要提高系统对不同性质负载的适应能力，以保证系统稳定、高效的运行；需要更进一步地提高系统的传输功率和传输效率，同时对不同耦合机构进行精确的设计与优化，以实现

系统传输效率和传输功率的优化；需要研究电场式无线电能传输的电磁兼容性问题与对人体、设备安全的影响。

### 4.4.4 电动机

**一、电动机的结构及工作原理**

电动机是一种把电能转换成机械能的设备，分布于各个用户处，电动机按使用电源不同分为直流电动机和交流电动机，电力系统中的电动机大部分是交流电机，可以是同步电机或者是异步电机（电机定子磁场转速与转子旋转转速不保持同步速）。

通常，电动机的做功部分作旋转运动，这种电动机称为转子电动机；也有作直线运动的，称为直线电动机。电动机能提供的功率范围很大，从毫瓦级到万千瓦级。电动机的使用和控制非常方便，具有自启动、加速、制动、反转、掣住等能力，能满足各种运行要求；电动机的工作效率较高，又没有烟尘、气味，不污染环境，噪声也较小。由于它的一系列优点，所以在工农业生产、交通运输、国防、商业及家用电器、医疗电器设备等各方面广泛应用。

一般电动机主要由两部分组成：固定部分称为定子，旋转部分称为转子。另外，还有端盖、风扇、罩壳、机座、接线盒等。

定子的作用是用来产生磁场和作电动机的机械支撑。电动机的定子由定子铁芯、定子绕组和机座三部分组成。定子绕组镶嵌在定子铁芯中，通过电流时产生感应电动势，实现电能量转换。机座的作用主要是固定和支撑定子铁芯。电动机运行时，因内部损耗而发生的热量通过铁芯传给机座，再由机座表面散发到周围空气中。为了增加散热面积，一般将电动机机座外表机面设计为散热片状。

图 4-69　电动机外观图

电动机的转子由转子铁芯、转子绕组和转轴组成。转子铁芯也是作为电动机磁路的一部分。转子绕组的作用是感应电动势，通过电流而产生电磁转矩。转轴是支撑转子的重量，传递转矩，输出机械功率的主要部件。图 4-69 所示为电动机外观图。

电动机的工作原理是建立在电磁感应定律、全电流定律、电路定律和电磁力定律等基础上的。当磁极沿顺时针方向旋转，磁极的磁力线切割转子导条，导条中就感应出电动势。电动势的方向由右手定则来确定。因为运动是相对的，假如磁极不动，转子导条沿逆时针方向旋转，则导条中同样也能感应出电动势来。在电动势的作用下，闭合的导条中就产生电流。该电流与旋转磁极的磁场相互作用，而使转子导条受到电磁力 $F$，电磁力的方向可用左手定则确定。由电磁力进而产生电磁转矩，转子就转动起来。

**二、电动机的分类**

从不同的角度可以对电动机进行分类具体如下：

（1）按其功能可分为驱动电动机和控制电动机。

（2）按电能种类可分为交流电动机和直流电动机。

（3）从电动机的转速与电网电源频率之间的关系来分类，可分为同步电动机与异步电动机。

（4）按电源相数来分类，可分为单相电动机和三相电动机。

（5）按防护型式可分为开启式、防护式、封闭式、隔爆式、潜水式、防水式。

（6）按安装结构型式可分为卧式、立式、带底脚、带凸缘等。

（7）按绝缘等级可分为 E 级、B 级、F 级、H 级等。

### 三、电动机发明简史

在奥斯特发现电的磁效应之后，人们对电最感兴趣的研究方向，自然是如何把电能转化为动能。继法拉第在 1821 年发明最初的直流电动机的实验装置后，有不少人对电动机进行了类似的实验研究。其中成就最为卓著的是在革新电磁铁方面作出过重要贡献的美国电学家亨利。

亨利在 1829 年革新成功新的电磁铁之后，开始致力于电动机的研究。1831 年，他在一次实验中也发现了感应电流。同年，亨利试制出了一台电动机的实验模型。亨利的电动机虽然只是一种实验装置，但由于他的装置中应用了电磁铁，因而它所产生的磁能较大，因此产生的动能也就比法拉第的装置所产生的动能要大得多。所以说，亨利的电动机实验模型是继法拉第在 1821 年所制的那种模型后的一大进步，是向实用电动机发展进程中跨出的重要一步。

亨利试制成功第一台电动机的实验模型之后，人们试图把这种电动机的实验模型转变成可供实用的电动机。首先在这方面作出重要贡献的是德国电学家雅可比。1834 年，雅可比以亨利的电动机实验模型为基础，对这种实验模型作了一些重要革新。把亨利模型中的水平电磁铁改为转动的电枢，加装了脉动转矩和换向器。由于进行了这些较大的革新，雅可比便在同年 5 月装出了第一台样机。这样，雅可比就最先把亨利的那种电动机的实验模型变成了一种最初始的可供实用的电动机，从而使电动机完成了从实验模型到实用电动机的转化。

雅可比的双重式电动机最初还是以大功率的伏打电池为电源的。到了 19 世纪 40 年代，由于皮克希的永磁发电机在几经改革后已投产实用，所以雅可比的这种双重式电动机就可以用皮克希永磁发电机为电源了。1849 年前后，当庞大而笨重的永磁式发电机已能为工业提供电源时，雅可比的双重式电动机即成为把电能转变为机械能的配套的动力机。当雅可比的双重式电动机与皮克希的永磁式发电机一起运转之后，人们就从电力中获得了真正的动力。

电动机的发展，反过来又对发电机提出了新的需求。同时，由于永磁发电机已能为当时的电解工业提供电，电解工业反过来对发电机进一步提出了新的需求。正是在电力工业与电解工业的双重推动作用之下，使发电机本身又迈向了新的里程。要提高发电机的功率，其重要途径之一，是为发电机安装更加强大的磁铁。可是，永磁铁本身所产生

的磁力有限。这时，人们便向寻找新的更强大的磁铁这一目标进军了。1854年，丹麦电学工程师乔尔塞为在发电机中引入电磁铁进行了最初的尝试。他除了在发电机中装有永磁铁外，另外加装了电磁铁；从而试制成功了一种永磁铁和电磁铁混合激磁的混激式发电机。这种混激式发电机的功率与永磁式发电机的功率相比，当然有明显的提高。乔尔塞所以另加永磁铁，是担心仅靠电磁铁无法使发电机启动。乔尔塞的这种混激式发电机，后来成为自激式发电机的先驱。乔尔塞的混激式发电机发明之后，英国电学家惠斯通（1802~1875）发明了自激式发电机。1857年，惠斯通试制成功了一种自激式发电机。这种自激式发电机的激磁机构完全采用电磁铁，而且磁铁所需的电力则由一个伏打电池组组成的独立电源来提供。这种自激式发电机的功率，当然要比永磁式发电机和混激式发电机的功率大得多。

在惠斯通的自激式发电机问世10年之后，一种真正的自激式发电机——自馈式发电机相继在德国和英国发明了。在德国，发明自馈式发电机的是电学工程师西门子（1816~1892）。从青年时代起，西门子就致力于专用技术的研究。1847年，他成立了以生产电器设备为主的西门子公司。西门子公司不但从事电器设备的生产，而且还附设从事电器设备研究的科学实验室。这就使他的公司比别的公司更具有竞争的科学基础。西门子在看清发电机的革新方向之后，就沿这一方向进行了一些探索性的研究。由于当时条件的限制，继续以电池作为电磁铁的电源这条路走不通。西门子又经过一段时间探索，似乎突然看到了某种希望。他想，发电机本身不是一种比伏打电池更强大的电源吗？如果把发电机上产生的电流部分地引入电磁铁，这样便可以使电磁铁得到一种自馈电流。当然，这股自馈电流只是发电机能产生电流中的很小的一部分。尽管如此，它毕竟还是比伏打电池能提供的电流强大得多。

根据对自馈原理的最初设想，西门子开始了他的新的发电机的研制工作。1867年，西门子终于试制出了第一台自馈式发电机。在这种自馈式发电机中，仍然装有一个使发电机得以启动的伏打电池。而当发电机一旦启动产生电流之后，即把发电机所产生的部分电流引到电磁铁上。这样，电磁铁被大大强化，发电机的功率也随之大大提高。

### 四、电动机发明史上的大事记

1831年，美国物理学家亨利设计成世界上首台用磁铁做往复运动的电动机。

1834年，俄国科学院院士雅克比发明回转式直流电动机。

1879年，英国贝德发明多相电动机，在英国伦敦皇家学会展出。

1883年，美籍南斯拉夫人特斯拉发明世界上第一台感应电动机。

1886年，特斯拉创制出结构完善的商用异步电动机。

1888年，俄国的多布罗奥斯基发明三相异步电动机。

1889年，俄国的多布罗奥斯基发明三相交流单鼠笼和双鼠笼异步电动机。

1947年，中国上海新安电机厂仿美国产品，试制成中国第一多速电动机，额定容量40马力。

# 思 考 题

4.1 世界能源利用的变化情况与发展趋势有什么特征?

4.2 现有几种发电方式? 各有什么特点?

4.3 现有新型发电方式各有什么特点?

4.4 发电、供电和用电有哪些基本设备? 各有什么特点?

5

# 电力工业的发展与特点

> 电力工业是最能代表最新的技术成就和 19 世纪末、20 世纪初的资本主义的一个工业部门。
>
> ——列宁

##  5.1　电力工业发展概况

近 100 余年来，由于电能的开发和利用，引起了人类社会生产、生活翻天覆地的变化。发电厂、输电网、配电网的建立，发电机、电动机、电车、电动机车被大量生产并投入使用，独立的电力工业体系逐步形成、壮大，同时，也促进了机器制造业、交通运输业、生产加工业的迅速发展。21 世纪初，美国工程院与美国 30 余家职业工程协会，共同评出了 20 世纪对人类影响最大的工程技术成果。在评出的 20 项工程技术成果中，电力工程列在第一位。其原因是由电力工程所带来的电气化彻底改变了数千年来人类的生产、生活方式。如果没有电力，20 世纪的科学技术成果、经济建设成就是绝对不可能实现的。

### 5.1.1　发电厂

1831 年，法拉第发现电磁感应原理，奠定了发电机的理论基础。科学的发现，引起了技术的发明。1866 年，西门子发明了励磁电机；1870 年，格拉姆发明了实用自激直流发电机；1875 年，巴黎北火车站建成世界第一个小型火电厂，用直流发电供附近照明；1876 年俄国雅布洛奇科夫建立了为照明供电用的小型交流电厂，采用了不闭合铁芯的变压器以改变电压，1882 年乌萨金在全俄展览会上展出了升压变压器和降压变压器；1883 年在英国伦敦博览会上展出了戈拉尔和吉布斯的变压器，容量达 5kVA，仍然用不闭合铁芯；1885 年匈牙利德里研制出闭合磁路的单相干式变压器，采用这种结构使变压器的性能大为改善。

1879 年，旧金山建成世界第一座商用发电厂，两台发电机供 22 盏电弧灯照明；同年，先后在法国和美国装设了试验性电弧路灯。1882 年，爱迪生建成世界上第一座较正规的发电厂，装有 6 台直流发电机，共 660kW，通过 110V 电缆供电。

1886 年美国开始建设发出交流电的电厂，功率为 6kW，用单相供电。英国德特福特、福斯班克电厂，俄国诺沃罗西斯克电厂亦先后建成。

1888 年俄国多利沃-多布罗沃利斯基发明了三相制。1891 年由法国劳芬水电站至德国法兰克福的三相高压输电线路建成。它在始端有升压变压器，容量为 20kVA，电压为 90/15 200V；终端有降压变电站，输出效率在 80% 以上，有十分明显的技术优越性和经济效益。此后，不过 10 年左右，交流输电技术中便几乎全部采用了三相制。

美国在 1882 年仅有电厂 3 座，此后电厂建设蓬勃发展，到 1902 年便增至 3621 座。欧洲各国在这时期也建起了大批电厂。这标志着人类已迎来了电气化的时代。对分散在许多地点的电力用户提供大量经济、可靠的电能的需求，促进了电力工业的蓬勃发展和进步。

驱动发电机的原动机，早期多采用效率不高的蒸汽机，以后几经改进，效率的提高仍不多。1884 年英国帕森斯首先创造可供实用的汽轮机。1889 年他又成立专门制造汽轮机发电机组的公司。其后法国拉托发明多级冲动式汽轮机，经济技术性能又有改进。以后汽轮机的工作温度、压力不断提高，热效率也相应提高，很快成为热力发电站的主要动力装置。制造大容量的发电机，发电机中需要有有效的散热措施，否则发电机的温度会升高到它的绝缘材料所不能承受的程度。

20 世纪 50 年代以后，电机的冷却技术由表面通风的直冷式发展为内冷与外冷结合的多重间接冷却，并采用低密度、高比热的氢气作为冷却介质，在相当大的程度上解决了散热的困难。冶金技术的进步又为电机提供了性能不断改进的磁性材料，由热轧硅钢片到冷轧硅钢片、非晶态钢等，新的材料降低了电机的铁芯损耗，提高了效率。使用的绝缘材料由早期的沥青、云母等发展到各种耐热弹性材料，提高了容许的温升，增加了绝缘强度。这些技术进步使得大容量、高效率的电机制造成为可能。

1960 年，美国制成 50 万 kW 汽轮发电机，1963 年制成 100 万 kW 双轴汽轮发电机，1973 年，美国将 BBC 公司制造的 130 万 kW 双轴汽轮发电机投入运行。1971 年，原苏联将单轴 80 万 kW 机组投入运行，1980 年，在科斯特罗姆火电厂单轴 120 万 kW 机组投入运行，这是世界上唯一的一台单轴最大机组。目前已有单机容量达 130 万 kW 的发电机组。现在，中国自行设计制造的 30 万 kW 和 60 万 kW 的发电机组均已投入运行。

### 5.1.2 断路器

随着发电厂的建立，需要有通、断大电流且耐受高压的断路器设备。20 世纪 20 年代最简单的断路器是金属棒与盛有水银的容器。接通时就是将金属棒插入水银中，断开时将棒提起。这种开关比较笨重，价钱也很贵，使用时要操动几次才能保证接触良好。这迫使人们寻求更好的办法。

除了在接通后开关触点要接触良好之外，随着功率和电流的增大，断路器断开时产

生的火花就成为电弧了。电弧的高温可以使触点烧坏，甚至熔化，造成伤人或火灾。因此必须设法使电弧及早熄灭，使电路的分断成功。

1893 年，在美国芝加哥的世界博览会上，多里沃-多布罗夫斯基展出了他设计的断路器，这个断路器还有过载时自动切断保护发电机的作用。可动的触头为厚的刀形铜片，片上有一根弹簧拉伸，同时有一个横担将铜刀锁住。这一过程由一个电磁铁控制，运行电流通过电磁铁的线圈，当电流超过了预先调定的限度时，电磁铁吸动将锁释放，铜刀就被弹簧的力量拉出，使电路断开，对发电机起保护作用。电弧在空气中运动而自然熄灭。自然熄弧的空气断路器，当时能承受的电压约为 15kV，电流不超过 300A。1897 年，英国工程师布朗（Charles Eugene Lancelot Brown，1863~1924）取得羊角形触头的断路器专利。羊角形放电间隙原来是用作架空线防雷之用，电弧产生后沿角形导体向上运动，使距离逐渐拉长而熄灭。

1895 年，英国费朗梯（Shebas-tian Zianide Ferranti，1864~1930）取得油断路器专利，安装于迪波福特电站。油断路器是当触头分开时，使一个触头迅速浸入充满油的筒体内，以油隔断电弧通路使之熄灭。初想起来，油是易燃物，电弧又有高温，用油灭电弧似乎是异想天开。但实际上只要触头动作足够快，不等到热量集聚，筒内缺少助燃的空气，油又是绝缘物，所以反而起了灭弧作用。

## 5.1.3 电力传输

1874 年，俄国的皮罗茨基（1845~1898）进行了直流输电的试验，并申请了专利。1880 年在俄国《电》杂志的创刊号上发表了拉契诺夫的论文，文中提出：当传输的电能增加或距离加长时必须升高电压。1881 年，这个杂志又发表了 M. 德普列（Mercel Deprez，1843~1918）"长距离电力传输"的论文，也提出了相同的结论。1882 年他在法国建造了 57km 的输电线路，将密士巴赫水电站的电能输送到巴黎展览会现场。该系统传输功率为 3kW，始端电压为 1413V，终端电压为 850V，所用导线为 4.5mm$^2$，线路损耗率为 78%。

输电技术的进步主要表现在输电电压等级的不断提高。这要求全面提高电力系统的绝缘强度，研制出工作在高电压下的各种电器设备，主要有变压器、断路器、绝缘子等。1906 年悬链式绝缘子问世，它比针柱式绝缘子可以耐受更高的电压、承受更大的重量。采用分裂导线形式的输电线减少了高压导线上的电晕损耗。高压断路器中灭弧技术的改进，如采用磁吹、油吹、压缩空气气吹等措施，提高了断路器的分断能力。在 1955~1965 年期间研制出六氟化硫气体封闭式组合电器。这些技术上的进步使高电压、超高压远距离大功率的输电线路得以实现、发展和不断完善。美国在 1908 年开始出现 110kV 输电线路，1923 年输电电压提高到 220kV。其后欧洲许多国家也都相继建成 220kV 的线路。20 世纪 30 年代以后输电电压继续提高。1936 年美国有了 287kV 的输电线。瑞典于 1954 年首先建成第一条 380kV 输电线，此后美国、加拿大等欧美国家相继使用 330~345kV 输电系统。1959 年前苏联建成 500kV 的输电线。1965 年，前苏联建成 ±400kV 直流输电线路。1965 年，加拿大建成 765kV 输电线路。1989 年，前苏联建成一条世界上最高电压 1150kV，长 1900km 的交流输电线路。

20 世纪 70 年代，中国在西北建成了 330kV 的线路，80 年代在华中、华北和东北都建成了 500kV 的输电线路。2006 年，中国开始建设由山西经河南到湖北的 1000kV 特高压交流输电线路。

### 5.1.4　电力系统继电保护

电力系统对安全可靠性有着非常高的要求。电力系统中的短路、雷击、误操作等故障都可能损坏设备、不能正常供电而使生产停顿，甚至发生人员伤亡事故。为了尽量减少事故的影响范围，一方面要求改进系统中设备的设计，另一方面便是设置保护装置。这促使电力系统中继电保护技术的发展。早期的电力线路中只装有简单的熔断器、避雷器。到 1930 年左右，已研制出多种电磁继电器及相应的保护设施，继电保护技术已趋成熟。以后引入电子技术，使用固体电子器件如晶体管、晶闸管整流元件，进而使用计算机技术，更为电力系统继电保护技术的发展开辟了新的途径。

### 5.1.5　电力网络

随着电能的应用日益广泛，电力的需求不断增长，许多电厂通过输电线互相连接，形成了功率强大、遍及广大地区的电力网。形成电力网的优点在于提高供电的可靠性，并使电力系统以最经济的方式运行。这样的电力网已成为现代社会生产、人民生活中的主要动力来源。保持这种系统的正常运行，对其进行管理、调度、监控，就形成了包括许多技术部门的庞大的产业体系。

随着电子技术、电子计算机技术和自动化技术的发展，电力工业自动化迅速向前发展。以大机组、大电厂、高电压、大电网、高度自动化为特点的现代化电力工业在许多国家已经形成或正在形成。

## 5.2　中国电力工业的发展

从 19 世纪 70 年代中国民族工业诞生到 1949 年中华人民共和国成立，历经近 80 年风雨，中国工业化仍然没有占据经济的主导地位，中国还是一个以自给自足的小农经济为主体的农业国。而正是在这 80 年时间里，欧洲许多国家由传统的手工业国发展成为现代化工业强国；而美国更是由一个农业国迅速发展成为世界头号经济强国，它们都是得益于电力工业的高速发展。在这一期间，中国的电力工业发展却十分缓慢。

### 5.2.1　中国电力工业发展史

1879 年 5 月上海公共租界装设的 7.5kW 直流发电机是中国使用电照明的开始。

1882 年 7 月，英国人利特尔（Little）在上海成立上海电气公司，则是在中国的第一家公用电业公司（后改为上海电力公司），在中国建立了第一个功率为 12kW 的商用

发电厂，供招商码头电弧灯照明，由美国人经营。

1888 年两广总督张之洞批准华侨黄秉常在广州总督衙门近旁建成 15kW 电厂，供给总督衙门及一些居民照明用电。

1911 年民族资本经营电力共 12 275kW。

1949 年，全国仅装机 185 万 kW，发电量 43 亿 kWh。

1941~1942 年日本在东北建成 154kV 和 220kV 输电线路。

旧中国的电力工业的发展，历经坎坷与艰辛，道路曲折，步履蹒跚。从甲午海战到辛亥革命，从八年抗战到三年解放战争，中华民族一直在内忧外患中艰难抗争，对电力工业发展影响很大。到 1949 年全国解放，仅有发电设备 185 万 kW（台湾省除外），发电量 43 亿 kWh，分别居世界第 21 位和第 25 位，每人年平均电量仅 8kWh，而且技术水平相当落后，唯有东北装有 50MW 以上的机组和 220kV 的高压线路。

新中国成立后，政府对电力工业发展非常重视，保持了电力工业的增长先于国民经济其他行业 1.3%~1.5% 的速度发展，虽然中间有波折和失误，但年均增长速度都处于世界前列。中国电力工业的高速发展还是从改革开放之后才开始的。

1978 年我国 200MW 及以上机组只有 18 台，2000 年 200MW 以上机组已有 545 台，是 1978 年的 30 倍。在大机组和大电厂已成为我国电力工业主力机组和电源单位的同时，我国电网的规模也进一步扩大和加强。在跨入 21 世纪之前，全国已经形成华北、东北、华东、华中、西北和南方 6 个跨省区电网，和山东、福建、云南、贵州、广西、广东、海南、川渝 8 个独立省区电网。全国各主要电网已基本形成 500kV 和 330kV 的骨干网架，大电网已覆盖全部城市和大部分农村。500kV 主网架开始逐步取代 220kV 电网，承担跨省、跨地区电力输送和交换任务。一批跨大区电网互联工程前期工作已经陆续完成，2000 年我国第一个大区间 500kV 交流联网工程——东北与华北联网工程建成。南方电网互联，实现了广西、云南、贵州季节性电能向广东的输送。蒙西电网向京津唐电网、华中电网向华东电网等大网间的电量交流也大幅增加。以三峡工程为中心的电网工程的建成，标志着将逐步实现全国联网的目标。国家电网公司百万伏特高压骨干网架示范工程已决定建在山西晋城—河南南阳—湖北荆门之间，全长 720km，已于 2008 年建成并投入使用。

全国发电设备容量 1997 年达 2.5 亿 kW，年发电量达 11 320 亿 kWh。到 2000 年达到全国装机容量达到 3.19 亿 kW，年发电量达 14 000 亿 kWh，均居世界第二位。大电网已覆盖全国的全部城市和大部分农村，电力工业已经形成了一个完整的、初步现代化的工业体系。

而在新中国成立以后至 2000 年的半个世纪中，全国的总机容量已达到 3.19 亿 kW，是新中国成立初期的 172 倍，平均每年以 10% 以上的速度在增长，终于缓解了近 50 年的持续缺电局面，使电力供应有所缓和。特别是改革开放以来，电力行业从计划经济到市场经济的转轨过程中引入了多种经济成分，1999 年全国已有大中型中外合资电厂 39 座，总容量达到 2700 万 kW，在 2000 年全国 3.0 亿 kW 的发电装机容量中，国家电力公司在中国的发电市场份额已降至 50% 左右，电力工业目前是以国有经济为主、多种所有制经济并存的局面。

2001~2005 年期间，我国电力工业建设和发展的成绩显著。一是电力装机容量和发电量均居世界第二位，保持了较高的增长速度（见表 5-1）。发电装机年均增长 10.1%，发电量年均增长 12.8%，基本上满足了经济和社会发展的需要。二是电网建设得到进一步加强。截至 2005 年年底，全国 220kV 及以上的输电线路达到 25.2 万 km，变电设备容量达到 8.7 亿 kVA。三是电力的环保取得了显著成绩，全国火电烟尘排放总量较 1980 年减少了 32%；到 2005 年年底，全国建成和投产的烟气脱硫机组容量约 5500 万 kW，到 2006 年年底可超过 1.3 亿 kW。四是电力技术装备水平不断迈上新的台阶，电网主网架的电压等级由 220kV 提升到 500kV、750kV，水电工程的装备技术达到国际领先水平，火电主力机组为 30 万 kW、60 万 kW，参数达到超临界、超超临界，现在已建成单机容量为 90 万 kW、100 万 kW 的机组。五是中国电力工业已经进入大电网、大机组、西电东送、南北互济、全国联网的新的发展阶段，并正向高效、环保、安全、经济的更高目标迈进。

表 5-1　　　　　　　　中国装机容量、发电量及主要三种发电类型的情况

| 年份 | 装机容量 | | | | 发电量 | | | |
|---|---|---|---|---|---|---|---|---|
| | 总量<br>（亿 kW） | 火电<br>（%） | 水电<br>（%） | 核电<br>（%） | 总量<br>（亿 kWh） | 火电<br>（%） | 水电<br>（%） | 核电<br>（%） |
| 1980 | 0.658 7 | 69.2 | 30.8 | | 3006 | 80.6 | 19.4 | |
| 1985 | 0.870 5 | 69.7 | 30.3 | | 4107 | 77.5 | 22.5 | |
| 1990 | 1.378 9 | 73.9 | 26.1 | | 6213 | 79.8 | 20.2 | |
| 1993 | 1.829 0 | 75.4 | 24.2 | 0.33 | 8374 | 81.6 | 18.1 | 0.3 |
| 1995 | 2.12 | 74.9 | 24.1 | 1.0 | 9880 | 80.0 | 18.7 | 1.3 |
| 1996 | 2.36 | 75.0 | 24.0 | 1.0 | 10 700 | 81.9 | 16.8 | 1.3 |
| 1997 | 2.5 | 76 | 23 | 1.0 | 11 320 | | | |
| 2000 | 3.19 | 67~67.5 | 30 | 2.53 | 13 684 | 75~77 | 20 | 3~3.5 |
| 2005 | 5.1 | 78 | 21 | 1.0 | 24 747 | 83.1 | 14.82 | 2.08 |

中国电力工业的发展速度在近几年来用突飞猛进来形容一点也不过分，从发电装机容量的变化就足以证明。建国初期，也就是 1949 年，我国的发电装机只有 185 万 kW，到 1987 年用了将近 38 年的时间，装机总量才达到 1 亿 kW；然后又用了 8 年时间，到 1995 年实现装机容量 2 亿 kW；此后再用 5 年时间，到 2000 年实现了装机 3.19 亿 kW；2004 年增加超过 5000 万 kW 的装机，到 2004 年底是 4 亿 kW，2005 年净增 1.1 亿 kW。2006 年统计新投产 1.12 亿 kW，就是说到 2006 年年底装机规模已实现 6.22 亿 kW，这样快的增长速度在世界电力工业发展史是绝无仅有的。截止 2008 年底，全国总装机容量已达 7.93 亿 kW（台湾地区除外）。

### 5.2.2　国内外电力工业比较

从 1882~1949 年的 67 年间，中国的电力工业发展是相当缓慢的，与同期世界发

达国家的差距越来越大。而在新中国成立以后至 2008 年的半个多世纪中，这种差距在逐步缩小。

（1）单机容量：美国于 1973 年投入单机容量为 130 万 kW 的机组，日本于 1974 年投入 100 万 kW 的机组，前苏联 1981 年投入 120 万 kW 的机组，中国 1975 年投入单机容量为 30 万 kW 的机组。

（2）总装机容量：以 2006 年为例，美国装机容量已达 9.9 亿 kW、中国 6.22 亿 kW、日本 2.9 亿 kW、印度 1.4 亿 kW。

中国在电力方面的投资非常迅猛，2006 年就新增了 1.12 亿 kW 电力装机容量，相当于 3 个瑞典或 1.5 个英国的全国电力装机容量。2007 年新增 1.00 亿 kW，以这个速度几年就可以超过美国；印度在这方面就差多了，中国现在 1.5 年新增的电力就相当于印度所有的装机容量了。这也间接反映出中国这几年的工业的发展是多么迅猛。

（3）人均电量：目前美国年人均电量有些已达 13 000kWh，中国人年均电量约 2600kWh，刚好达到世界平均水平。

（4）煤耗：目前发达国家煤耗在 330~360g/kWh，而我国平均在 370g/kWh。

（5）线损：目前发达国家线损基本上在 6% 左右，我国平均在 7.18%。

（6）厂用电率：目前发达国家厂用电比例在 4.0% 左右，我国平均在 5.87% 左右。

（7）自动化水平：目前世界各主要工业国家在电力系统中广泛应用计算机控制及屏幕显示作为管理工具，这样其自动化水平较高。以运行管理人员为例：美国 1974 年对 25 个平均容量为 118.7 万 kW 的火电厂进行统计，其平均职工人数为 0.131 人/MW；日本鹿岛电厂装机容量为 440 万 kW，平均职工人数为 0.114 人/MW，2005 年，中国北京某电厂 80 万 kW，平均职工人数为 0.65 人/MW。

（8）核电的发展：美国 2000 年核电装机 13 600 万~16 500 万 kW，日本 5800 万~7800 万 kW，法国 8600 万 kW，德国 3000 万~3800 万 kW，中国 210 万~250 万 kW。

（9）水电开发：瑞典水电开发已达 100%，法国也已接近 90%，美国已达到 30%~40%，而中国还不到 10%。

### 5.2.3 中国电力工业发展方针

我国能源发展采取以电力为中心，以煤炭为基础的方针。我国电力工业的发展要大力发展水电，坚持优化火电结构，适当发展核电，因地制宜地发展多种新能源发电，同步发展电网，促进全国联网。

**一、行业发展导向**

我国的能源资源结构、分布、储量决定了我国能源结构以火电为主，能源的构成比例失调。"十五"规划中指出，调整电力结构、促进产业升级是 21 世纪初期电力工业的首要任务。主要有以下几个方面：一是调整电网与电源比例。二是调整东西部的电源布局，实施"西电东送"。三是调整电源中水、火、核电的比例，加大水电开发力度，适当发展核电、因地制宜发展新能源发电等。四是采用多种能源，引进清洁能源（如天然气）、发展新能源发电。五是加大"以大代小"和技术改造力度，即大力发展火电

600MW 及以上的超临界机组，加快 600MW 超临界压力机组和 1000MW 等级的超超临界压力机组的研制和示范工程建设；重点发展 500MW 以上大型混流式水轮发电机组，加速发展 300MW 级抽水蓄能机组、核电 600~1000MW 级压水堆核电机组技术和燃气轮机技术。六是加强电网调峰能力。

### 二、大力发展水电

水能是最清洁的一次能源，是可再生的能源。水力发电有许多优越性：它不会产生对大气严重污染的有害气体和粉尘，不会产生废水、废渣，水电站发电效率高，发电成本低，机组启动快，宜于调峰和备用。我国已探明水力资源理论蕴藏量为 680 000MW，可供开发的水能资源约为 378 000MW，相当于年发电量 19 200 亿 kWh，居世界第一。但是我国水能开发程度还很低，到 2004 年末水电总装机容量为 10 826 万 kW，发电量为 3280 亿 kWh，分别占可供开发资源的 2.9% 和 5.6%。由于水电开发投资大，工期长，因此水电占全部发电量的比重逐年下降，1985 年占 22.5%，1990 年降至 20.2%，1995 年进一步降至 18.7%，2005 年降至 14.82%。发电能源构成趋向火电单一化，与我国资源状态不相符合，因此要大力发展水电。目前在建设好三峡电站工程的同时，大力开发黄河中上游、长江干支流、红水河、澜沧江和乌江等重点水电资源，适当建设抽水蓄能电站。

### 三、坚持优化火电结构

（1）煤炭基地的开发和交通运输建设要统一规划，加快发展大型坑口、港口和路口电站。

（2）建设大容量电厂，采用大型机组，电厂规模以 1200~2400MW 为主，机组以 300、600、1000MW 机组为主，严格限制小火电发展；推行"以大代小"工程，电力结构从速度、数量型向质量、效益型转变。

（3）做好环境保护工作，大型机组全部采用高效除尘器，应逐步增加脱硫电厂的建设，加快洁净煤燃烧发电技术的开发，随着循环流化床大型商业化运行的成功，要鼓励建设一批大型循环流化床电站。

（4）加强电力建设的前期工作，扩大在建规模，选择最佳方案，发挥火电单位成本低、建设周期短、资金回收快的优势，提高投资效益。

（5）因地制宜地发展热电联产，提高燃料的综合利用率，改善环境卫生。

（6）提高火电厂的自动化水平，所有机组应采用计算机分散控制系统，实现管理自动化。

### 四、适当地发展核电

我国人均能源资源并不丰富，东南沿海 15 个省市经济发达地区能源资源尤其短缺。加快核电发展是解决我国能源不足的一项重要战略措施。

核电在技术上是成熟的，生产安全，本身是清洁的能源。建设一台 1000MW 的核电机组，每年可代替 300 万 t 原煤，减少大量灰、渣、二氧化硫和氮氧化物的排放，对环境的污染比一般火电厂小，核电成本比火电成本低 1/3~1/2；核燃料存储运输量少；电厂占地面积小；可用率和可行性与火电不相上下。在采用第二代改进型核电机组的同

时，并积极引进和研发第三代核电机组制造技术。利用国内外两种资源，以加快核燃料工业发展和降低成本。表 5-2 列出了 2000～2020 年中国电力工业装机容量、发电量统计数据及未来 15 年规划数据（数据来源于 2005 年中国电力发展论坛）。

表 5-2　2000～2020 年中国电力工业装机容量、发电量统计数据及未来 15 年规划数据

| 年份<br>统计量 | 2000 | 2003 | 2005 | 2010 | 2020 |
|---|---|---|---|---|---|
| 装机容量<br>（万 kW） | 31 931 | 39 138 | 51 000 | 75 400 | 116 000 |
| 水　　电 | 7935 | 9490 | 11 500 | 17 244 | 26 663 |
| 煤　　电 | 23 712 | 28 773 | 37 520 | 53 450 | 77 090 |
| 天然气发电 | 41 | 200 | 1046 | 3122 | 6063 |
| 核　　电 | 210 | 619 | 784 | 984 | 4184 |
| 其　　他 | 33 | 56 | 150 | 600 | 2000 |
| 发 电 量<br>（亿 kWh） | 13 684 | 19 053 | 24 747 | 34 000 | 52 800 |
| 水　　电 | 2427 | 2813 | 3630 | 5344 | 8430 |
| 煤　　电 | 11 068 | 15 714 | 19 973 | 26 611 | 38 717 |
| 天然气发电 | 12 | 76 | 354 | 1255 | 2433 |
| 核　　电 | 167 | 438 | 510 | 640 | 2720 |
| 其　　他 | 10 | 12 | 33 | 150 | 500 |

## 5.3　电力工业的特点

电能是一种便于生产、传输、利用的二次能源，已被人类社会广泛使用。但是，电能也是一种特殊的产品，社会对电力生产、供给提出了更高的要求。

### 5.3.1　社会对电力生产、供给的要求

（1）安全可靠。电力生产的规律主要表现在：发电、供电、用电设备联成一个复杂的电网；电力的生产、传输、利用同时完成；对用户供电必须保持连续性。随着大容量、高参数机组和特高电压、远距离输电网络的广泛采用，对电力安全生产和供给提出了更高的要求：电力生产、供给必须安全可靠。如果电力生产过程、供电设备发生故障造成供电中断，不仅影响用户正常生产、生活，还可能造成发电、供电设备严重损坏和人身伤害。若发生部分系统瓦解而形成大面积停电，则会给国民经济和社会生活带来灾难性的后果，近年来这样的事故在国外时有发生。

电力系统安全生产的主要目标是：不发生人身死亡和重大设备事故，控制人身重伤

事故率、电力生产事故率，发电、输电、配电设备非计划停运次数、可用系数均符合要求并不断提高水平。因此，电力系统必须加强安全管理，实现长期、稳定的安全生产目标。

（2）力求经济。目前，我国电力生产仍以火电为主，如果发电煤耗平均下降 $1g/kWh$ 时，按 2004 年的发电量计算，全年可节约标准煤 200 多万 t。若全国输电线损率和厂用电率降低 1%，则全国可节电 200 多亿 kWh。因此，在电力生产过程中，必须力求经济运行，提高能源利用率。

（3）保证质量。电能是一种商品，衡量电能的质量主要是电网的频率、电压。我国规定电网的频率为 50Hz，频率误差应不超过±0.5Hz；电压波形是标准的正弦波，低压电网总谐波畸变率的允许值为 5%；电压有效值为民用电 220V 相电压、工业用电 380V 线电压，民用 220V 电压的误差为：+7%、−10%；三相电压不平衡度为 2%，短时不超过 4%。随着电力工业的不断发展，电网中冲击负荷、非线性负荷不断增加，为了提高电能质量，在电力系统中设置适应用户有功功率变化的调频厂或机组，使电网频率保持在规定的范围内，是十分必要的。为了保证电压质量，在电网中功率因数较低或无功功率变化较大的局部地区，应安装电力电容器组或调相机给予无功补偿。

（4）控制污染。火电厂在生产过程中产生的烟尘、二氧化硫、氮氧化物、废水、灰渣和噪声等，会严重污染环境，危害人民的身体健康，必须采取有效的措施严格控制。目前采用煤或烟气的脱硫、脱硝、硫化床及低温分段燃烧等技术，使烟气中二氧化硫和氧化氮的含量得到有效控制，利用高效的除尘器减少粉尘的排放量。对于一些生产工艺落后而严重污染环境、高耗能的小型机组予以关闭，以达到"节能减排"的目的。

### 5.3.2 电力工业的三个特点

对于任何一个具备工业体系的国家而言，电力工业一定是它的基础产业、支柱性产业。

自它诞生以来，电力工业就具有三个基本特点：一是社会公用事业；二是技术密集产业；三是资金密集产业。

#### 一、社会公用事业

作为社会公用事业，电力工业的任务是为包括工业、农业、商业、国防、交通等在内的各行各业提供优质、安全、可靠电能的产业，它直接涉及国计民生各个领域，是一个垄断性行业。一般来说，在一些国家都有明确的法令作出规定，电力企业不允许谋取超额利润、也不允许破产。它必须实行"以电养电"的方针，即通过售电收入的电费来发展自己，即所谓自我完善、自我发展。它们也通过发行股票、发行债券、贷款等多种方式筹集资金来建造电站、购置设备以达到提高生产能力。收取电费的价格一般是采取成本电价制，即按发、供电的实际成本加一定的资金利润率来确定电价，而不是像一般商品那样，价格受市场供求规律来决定的。电价必须经当地政府有关部门组织的专门会议、用户代表听证会通过，并报国家主管部门批准才能变动。

#### 二、技术密集产业

由于电力工业的产品是无形的，因此，对生产的控制和调节必须依赖仪表和自动控

制装置。即使是早期的电力工业，为防止电气设备的过电流，也都采用自动调整和保护装置。而现代电力系统规模庞大，技术复杂，更不是仅仅加强人的劳动强度就所能控制，必须实行高度自动化。100多年来电力工业的发展可以说是一系列发明创造来作技术支撑的。为了确保电力系统优质、安全、经济、可靠地向用户供电，电力生产过程有严格的统一调度制度。系统内各个电厂、变电站和供电所都必须接受统一调度，执行调度员的调度指令。在正常运行条件下，随时保持电力供需平衡；在发生故障时，按调度员指令，迅速处理事故，确保事故的影响限制在最小范围，以减少事故的损失。这些调度信息的传送，是由先进的通信系统来实现的；调度指令的执行，是由先进的自动化系统来实现的。

为提高供电可靠性，配置整套与一次系统相适应的安全稳定抑制系统、以电子计算机为核心的高度自动化监控系统、气象（包括雷电）监测系统和为上述各系统和电网运行管理服务的通信系统。在一个电力系统内，电力负荷随时在变化，其变化的趋势虽然有一定规律，但很难准确预测。为了满足用户的电能需求，电力系统内必须留有一定的备用容量。在一个电力系统内，发电、供电和用电设备在电磁上相互连接，相互耦合。因此，任何一点发生故障或任何一个设备出现问题，都会在瞬间影响和波及全系统。如果处理不及时和控制措施不恰当，往往会引起连锁反应，导致事故扩大，在严重情况下会使系统发生大面积停电事故。因此，保证电力系统的安全，稳定运行显得特别重要。在电力系统的发电厂、变电站，都设置有各种检测设备，自动检测系统的运行数据是否正常，一旦超越限值会自动报警或通过保护装置把故障点与系统断开。另外，所有发电、供电、用电设备在制造时，均有规定的额定容量和短时过负荷的能力，使用时必须按照厂家规定的容量使用，这样才能保证设备和系统的安全。

**三、资金密集产业**

在许多国家，电力工业都是资本最大的行业。电力行业的固定资产占总资产的92%左右；而其他行业，如化工、制造、冶金等行业固定资产占总资产大约45%。因此，日本称电力行业为"装置性产业"。这表明发展电力产业需要大量资金购置设备，初期投资很大，但在设备投产之后，产品的市场是固定的，销售比较稳定，投资回收也比较稳定；另外说明设备性能是否良好对电力产业经营有决定性的作用。一台性能优良的30万kW的发电机组，不仅燃料消耗减少、更主要的是如果设备性能良好，可以延长检修周期、缩短检修时间、保证安全供电，少停修一天，可多发400万~600万kWh电量，即使以每千瓦时电价0.2元人民币计算，也可增收80万~120万人民币。一般1元电费可使社会上生产30元的产值，所以这些电量可以提供社会生产2400万~3600万元的产值所需。反之，如果设备制造质量低劣、经常形成停机检修、不仅丧失应获的生产效益，而且要配备大量的检修人员，同时在电力生产上造成极大的被动。对于整个电力系统来说，也是如此。各国的经验证明，一个电力系统如果系统坚强、结构合理，很少发生稳定破坏、电压崩溃、电网瓦解等大面积停电事故；反之，如果系统薄弱、结构紊乱，即使采取其他很多具体的技术措施，也不能免于发生这些重大的大面积停电事故。

### 5.3.3 电力生产的特征

电力工业与其他生产行业一样，其产品有生产、运输、销售和使用的过程。但是它们又有显著的不同：一般生产行业的产品是看得见的产品，由于它可以储存，其生产、运输、销售、使用都是可以单独完成的；而电力行业的产品是看不见的产品，电力作为广泛利用的二次能源，电能与其他能源也不一样，一般不能大规模储存，电力生产和使用过程是连续的，即发电、输电、变电、配电和用电是在同一瞬间完成的。因此，发电、供电、用电之间必须随时保持平衡。电力生产、传输、利用示意图如图 5-1 所示。

图 5-1  电力生产、传输、利用示意图

从 1882 年世界上出现第一个实用的发电、供电、用电系统算起，电力系统发展到今天已有 120 多年历史了。电力生产虽已经历一个多世纪，但整个电力工业生产的过程至今仍用五个字来表达，即发、输、变、配、用。不仅如此，整个电力生产过程的三个特殊性也没有变，一是发电、用电同时完成，这叫做平衡性；二是开关一合，电能就以 30 万 km/s 的速度送到用户，这叫瞬时性；三是电力系统所特有的功率特殊性——无功功率。为了保证电网电压维持在一定的水平和电网运行稳定，必须保持电网的无功功率的平衡。正是因为电力生产的这三个特殊性，才在电气工程这个领域中产生了许多非常复杂的技术问题。另外，现代电力系统还有以下六个特征：

（1）大电网。现代电网具有一个稳固的 500kV 及以上电压等级系统构成的主网架，而且，这个系统的容量越来越大，电网覆盖的区域也越来越大（跨省、跨区、跨国，甚至跨州），接入电网的发电厂的容量又越来越大（大到几百万甚至上千万千瓦）。在这个电网内，大容量的水、火电机组和核电机组占很大比重。

（2）强联系。各个电网之间有较强的联系，而且这种联系越来越紧密。大电网之间究竟采用强联系还是弱联系，目前还有不同看法。从一个系统出事故对另一系统的影响来说，弱联系有一定优越性；但从充分发挥大电网的优越性，充分合理利用能源，提高电网运行的经济性，实现事故状态下互相支援的要求来看，强联系就具有更大的优越

性。所以，加强大电网之间的联系仍是大电网发展的趋势，也成为现代电网的一个重要特征。

（3）多环网。以多重环形网络向城市供电，提高对大城市供电的可靠性，使超高压电网进入城区。如日本东京就是由两个 500kV 环网供电。

（4）少变压。电压等级的简化和供电电压的提高。为了便于设备生产管理和提高电网的经济性，减少变压的次数，各国正在进行电压等级整顿，简化统一。随着城市用电的增长，城市中高层建筑的增多，负荷密度增高，城市供电电压也有增高的趋势。中国目前城市供电电压确定为 10kV 可能太低。

（5）重安全。为确保电网的安全稳定经济运行，为提高供电可靠性，配置整套与一次系统相适应的安全稳定抑制系统、以电子计算机为核心的高度自动化监控系统、气象（包括雷电）监测系统和为上述各系统和电网运行管理服务的通信系统。可以说，电力系统的安全稳定控制系统、高度自动化系统和电力专用通信系统已成为现代电网得以存在的三大支柱。

（6）高素质。现代化电网具有一支雄厚的既有理论又有丰富实际经验，素质较高的科研队伍。他们善于应用电子计算机和系统工程的理论来研究、分析、管理、指挥复杂的电力系统。

 **5.4 电力工业在国民经济发展中的地位**

### 5.4.1 电力工业在国民经济中的地位

电力工业是国民经济的重要基础产业，是国家经济发展战略中的重点和先行产业。在新中国成立之初就确立了电力工业先行的地位。从各时期电力生产与经济增长的比较来看，往往在经济持续增长的年份，电力生产的增长超过了 GDP 的增长。在 1995～1999 年期间，由于国民经济结构的调整，电力生产的增长速度一度下滑，并且低于 GDP 的增长。但在国家积极的财政政策作用下，自 2000 年始，电力生产的增长速度又大幅回升，见表 5-3。电力工业作为国民经济的重要先行产业的作用十分明显。

表 5-3　　　　　　　　2000～2005 年 GDP 增长速度与电力增长速度对比表

| 项　目 | 2000 年 | 2001 年 | 2002 年 | 2003 年 | 2004 年 | 2005 年 | 平　均 |
|---|---|---|---|---|---|---|---|
| GDP 增长（%） | 8 | 7.5 | 8 | 9.3 | 9.5 | 9 | 8.55 |
| 发电量增长（%） | 11 | 8.4 | 11.48 | 15.17 | 14.8 | 12 | 12.14 |
| 发电容量增长（%） | 6.9 | 6.04 | 5.34 | 9.77 | 13 | 15.7 | 9.46 |

从电力能源消费在一次能源中的比重和在终端能源消费的比重来看，发电能源占一次能源消费的比重已由 1980 年的 20.60% 上升到 2003 年的 43.8%。电能在终端能源消费中的比重由 1980 年的 4.81% 上升到 2000 年的 11.2%，电力行业已成为能源工业中的支柱产业。电力工业成为国民经济重要的基础产业的作用，呈现逐渐增强的态势。

## 5.4.2 技术装备水平不断提高

自 1978 年改革开放以来，经过 20 多年的大规模建设，我国电力工业的技术装备水平有了很大的提高，大容量、高参数、高效率的大机组成倍增长，电网的覆盖面和现代化程度不断提高，有力地提升了我国工业整体的电气化水平。

实行改革开放后的 1981~1985 年期间，5 年净增发电装机容量 50 836.8MW，以单机容量 200、300、600MW 为主力机组的时期已到来。到 1996 年百万千瓦以上容量的电厂已有 19 座，还建设了大亚湾和秦山两座核电站。华东、东北、华中、华北电网装机容量已超过 20 000MW，其中华东、南方互联电网装机已接近 40 000MW。西北、西南、华南、山东电网已都超过了 10 000MW。四大电网 500kV 超高压线路网架已经形成，西北电网 330kV 线路网架已稳步扩大和完善，葛洲坝至上海 ±500kV 直流输电于 1989 年投入运行，这标志着全国联合电网的建设迈出了第一步。为了提高运行水平，电力调度部门普遍采用了计算机技术等现代化监控手段。电力生产的安全、经济运行水平有了很大提高。

近几年来电网发展很快，电厂、电网协调发展。500kV 输电线建成 5 万多 km，成为各大区及省电网的骨干。初步实现全国联网。西电东送规模成倍增加，送电能力达到 3000 万 kW。跨区送电量增大，充分发挥了各电网间调剂余缺的作用。城乡电网建设持续进行，满足了各地用电快速增长的需要，供电质量提高。加强了用电管理，减少了电网高峰负荷，缓解了缺电矛盾。技术水平有很大提高。三峡水电站即将建成投产，超超临界火电机组及 1000kV 特高压输变电工程建设，初步实现全国联网，标志着我国电力技术水平上了一个新的台阶，不少已达到世界先进水平。电网电厂经营管理水平也有很大提高。

## 5.4.3 电源结构和资源分布不平衡，电能局部地区供应不足

我国电力以火电为主，水电、核电和其他新能源发电所占比重较少，电力结构发展不平衡。到 2005 年底，我国总装机容量达到 5.19 亿 kW，其中火电、水电、核电装机容量分别达到 78%、21%、1%。2005 年全年发电量达到 24 747 亿 kWh，其中火力发电占 83.1%，水力发电占 14.82%，核电占 2.08%。2004 年全国 24 个省级电网拉闸限电，夏季高峰时期电力缺口达到 30 000MW，相当于总发电量的 8%。

从我国资源的分布情况看，我国的煤炭资源主要分布在北部和西北部，其中华北和西北两地区占总量的 80%。水能资源主要集中在西部和西南部，这两个地区的可开发量占总量的 82.09%，而开发率不到 10%。在总量基本平衡的同时，当前各地区的电力供需情况存在明显差异：2004 年，华东、广东、福建、重庆的电力供应比较严峻，广东、

华东电网的缺电情况最为严重，四川、华中、华北和南方电网供应紧张；东北电网和西北电网供求平缓，而发达的南方和华东沿海地区的电力供应紧张，直接影响了国民经济的快速发展。

根据我国电源结构和资源分布特点，确定的我国电力工业发展方针是：提高能源效率，保护生态环境，加强电网建设，大力发展水电，优化发展煤电，推进核电建设，稳步发展天然气发电，加快新能源发电，促进装备工业发展，深化体制改革，实现电力、经济、社会、环境统筹协调发展。

### 5.4.4　中国电力体制改革

电力工业是国民经济的基础产业，在国民经济以及人民的生活中具有无可替代的重要地位。由于电力工业在国民经济中的特殊作用，在世界上许多国家，电力行业都是由国家控制的垄断性行业。然而随着电力生产技术的进步，人们正努力打破这一传统观念，以求引入竞争、降低电价、提高服务质量。20 世纪 80 年代末期，世界上不少国家根据各自国家的具体情况试着对电力体制进行改革，从这些国家改革目前的现状来看，有经验也有教训。由于电力体制改革牵涉到国计民生，不容有大的闪失，否则后果不堪设想，我国的电力体制改革过程也经历了逐步过渡的阶段。

新中国成立之后，电力工业和其他许多国民经济基础产业一样实行"政、企合一"的经营管理模式。由国家电力部（或能源部）主管全国电力的生产、管理、销售，电力建设统一由国家投资，独家垄断经营，这是典型的计划经济管理体制。由于垄断所形成的许多弊端促使了中国的电力体制改革，改革过程到现在为止大体上经历了三个阶段。

电力体制改革初期阶段是 1985～1997 年。改革开放后的 20 世纪 80 年代中期经济发展加快，中国的缺电矛盾十分突出，已经严重地制约了我国国民经济的发展和人民生活水平的提高，为了迅速解决这种矛盾，于是有人主张开放部分发电市场，以鼓励社会投资，希望借此解决国家对电力投资不足的矛盾并打破电力行业由国家一统天下的局面。这一建议得到了国家的采纳，于是中国开始大规模地开展集资办电。到 1999 年全国已有大中型中外合资电厂 39 座，总容量达到 2700 万 kW。电力工业初步形成以国有经济为主、多种所有制经济并存的局面。到 20 世纪 90 年代中后期，经历了 10 余年发展的中国电力工业行业终于突破了电力短缺的瓶颈，缺电的矛盾得到明显缓解，电价也出现了松动。这是中国电力体制改革迈出的第一步，其意义在于初步突破了存在 30 多年的政、企合一和垂直一体化垄断两大问题；电力工业由计划经济开始向市场经济转轨。

电力体制改革第二阶段是 1997～2000 年。由于政、企合一问题没有得到完全解决，民办电厂、地方电厂在市场竞争中处于不利地位，矛盾十分突出。1997 年 1 月，国家电力公司成立。国家电力公司的成立是基于原电力部提出的"公司化改组、商业化运营、法制化管理"的改革方向，其使命从一开始就是明确的：除了自身要逐步完成公司化改制，真正实现政企分开外，作为行业内最大的占据绝对主体地位的公司，当时承担了协助有关部门推进电力工业改革的重任。电力部撤销后，将政府的行业管理职能移交到经济综合部门。国家电力公司则颁布了"国家电力公司系统公司制改组实施方案"，确定了"政企分开、省为实体"和"厂网分开、竞价上网"的主要改革思路。从这一改革的意义是政、企关系逐步确立，电力行业的生产、销售逐步向市场经济过渡。

电力体制改革第三阶段是 2002 年开始的。我国电力市场的主要问题集中在两个方面，一是多家办电与一家管网同时又管电的矛盾；二是开放竞争与封闭市场的矛盾。为了破除垂直一体化的垄断，通过结构性重组引入市场竞争机制，建立竞争性市场条件下的电力监管制度。2002 年 12 月，将原国家电力公司重组后分为 11 家公司，包括：两家电网公司——国家电网公司、南方电网公司；五家发电集团公司——中国华能集团公司、中国大唐集团公司、中国华电集团公司、中国国电集团公司、中国电力投资集团公司；四家辅业集团公司——中国电力工程顾问集团公司、中国水电工程顾问集团公司、中国水利水电建设集团公司、中国葛洲坝集团公司。南方电网公司由广西、贵州、云南、海南和广东五省电网组合而成。国家电网公司下设华北（含山东）、东北（含内蒙古东部）、华东（含福建）、华中（含四川、重庆）和西北 5 个区域电网公司。

随后，国家电力监管委员会及其下设分支机构也相继成立。

中国电力体制的第三阶段，实现了厂网分开，引入了竞争机制。这是我国电力体制改革的重要成果，它标志着电力工业在建立社会主义市场经济体制，加快社会主义现代化建设的宏伟事业中，进入了一个新的发展时期。电力体制改革涉及方方面面，是一项复杂艰巨的工作。国家对电力体制改革是按照总体设计、分步实施、积极稳妥、配套推进的要求进行的，要求各个部门进一步统一思想，分阶段地完成改革任务。在新公司组建后，要按照建立现代企业制度要求，抓紧公司化改制工作，建立科学的法人治理结构，优化组织机构，精简管理层次，健全各项管理制度，做到产权明晰、权责明确、政企分开、管理科学，认真做好新旧体制的衔接工作，加强班子建设，理顺工作关系，保证人员到位、责任到位，实现企业生产经营活动的平稳过渡。

## 思考题

5.1 简述中国电力工业的发展与现状；和世界发达国家相比，有哪些差距。

5.2 试说明电力工业在是国民经济中的地位。

5.3 电力工业有哪些特点？

5.4 电力生产有哪些特征？

5.5 我国电力体制改革大致经历了哪几个阶段？有何意义？

# 电 力 系 统 简 介

> 在上世纪震撼世界的蒸汽统治时代已经结束了，代之而起的不可估量的巨大革命力量是电气火花。
>
> ——马克思

## 6.1 电力系统及其组成

### 6.1.1 电力系统

电力系统是由发电厂（见图6-1）、变电站（见图6-2）、输电网（见图6-3）、配电网和电力用户等环节组成的电能生产、传输与利用系统。它的功能是将自然界的一次能源通过发电动力装置（主要包括锅炉、汽轮机、发电机及电厂辅助生产系统等）转化成电能，经输电系统、变电系统将电能输送到负荷中心，再由配电变电站向用户供电，也有一部分电力不经配电变电站，直接分配到大用户，由大用户的配电装置为用户进行供电。输电系统、变电系统和配电系统称为电力网（简称电网），是电力系统的重

图6-1　发电厂

图6-2　变电站

要组成部分。在电力系统中，电网按电压等级的高低分层，按负荷密度的地域分区。不同容量的发电厂和用户应分别接入不同电压等级的电网。大容量主力电厂应接入主网，较大容量的电厂应接入较高压的电网，容量较小的可接入较低电压的电网。由于发电厂与负荷中心一般相隔很远，而电能又无法大量储存，电能的生产与利用必须时刻保持平衡。因此，电能的集中生产与分散使用，以

图 6-3　输电网

及电能的连续供应与负荷的随机变化，就对电力系统的结构和运行方式提出了更高要求。正因为如此，电力系统要实现其功能，就需在各个环节和不同管理层次设置相应的信息与控制系统，以便对电能的生产和传输过程进行测量、调节、控制、保护、通信和调度，以确保用户获得优质、可靠、安全经济的电能。

电力系统的出现，使高效、清洁、使用方便、易于调控的电能得到广泛应用，推动了社会生产各个领域的变化，开创了电气时代，促成了人类社会第二次技术革命。电力系统的规模和技术水平已成为衡量一个国家经济发展水平的重要标志之一。

在电能利用的初期，由小容量发电机单独为灯塔、车站、码头、轮船、车间等照明供电系统，这是简单的分散式发电、供电系统。白炽灯问世后，才出现了中心电站式供电系统，如 1882 年爱迪生在纽约建造的珍珠街电站。它装有 6 台直流发电机，总容量约 660kW，用 110V 电压供 6200 盏电灯照明。19 世纪 90 年代，三相交流发电、输电系统研制完成并在工程中试验成功，便很快取代了直流发电、输电系统，成为电力系统发展的里程碑。

进入 20 世纪以后，人们普遍认识到扩大电力系统的规模可以在能源开发、工业布局、负荷调整、系统安全与经济运行等方面带来显著的社会效益和经济效益。于是电力系统的规模迅速增长。世界上覆盖面积最大的电力系统是前苏联的统一电力系统，它东西横越 7000km，南北纵贯 3000km，覆盖了约 1000 万 $km^2$ 的土地。

我国的电力系统从新中国成立后的 20 世纪 50 年代开始发展，特别是在 1978 年实行改革开放政策以后，电力系统的发展更为迅速。到 2005 年底，电力系统装机容量为 51 000 万 kW，年发电量为 24 747 亿 kWh，均居世界第二位。输电线路以 330、500kV 和 750kV 为网络骨干，国家电网公司（下属 5 个跨省区域电网公司）、南方电网公司分管全国电网经营管理；五大发电公司及地方发电企业分管全国电源建设与经营管理。各大区之间的联网工作也已开始，全国联网正在逐步实现。此外，到 2000 年，台湾省建立了装机容量为 3080 万 kW 的电力系统，年发电量为 1330 亿 kWh。

### 6.1.2　电力系统构成与运行

电力系统的主体结构有电源、电力网和负荷中心。电源指各类发电厂、站，它将一

次能源转换成电能；电力网由电源的升压变电站、输电线路、负荷中心变电站、配电线路等构成。它的功能是将电源——发电机输出的电压升高到一定等级后，通过高压输电线路将电能输送到负荷中心变电站，再降压至一定等级后，经配电线路与用户相连。

电力系统中网络结点交织密布，有功潮流、无功潮流、高次谐波、负序电流等以光速在全系统范围传播。它既能输送大量电能，为社会创造巨大财富，也可能在瞬间造成重大的事故，为社会带来可怕灾难。为确保系统安全、稳定、经济地运行，必须在不同层次上按技术要求配置各类自动控制装置与通信系统，组成信息与控制子系统。它成为实现电力系统信息传递的神经网络，使电力系统具有可观测性与可控性，从而保证电能生产与利用过程的正常进行以及事故状态下的紧急处理。

系统运行是指组成系统的所有环节都处于执行其功能的状态。系统运行中，由于电力负荷的随机变化以及外界的各种干扰（如雷击等）会影响电力系统的稳定，导致系统电压与频率的波动，从而影响系统电能的质量，严重时会造成电压崩溃或频率崩溃。系统运行分为正常运行状态与异常运行状态。其中，正常运行状态又分为安全状态和警戒状态；异常运行状态又分为紧急状态和恢复状态。电力系统运行包括了所有这些状态及其相互间的转移。各种运行状态之间的转移需通过不同控制手段来实现。

电力系统在保证电能质量、实现安全可靠供电的前提下，还应实现经济运行。即努力调整负荷曲线，提高设备利用率，合理利用各种动力资源，降低燃料消耗、厂用电和电力网络的损耗，以取得最佳经济效益。

### 6.1.3  电力系统调度

由于电能无法大规模储存，它的生产、传输、使用是在瞬间同时完成的，并要保持产、消平衡。因此，它需要有一个统一的调度指挥系统。这一系统实行分级调度、分层控制。其主要工作有：① 预测用电负荷；② 分配发电任务，确定运行方式，安排运行计划；③ 对全系统进行安全监测和安全分析；④ 指挥操作，处理事故。完成上述工作的主要工具是电子计算机。

### 6.1.4  电力系统规划

大型电力系统是现代社会生产部门中空间跨度最广、时间协调要求最严格、层次分工极其复杂的产、供、销一体化系统。它的建设不仅耗资大、费时长，而且对国民经济的影响极大。所以制订电力系统规划必须注意其科学性、前瞻性。要根据历史数据和规划期间的电力负荷增长趋势做好电力负荷预测。在此基础上按照能源布局制订好电源规划、电网规划、网络互联规划、配电规划等。电力系统的规划问题需要在时间上展开，从多种可行方案中进行优选。这是一个多约束条件的具整数变量的非线性问题，需利用系统工程的方法和先进的计算技术。

### 6.1.5  电力系统研究与开发

电力系统的发展是研究开发与生产实践相互推动、密切结合的过程，是电工理论、电工技术以及有关科学技术和材料、工艺、制造等共同进步的集中反映。电力系统的研究与开发，还在不同程度上直接或间接地对信息、控制和系统理论以及计算机技术起了推动作用。反之，这些科学技术的进步又推动着电力系统现代化水平的日益提高。超导技术的发展、动力蓄电池和燃料电池的成就使得有可能实现电能储存和建立分散、独立的电源，从而展现了电力系统重大变革的前景。

## 6.2 发 电 厂

电能在生产、传送、使用中比其他能源更易于调控，因此，它是最理想的二次能源。发电在电力工业中处于中心地位，决定着电力工业的规模，也影响到电力系统中输电、变电、配电等各个环节的发展。到 20 世纪 80 年代末，主要发电形式是火力发电、水力发电和核能发电，三者的发电量占全部发电量的 99% 以上。火力发电因受煤、石油、天然气资源以及环境污染的影响，就全世界范围而言，在 20 世纪 80 年代所占比重由 70% 左右降至 64% 左右；水力发电因工业发达国家的水资源开发已近 90%，故所占比重维持在 20% 左右；核能发电的比重则呈上升趋势，到 20 世纪 80 年代末已超过15%。这反映出随着化石燃料的短缺，核电将越来越受重视。

### 6.2.1 火力发电

利用煤、石油、天然气等自然界蕴藏量极其丰富的化石燃料发电称为火力发电。按发电方式，它可分为汽轮机发电、燃气轮机发电、内燃机发电和燃气-蒸汽联合循环发电，还有火电机组既供电又供热的"热电联产"。汽轮机发电又称蒸汽发电，它利用燃料在锅炉中燃烧产生蒸汽，用蒸汽冲动汽轮机，再由汽轮机带动发电机发电。这种发电方式在火力发电中居主要地位，占世界火力发电总装机的 95% 以上。内燃机和燃气轮机发电均称燃气发电。内燃机发电主要指功率较大的柴油机发电。柴油机系统压缩点火式发动机，将吸入的空气用活塞压缩到高温与喷入的燃油着火燃烧产生高温高压，推动机械旋转运动，带动发电机发电。它的优点是单位容量重量轻，占地面积小，投资省，建设速度快；缺点是使用燃料价格高，发电成本贵，容量小，维修工作量大，运行周期短。除特殊场合外，多用作尖峰供用电电源和应急电源。目前，最大的单机柴油发电机组功率已达 4.5 万 kW，净发电效率达 30%~40%。燃气轮机是旋转式机械，与柴油机相比更适宜于作为常用发电设备。它通过压气机将空气压缩后送入燃烧室，与喷入的燃料混合燃烧产生高温高压燃气，进入透平机膨胀做功，推动发电机发电。它的单机容量远比汽轮机小，最大功率已发展到 13 万~21.6 万 kW，净发电效率可达 35% 以上，主要用于带尖峰负荷。把燃气发电和蒸汽发电组合起来就是燃气-蒸汽联合循环发电，它有较高的电能转换效率，受到世界各国重视。

火力发电厂由三大主要设备——锅炉、汽轮机、发电机及相应辅助设备组成，它们通过管道或线路相连构成生产主系统，即燃烧系统、汽水系统和电气系统，如图 6-4 所示。其生产过程简介如下：

走进电世界
——电气工程与自动化（专业）概论（第二版）

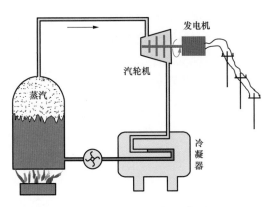

图 6-4 火力发电示意图

（1）燃烧系统。燃烧系统括锅炉的燃烧部分和输煤，除灰和烟气排放系统等。燃烧系统的功能是将煤的化学能转换成热能，把锅炉里的水加热变为蒸汽。

（2）汽水系统。汽水系统包括锅炉、汽轮机、凝汽器及给水泵等组成的汽水循环和水处理系统、冷却水系统等。水在锅炉中加热后蒸发成蒸汽，经过热器进一步加热，成为具有规定压力和温度的过热蒸汽，然后经过管道送入汽轮机。在汽轮机中，蒸汽不断膨胀，高速流动，冲击汽轮机的转子，以额定转速（3000r/min）旋转，将热能转换成机械能，带动与汽轮机同轴的发电机发电。

（3）电气系统。电气系统包括发电机、励磁系统、厂用电系统和升压变电站等。发电机的机端电压和电流随其容量不同而变化，其电压一般在 10～20kV 之间，电流可达数千安至 20kA。因此，发电机发出的电，一般由主变压器升高电压后，经变电站高压电气设备和输电线送往电网。极少部分电，通过厂用变压器降低电压后，经厂用电配电装置和电缆供厂内风机、水泵等各种辅机设备和照明等用电。

### 6.2.2　水力发电

水力发电是利用江河水流从高处流到低处存在的位能进行发电。当江河的水由上游高水位，经过水轮机流向下游水位时，以所具流量和落差做功，推动水轮机旋转，带动发电机发出电力。水轮发电机发出的功率 $P$ 与上下游水位的落差 $H$ 和单位时间流过水轮机的水量 $Q$ 成正比。为了有效地利用天然水能，需要用人工修建集中落差和能调节流量的水工建筑，如筑坝形成水库，建设引水建筑物和厂房等，以构成水电站。水电站由水工建筑物、厂房、水轮发电机组以及变电站和送电设备组成，如图 6-5 所示。

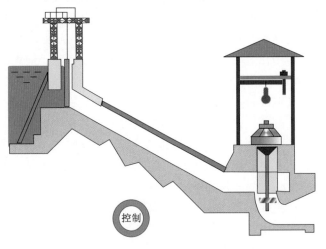

图 6-5　水力发电示意图

（1）水工建筑物，包括大坝、引水建筑物和泄水建筑物等。大坝又称拦河坝，是水电站的主要建筑物，作用是挡水提高水位，积蓄水量，集中上游河段的落差形成一定水头和库容的水库，水轮发电机组从水库取水发电。引水建筑物包括组成建筑物的进水口、拦污栅、闸门等以及组成输水建筑物的渠道、隧洞、调压室、压力管道等。泄水建筑物主要包括溢洪坝、溢流坝、泄水闸、泄洪隧道及底孔等，用于渲泄洪水、放空水库、冲砂、排水和排放漂浮物等。厂房是安装水轮发电机组及其配套设备的场所。

（2）水轮发电机组。水轮发电机组由水轮机与发电机的轴相连，水轮机接受水的位能和动能，转换为旋转的机械能驱动发电机发电。

## 6.2.3 核能发电

核能指原子核能，又称原子能，是原子结构发生变化时放出的能量。目前，从实用来讲，核能指的是一些重金属元素铀、钍的原子核发生分裂反应（又称裂变）或者轻元素氘、氚的原子核发生聚合反应（又称聚变）时，所放出的巨大能量，前者称为裂变能，后者称为聚变能。通常所说的核能是指受控核裂变链式反应产生的能量。核能的特点是能量高度集中。1t 铀-235（U235）在裂变反应所放出的能量约等于 1t 标准煤在化学反应中所放出能量的 240 万倍。据估算，地球上已探明的易开采的铀储量，如果以快中子堆加以利用，所提供的能量将大大超过全球可用的煤、石油和天然气储量的总和。现在核能已成为一种大规模和集中利用的能源，可以替代煤，石油和天然气，目前主要用于发电。核能发电就是利用受控核裂变反应所释放的热能，将水加热为蒸汽，用蒸汽冲动汽轮机，带动发电机发电。

核电厂与火电厂的区别是，利用核蒸汽发生系统——反应堆、蒸汽发生器、泵和管道代替火电厂的蒸汽锅炉。它的反应堆是将核能转变为热能的设备，是核电厂的核心，是一个可以控制的核裂变装置。

按照把热量从反应堆导入蒸汽机的方式不同，核电厂分为沸水堆反应系统（见图 6-6）和压水堆反应系统（见图 6-7）两种，前者称为单回路系统，后者称为双回路系统。热核反应堆中，核裂变时产生的是快速高能中子，为了使其变为慢中子需要慢化剂将其减速。一种是利用沸水作慢化剂和冷却剂的沸水堆；另一种是利用高压轻水作慢化剂和冷却剂的压水堆。

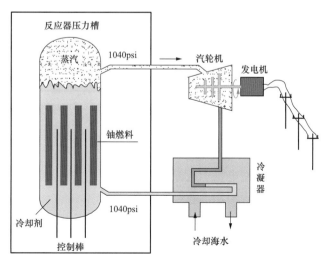

图 6-6 沸水堆反应系统

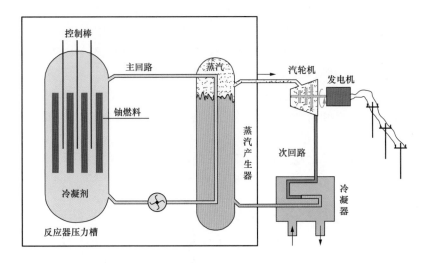

图 6-7　压水堆反应系统

## 6.3　变　电　站

### 6.3.1　变电站作用

变电站是电力网的重要组成部分，它的任务是汇集电源、变换电压、分配电能。它通过变压器将各级电压的电网联系起来。变电站若按其变换电压的功能划分，可分为升压变电站、降压变电站；若按其容量和重要性划分，可分为枢纽变电站、中间变电站和终端变电站。枢纽变电站一般容量比较大，电压等级比较高，处于电能系统各部分的中枢地位；中间变电站处于发电厂与负荷中心之间，从这里可以转送或分配一部分电能；终端变电站一般是降压变电站，它只负责向某一局部地区用户输送电能，有时也称为配电站。

变电站起变换电压作用的设备是变压器；除此之外，变电站的设备还有开闭电路的开关设备，汇集电流的母线，计量和控制用互感器、仪表，继电保护装置和防雷保护装置，调度通信装置等；有的变电站还有无功补偿设备。变电站的主要设备和连接方式，按其功能不同而有差异。

变压器是变电站的主要设备（见图6-8）。按其结构可分为双绕组变压器、三绕组变压器和自耦变压器。自耦变压器每一相的高、低压共用一个绕组，从高压绕组中间抽出一个端钮作为低压绕组的出线。变压器绕组电压高低与其匝数成正比，而绕组电流大小则与其匝数成反比。变压器按其作用可分为升压变压器和降压变压器。前者用于电力系统送端变电站，后者用于受端变电站。变压器的电压需与电力系统的电压相适应。为了在负荷变化时保持恒定的电压，就需要切换变压器的分接头来维持电压不变。按分接头切换方式，变压器分为有载调压变压器和无载调压变压器。有载调压变压器主要用于受端变电站。

图 6-8　变电站主变压器

电压互感器和电流互感器是变电站用来测量高电压和大电流的辅助设备（见图 6-9、图 6-10），它们的工作原理和变压器相似。它们把高电压设备和母线的运行电压、电流按规定比例变成测量仪表、继电保护及控制设备所需要的低电压和小电流。

图 6-9　变电站电压互感器　　　　　　　图 6-10　变电站电流互感器

变电站的开关设备包括断路器、隔离开关、负荷开关、高压熔断器等，其功能是断开或闭合电路。断路器是在电网带电情况下用来闭合或断开电路的设备，它具有灭弧功能。隔离开关的主要作用是在设备或线路检修时用来隔离电压，以保证安全。而隔离开关只能在无电情况下操作，它不能断开负荷电流和短路电流，它只能与断路器配合使用。在需要停电时，应先操作断路器切断电流，再断开隔离开关；送电时应先闭合隔离开关，再闭合断路器。如果误操作将引起设备损坏和人身伤亡。

负荷开关只能在正常运行时断开负荷电流，但没有断开故障电流的能力，一般与高压熔断器配合用于 10kV 及以上电压。

为了减少变电站的占地面积，近年来积极发展六氟化硫全封闭组合电器。它把断路器、隔离开关、母线、接地开关、互感器、出线套管或电缆终端头等分别装在各自密封空间中，集中组成一个整体外壳充以六氟化硫气体作为绝缘介质。这种组合电器具有结构紧凑，体积小，重量轻，不受大气条件影响，检修间隔长，无触电事故和电噪声干扰等优点，具有发展前景，已在一些变电站投入运行。目前，它的缺点是价格贵，制造和检修工艺要求高。

变电站还装有防雷设备，主要有避雷针和避雷器。避雷针是为了防止变电站遭受直接雷击，把雷电流引入大地。在变电站附近的线路上落雷时，雷电波会沿导线进入变电站，产生过电压。另外，断路器操作等也会引起过电压。避雷器的作用是当过电压超过一定限值时，自动对地放电，保证系统正常运行。目前，使用最多的是氧化锌避雷器。

### 6.3.2 配电

配电是指电力系统中直接与用户相连并向用户分配电能的环节。配电系统由配电变电所（通常是将电网的输电电压降为配电电压）、高压配电线路（即 1kV 以上电压）、配电变压器、低压配电线路（1kV 以下电压）以及相应的控制保护设备组成。配电电压通常有 35~60kV 和 3~10kV 等。

配电系统中常用的交流供电方式有：① 三相三线制，分为三角形接线（用于高压配电，三相 220V 电动机和照明）和星形接线（用于高压配电、三相 380V 电动机）；② 三相四线制，用于 380/220V 低压动力与照明混合配电；③ 三相二线一地制，多用于农村配电；④ 三相单线制，常用于电气铁路牵引供电；⑤ 单相二线制，主要供应居民用电。配电系统的直流供电方式有：① 二线制，用于城市无轨电车、地铁机车、矿山牵引机车等的供电；② 三线制，供应发电厂、变电站、配电站自用电和二次设备用电，电解和电镀用电。

图 6-11 配电变压器

一次配电网络是从配电变电站引出线到配电变电站（或配电站）入口之间的网络，在中国又称高压配电网络。电压通常为 6~10kV，城市多使用 10kV 配电。随着城市负荷密度加大，已开始采用 20kV 配电方案。由配电变电站引出的一次配电线路的主干部分称为干线。由干线分出的部分称为支线。支线上接有配电变压器（见图 6-11）。一次配电网络的接线方式有放射式与环式两种。

二次配电网络是由配电变压器二次侧引出线到用户入户线之间的线路、元件所组成的系统，又称低压配电网络。接线方式除放射式和环式外，城市的重要用户可用双回线接线。用电负荷密度高的市区则采用网格式接线。这种网络由多条一次配电干线供电，通过配电变压器降压后，经低压熔断器与二次配电网相连。由于二次系统中相邻的配电变电器一次侧接到不同的一次配电干线,可避免因一次配电线故障而导致市中心区停电。

配电线路按结构分有架空线路和地下电缆。农村和中小城市可用架空线路,大城市(特别是市中心区)、旅游区、居民小区等应采用地下电缆。

## 6.4 智 能 电 网

所谓智能电网,就是以物理电网为基础,将现代先进的传感测量技术、通信技术、信息技术、计算机技术、电力电子技术、设备制造技术、控制技术等与物理电网高度集成而形成的新型电网。它以充分满足用户对电力的需求和优化资源配置、确保电力供应的安全性、可靠性和经济性;满足环保约束、保证电能质量、适应电力市场化发展为目的,实现对用户可靠、经济、清洁、互动的电力供应和增值服务。

智能电网是一个完全自动化的电能传输网络。它能够监视和控制每个用户和电网节点,保证从电厂到终端用户整个发电、输电、配电过程中所有节点之间的信息和电能的双向流动。它是一个可整合全部连接到电网用户所有行为的电力传输网络,并向全体用户有效提供安全、优质的电能。智能电网由很多部分组成,可以细分为智能发电系统、智能输电系统、智能变电站、智能配电网、智能电能表、智能交互终端、智能调度、智能家电、智能用电楼宇、智能城市用电网和新型储能系统等。

### 6.4.1 智能电网的发展历史

#### 一、国外发展历史

2005 年冬天,加拿大人马克·坎贝尔(Mark Kerbel)发明了一种新的控制技术。他根据群体行为原理,让大楼里的电器设备互相协调,减少大楼在用电高峰期的用电量。他设计了一种无线控制器,与大楼的各个电器相连,并对这些电器实现有效控制。比如,将 A 空调接通电源运转 15min,以把室内温度维持在 24℃;此时 B、C 两台空调可能会在保证室内温度的前提下,将其电源断开停运 15min。这样,在不耽误每台电器设备执行个体功能的前提下,尽量让全部用电设备交替使用,整个大楼的节能目标就可以实现。这个技术赋予电器设备用电智能化,可以提高能源的利用效率。现在这种模式通常称为智能系统,智能系统的控制设备非常简单,不需要人管,也无需培训,花几个小时装好后就可以投入使用,但它在协同性上却表现得非常良好。在使用了坎贝尔发明的这种无线控制器后,可以减少多达 30% 的峰值用电量。

2006 年中期,一家名为"网点"的公司开始出售一种可用于监测家用电路耗电量的电子产品,可以通过互联网通信技术调整家用电器的用电量。这个电子产品具有一部分交互功能,可以看作是智能电网中的一个基础设施。当年,欧盟理事会的能源绿皮书《欧洲可持续的、竞争的和安全的电能策略》强调智能电网技术是保证欧盟电网电能质量的一个关键技术和发展方向。这时的智能电网是指输电与配电过程中的自动化节能新

技术。

同样在 2006 年，美国 IBM 公司曾与全球电力专业研究机构、电力企业合作开发了"智能电网"解决方案。这一方案被形象比喻为电力系统的"中枢神经系统"，电力公司可以通过使用传感器、计量表、数字控件和分析工具，自动监控电网，以达到优化电网性能、防止断电、更快地恢复供电的目的，消费者对电力使用的管理也可细化到每个联网的装置。这个可以看作是智能电网最完整的一个解决方案，标志着智能电网概念的正式诞生。

2008 年美国科罗拉多州的波尔得已经成为了全美第一个智能电网城市，每户家庭都安装了分时计价的智能电能表，人们可以很直观地了解当时的电价，从而把一些事情，比如洗衣服、熨衣服等安排在电价低的时间段来完成。电能表还可以帮助人们优先使用风电和太阳能等清洁能源。同时，变电站可以收集每家每户的用电情况，一旦有问题出现，可以重新配备电力。

2008 年 9 月，美国 Google 公司与通用电气公司联合发表声明对外宣布，他们正在共同开发清洁能源业务，其主要目的是为美国打造国家智能电网。

2009 年 1 月，美国白宫最新发布的《复苏计划尺度报告》宣布：将铺设或更新 3000 英里输电线路，并为 4000 万美国家庭安装智能电能表——美国行将推动互动电网的整体革命。

2009 年 2 月，地中海岛国马耳他公布了和 IBM 公司达成的协议，双方同意建立一个"智能公用系统"，实现该国电网和供水系统数字化。IBM 及其合作伙伴将会把马耳他 2 万个普通电能表替换成互动式电能表。这样，马耳他的电厂就能实时监控用电，并制定利用分时计价来奖励节约用电用户的政策。这个工程价值高达 9100 万美元，其中包括在电网中建立一个传感器网络。这种传感器网络可以为电厂提供相关数据，让发电厂能更有效地进行电力分配并检测到潜在的问题。IBM 将会提供搜集分析数据的软件，帮助电厂发现机会，降低成本以及该国密集型发电厂的碳排放量。

2009 年 2 月，Google 公司表示已开始测试名为 Google 电能表的用电监测软件。这是一个测试版的在线仪表盘。这些设备正在成为信息时代的公用基础设施。

**二、国内发展历史**

2007 年 10 月，我国华东电网正式启动了智能电网可行性研究项目，并规划了从 2008 年至 2030 年的三步走战略：在 2010 年初步建成电网高级调度中心，2020 年全面建成具有初步智能特性的数字化电网，2030 年真正建成具有自愈能力的智能电网。该项目的启动标志着中国开始进入智能电网领域。

2009 年 2 月，作为华北电力公司智能化电网建设的一部分——华北电网稳态、动态、暂态三位一体的安全防御及全过程发电控制系统在北京通过专家组的验收。这套系统首次将以往分散的能量管理系统、电网广域动态监测系统、在线稳定分析预警系统高度集成，调度人员无需在不同系统和平台间频繁切换，便可实现对电网综合运行情况的全景监视并获取辅助决策支持。此外，该系统通过搭建并网电厂管理考核和辅助服务市场品质分析平台，有效提升了调度部门对并网、电厂管理的标准化和流程化水平。

2010年1月，国家电网公司制定了《关于加快推进坚强智能电网建设的意见》，确定了建设坚强智能电网的基本原则和总体目标。

2011年3月，国家电网750kV延安洛川智能变电站成功投运，这是一座当时世界最高电压等级的智能变电站，如图6-12和图6-13所示。

近几年，国家陆续出台政策扶持智能电网的发展。2011年，我国智能电网进入全面建设阶段，智能电网的发展促使智能电能表招标采购活动上升，加速了我国智能电能表市场的增长。全球智能电网的发展，需要使用新型电能表，为我国企业带来机会。受国家政策的推动以及国外市场的刺激，未来几年我国智能电能表市场将保持增长态势。据行内预测，2016年智能电能表的生产量将达到9780万个。

图6-12　国家电网陕西洛川变电站（一）

图6-13　国家电网陕西洛川变电站（二）

### 6.4.2　智能电网的结构

从广义上来说，智能电网包括可以优先使用清洁能源的智能调度系统、可以动态定价的智能计量系统以及通过调整发电、用电设备功率优化、负荷平衡的智能技术系统。电能不仅从集中式发电厂流向输电网、配电网直至用户，同时电网中还遍布各种形式的新能源和清洁能源，如太阳能、风能、地热能、潮汐能、生物质能、燃料电池等；此外，高速、双向的通信系统实现了控制中心与电网设备之间的信息交互，高级的分析工具和决策体系保证了智能电网的安全、稳定和优化运行。智能电网结构示意如图6-14所示。

在开放和互联的信息模式基础上，通过加载系统数字设备和升级电网网络管理系统，实现发电、输电、供电、用电、客户售电、电网分级调度、综合服务等电力产业全流程的智能化、信息化、分级化互动管理，是集合了产业革命、技术革命和管理革命的综合性的效率变革。它将再造电网的信息回路，构建用户新型的反馈方式，推动电网整体转型为节能基础设施，提高能源效率，降低客户成本，减少温室气体排放，创造电网价值的最大化。

图 6-14　智能电网结构示意图

### 6.4.3　智能电网的建设目标

　　智能电网的目标是实现电网运行的可靠、安全、经济、高效、环境友好和使用安全，电网能够实现这些目标，就可以称其为智能电网。

　　智能电网必须更加可靠——智能电网不管用户在何时何地，都能提供可靠的电力供应。它对电网可能出现的问题提出充分的告警，并能忍受大多数的电网扰动而不会断电。它在用户受到断电影响之前就能采取有效的校正措施，以使电网用户免受供电中断的影响。

　　智能电网必须更加安全——智能电网能够经受物理的和网络的攻击而不会出现大面积停电或者不会付出高昂的恢复费用。它更不容易受到自然灾害的影响。智能电网必须更加经济——智能电网运行在供求平衡的基本规律之下，价格公平且供应充足。智能电网必须更加高效——智能电网利用投资，控制成本，减少电力输送和分配的损耗，电力生产和资产利用更加高效。通过控制潮流的方法，以减少输送功率拥堵和允许低成本的电源包括可再生能源的接入。

　　智能电网必须更加环境友好——智能电网通过在发电、输电、配电、储能和消费过程中的创新来减少对环境的影响，进一步扩大可再生能源的接入。在可能的情况下，在未来的设计中，智能电网的资产将占用更少的土地，减少对景观的实际影响。

　　智能电网必须使用安全——智能电网不能伤害到公众或电网工人，也就是对电力的使用必须是安全的。

### 6.4.4　智能电网的关键技术

#### 一、通信技术

　　建立高速、双向、实时、集成的通信系统是实现智能电网的基础，没有这样的通信系统，任何智能电网的特征都无法实现，因为智能电网的数据获取、保护和控制都需要

156

这样的通信系统的支持，因此建立这样的通信系统是迈向智能电网的第一步。同时通信系统要和电网一样深入到千家万户，这样就形成了两个紧密联系的网络——电网和通信网络，只有这样才能实现智能电网的目标和主要特征。图6-15显示了电网和通信网络的关系，其中绿色箭头表示电能传输方向，而红色箭头表示信息传输方向。高速、双向、实时、集成的通信系统使智能电网成为一个动态的、实时信息和电力交换互动的大

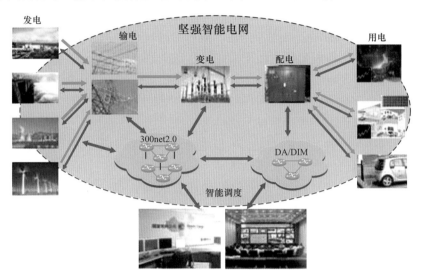

图6-15　智能电网的电能与信息传输示意图

型的基础设施。当这样的通信系统建成后，它可以提高电网的供电可靠性和资产的利用率，繁荣电力市场，抵御电网受到的攻击，从而提高电网价值。高速双向通信系统的建成，智能电网通过连续不断地自我监测和校正，应用先进的信息技术，实现其最重要的特征——自愈特征。它还可以监测各种扰动，进行补偿，重新分配潮流，避免事故的扩大。高速双向通信系统使得各种不同的智能电子设备、智能表计、控制中心、电力电子控制器、保护系统以及用户进行网络化的通信，提高对电网的驾驭能力和优质服务的水平。在这一技术领域主要有两个方面的技术需要重点关注，其一就是开放的通信架构，它形成一个"即插即用"的环境，使电网元件之间能够进行网络化的通信；其二是统一的技术标准，它能使所有的传感器、智能电子设备以及应用系统之间实现无缝的通信，也就是信息在所有这些设备和系统之间能够得到完全的理解，实现设备和设备之间、设备和系统之间、系统和系统之间的互操作功能。这就需要电力公司、设备制造企业以及标准制定机构进行通力的合作，才能实现通信系统的互联互通。

图6-16所示为新型传感器外观图。

图6-16　新型传感器外观图

## 二、测量技术

参数测量技术是智能电网的基本组成部件，先进的参数测量技术获得数据并将其转换成数据信息，以供智能电网的各个方面使用。利用这些参数来评估电网设备的健康状况和电网的完整性；进行电能表计的读取、计算电费以及防止窃电、缓减电网阻塞并与用户进行沟通。

未来的智能电网将取消所有传统的电磁式电能表，取而代之的是可以使电力公司与用户进行双向通信的智能固态电能表。基于微处理器的智能电能表将有更多的功能，除了可以计量每天不同时段电力用户使用的电能和应交的电费外，还有储存电力公司下达的高峰电力价格信号及电费费率，并通知用户实施什么样的费率政策。更高级的功能还有用户自行根据费率政策，编制出用电时间表，自动控制用户内部电力使用的策略。

对于电力公司来说，参数测量技术给电力系统运行人员和规划人员提供更多的数据支持，包括电网功率因数、电能质量、电压电流相位关系、设备健康状况和输出功率、表计的损坏、故障定位、变压器和线路负荷、关键元件的温度、停电确认、电能消费等数据。新的软件系统将收集、储存、分析和处理这些数据，为电力公司的其他业务所用。

未来的数字继电保护将嵌入计算机代理程序，极大地提高可靠性。计算机代理程序是一个自治和交互的自适应的软件模块。广域监测系统、保护和控制方案将集成数字继电保护、先进的通信技术以及计算机代理程序。在这样一个集成的分布式的保护系统中，保护元件能够自适应地相互通信，这样的灵活性和自适应能力将极大地提高可靠性，因为即使部分系统出现了故障，其他的带有计算机代理程序的保护元件仍然能够保护系统。

## 三、设备制造技术

智能电网要广泛应用先进的设备技术，极大地提高输配电系统的性能。未来的智能电网中的设备将充分应用在材料、超导、储能、电力电子和微电子技术方面的最新研究成果，从而提高功率密度、供电可靠性和电能质量以及电力生产的效率。

未来智能电网将主要应用电力电子技术、超导技术以及大容量储能技术三个方面的先进技术。通过采用新技术和在电网和负荷特性之间寻求最佳的平衡点来提高电能质量。通过应用和改造各种各样的先进设备，如基于电力电子技术和新型导体技术的设备，来提高电网输送容量和可靠性。配电系统中要引进许多新的储能设备和电源，同时要利用新的网络结构，如微电网。

经济的柔性交流输电装置，将利用比现有半导体器件更能控制的低成本的电力半导体器件，使得这些先进的设备可以广泛地推广应用。分布式发电将被广泛地应用，多台机组间通过通信系统连接起来形成一个可调度的虚拟电厂。超导技术将用于短路电流限制器、储能、低损耗的旋转设备以及低损耗电缆。先进的计量和通信技术将使得需求响应的应用成为可能。

## 四、控制技术

先进的控制技术是指智能电网中分析、诊断和预测状态并确定和采取适当的措施以消除、减轻和防止供电中断与电能质量扰动的装置和算法。这些技术将提供对输电、配电和用户侧的控制方法并且可以管理整个电网的有功功率和无功功率。从某种程度上说，先进控制技术紧密依靠并服务于其他多个关键技术领域。如先进控制技术监测基本的元件——参数测量技术；提供及时和适当的响应——集成通信技术；并且对任何事件进行快速的诊断——先进决策技术。另外，先进控制技术可以支持市场报价技术以及提高资产的管理水平。

未来先进控制技术的分析和诊断功能将引进预设的专家系统，在专家系统允许的范围内，采取自动的控制行动。这样所执行的行动将在秒一级水平上，这一自愈电网的特性将极大地提高电网的可靠性。当然先进控制技术需要一个集成的高速通信系统以及对应的通信标准，以处理大量的数据。先进控制技术将支持分布式智能代理软件、分析工具以及其他应用软件。

先进控制技术将使用智能传感器、智能电子设备以及其他分析工具测量的系统和用户参数以及电网元件的状态情况，对整个系统的状态进行评估，这些数据都是准实时数据，对掌握电网整体的运行状况具有重要的意义，同时还要利用向量测量单元以及全球卫星定位系统的时间信号，来实现电网早期的预警。

准实时数据以及强大的计算机处理能力为软件分析工具提供了快速扩展和进步的能力。状态估计和应急分析将在秒级水平上完成分析，这给先进控制技术和系统运行人员足够的时间来响应紧急问题；专家系统将数据转化成信息用于快速决策；负荷预测将应用这些准实时数据以及改进的天气预报技术来准确预测负荷；概率风险分析将成为例行工作，确定电网在设备检修期间、系统压力较大期间以及不希望的供电中断时的风险的水平；电网建模和仿真使运行人员认识准确的电网可能的场景。

由高速计算机处理的准实时数据，使得专家诊断来确定现有的、正在发展的和潜在的问题的解决方案，并提交给系统运行人员进行判断。

智能电网通过实时通信系统和高级分析技术的结合使得执行问题检测和响应的自动控制行动成为可能，它还可以降低已经存在问题的扩展，防止紧急问题的发生，修改系统设置、状态和潮流以防止预测问题的发生。

先进控制技术不仅给控制装置提供动作信号，而且也为运行人员提供信息。控制系统收集的大量数据不仅对自身有用，而且对系统运行人员也有很大的应用价值，而且这些数据将辅助运行人员进行决策。

## 思 考 题

6.1 简述电力系统的组成与功能。

6.2 试说明电力系统调度的主要任务。

6.3 核电厂与火力发电厂的主要区别在哪里？

6.4 简述变电站在电力系统中的作用和地位。

# 高 电 压 与 绝 缘 技 术

> 如果能追随理想而生活，本着自由的精神、勇往直前的毅力、诚实不自欺的思想而行，则定能臻于至美至善的境地。
>
> ——居里夫人

##  高电压与绝缘技术的产生和发展

在电工科学领域，对高电压现象的关注由来已久。通常所说的高电压一般是针对某些极端条件下的电磁现象，并没有在电压数值上划分一个界限。

历史上有很多著名的试验和科学家与高电压有关。

在1752年的6月，闷热的夏季到来了，富兰克林望着变幻莫测的天空，一个大胆的想法闯入了他的脑际：借助一只普通的风筝就可以便利地进入带雷的云区，从而完成他期待已久的实验。于是，他立即与儿子威廉一起动手，精心制作了一只大风筝——两根木条拼装成风筝十字形的骨架，上面蒙上一块丝绸。然后，他们在风筝的上端固定了一根尖头的金属丝，在风筝的末端绑上一把金属钥匙。一天，天色阴沉，电闪雷鸣，富兰克林和威廉把风筝升入天空。忽然，富兰克林发现：风筝线尾端的麻绳纤维相互排斥地耸立起来，他感到一阵狂喜，下意识地伸手指向钥匙，结果受到了强烈的电击。大雨很快自天而降，当雨水打湿了麻绳时，他看到了美丽异常的电火花。而后，他又用这把钥匙为莱顿瓶充了电。发现雷电与摩擦电具有相同的性质。

1895年11月8日，正当伦琴继续在德国慕尼黑伍尔茨堡大学实验室里从事阴极射线的实验工作时，一个偶然事件引起了他的注意。当时，房间一片漆黑，放电管用黑纸包严。突然他发现在不超过1m远的小桌上有一块亚铂氰化钡做成的荧光屏发出闪光。他很奇怪，就把荧光屏移远继续试验。荧光屏的闪光仍随放电过程的节拍断续出现。他取来各种不同的物品，包括书本、木板、铝片等，放在放电管和荧光屏之间，发现不同的物品效果很不一样，有的挡不住，有的起到一定的阻挡作用。伦琴意识到这可能是某种特殊的从来没有观察到过的射线，它具有特别强的穿透力。于是立刻集中全部精力进行彻底的研究。他把密封在木盒中的砝码放在这一射线的照射下拍照，得到了模糊的砝码照片；他把指南针拿来拍照，得到金属边框的痕迹；他把金属片拿来拍照，拍出了金属片内部不均匀的情况。他深深地沉浸在这一新奇现象的探讨中，达到了废寝忘食的地步。六个星期过去了，伦琴已经确认这是一种新的射线，于是取名"X射线"。现在，我们知道在实验室里，X射线可以由具有阴极和阳极的真空管的X射线管产生，真空管的阴极用钨丝制成，通电后可发射热电子，阳极（也称靶极）用高熔点金属制成。用几万伏至几十万伏的高压加速电子，电子束轰击靶极，X射线从靶极发出（见图7-1）。直到20世纪初，人们才知道X射线实质上是一种比光波更短的电磁波，它不仅在医学中用途广泛（见图7-2），而且还为今后物理学的重大变革提供了重要的证据。在1901年诺贝尔奖的颁奖仪式上，伦琴成为世界上第一个荣获诺贝尔物理奖的人。人们为了纪念他，将X射线命名为伦琴射线。

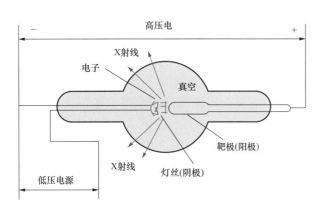

图 7-1  X射线的产生示意图

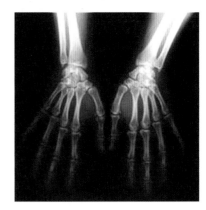

图 7-2  X射线拍下的人手骨骼

　　自E.卢瑟福1919年用天然放射性元素放射出来的α射线轰击氮原子首次实现了元素的人工转变以后，物理学家就认识到要想认识原子核，必须用高速粒子来变革原子核。天然放射性提供的粒子能量有限，因此为了开展有预期目标的实验研究，几十年来人们研制和建造了多种粒子加速器。粒子加速器（Particle Accelerator）是用人工方法产生高速带电粒子的装置。粒子加速器按其作用原理不同可分为静电加速器、直线加速器、回旋加速器、电子感应加速器、同步回旋加速器、对撞机等。1932年，J. D. 考克饶夫特和E. T. 瓦尔顿在英国的卡文迪许（Cavendish）实验室开发制造了700kV高压倍加速器加速质子，实现了由多级电压分配器产生恒定的梯度直流电压，使离子进行直线加速。1930年，E. O. 劳伦斯制作了第一台回旋加速器，1940由D. W. 科斯特利用电磁感应产生的涡旋电场发明了新型的加速电子的电子感应加速器。1945年，V. I. 维克斯勒尔和E. M. 麦克米伦分别提出了谐振加速中的自动稳相原理，从理论上提出了突破回旋加速器能量上限的方法，从而推动了新一代中高能回旋谐振式加速器如电子同步加速器、同步回旋加速器和质子同步加速器等的建造和发展。20世纪80年代，我国陆续建设了三大高能物理研究装置——北京正负电子对撞机（见图7-3）、兰州重离子加速器

和合肥同步辐射装置。

图 7-3　北京正负电子对撞机

范德格拉夫起电机，简称范氏起电机，它是由美国物理学家范德格拉夫在 1931 年发明的，起电机以摩擦生电的原理，不断产生大量电荷。范德格拉夫起电机球形罩上的电荷能产生超过 1000 万 V 的电压。在核物理实验中，如此高的电压可用来加速各种带电粒子，如质子、电子等。

从上面的事例可知，研究如何获得高电压以及在高电压下的介质及系统的行为是高电压应用的基础。

直到 20 世纪初高电压才逐渐成为一门独立的科学分支。当时的高电压技术，主要是为了解决高电压输电中的绝缘问题。因此可以说，高电压与绝缘技术是随着高电压远距离输电和高电压设备的需要而发展起来的一门电力科学技术。高电压与绝缘是相互依赖、不可分割的整体，没有可靠的绝缘，高电压就无法实现。火力发电需要燃料（煤和油）作为动力的能源，为节省燃料的运输费用一般把火力发电站建在燃料的产地；水力发电站需要丰富的水力资源，所以一般的水力发电站都建立在远离负荷的江河上。为了把这些电站发出的电力既经济又安全地输送到用户，就需要建很多高电压电力网，制造许多电压很高的电力设备，要解决这些问题，就需要高电压与绝缘技术。因此，高电压与绝缘技术是电力工业和电力设备制造工业所必须掌握和深入研究的一个重要的领域。

20 世纪以后，随着电能应用的日益广泛，电力系统所覆盖的范围越来越大，输电电压等级不断提高，就世界范围而言，交流输电线路经历了 35、60、110、150、230kV 的高压，287、400、500、735～765kV 的超高压和 1150kV 的特高压的发展。与此同时，直流输电也经历了 ±100、±250、±400、±450、±500kV 以及 ±750kV 的发展。这些阶段的发展都与高电压技术解决了输电线路的电晕现象、过电压的防护和限制以及静电场、电磁场对环境的影响等问题密切相关。这一发展过程以及各种高电压装置的研制又促进了高电压技术的进步。20 世纪 60 年代以后，为了适应大城市电力负荷增长的需要，以及克服城市架空输电线路走廊用地的困难，地下高压电缆输电发展迅速，由 220、275、345kV 发展到 20 世纪 70 年代的 400、500kV 电缆线路；同时为减少变电站占地面积和保护城市环境，气体绝缘全封闭组合电器（Gas Insulated Switchgear，简称 GIS）得到越来越广泛的应用。GIS 是将断路器、隔离开关、接地开关、电流互感器、电压互感器、避雷器、母线、进出线套管或电缆终端等元件组合封闭在接地的金属壳体内，充以一定压力的 $SF_6$ 气体作为绝缘介质和灭弧介质所组成的成套开关设备（见图 7-4）。纯净的 $SF_6$ 气体是一种无色、无嗅、基本无毒、不可燃的卤素化合物。其相对密度在相同状态下约是空气相对密度的 5 倍。$SF_6$ 气体的化学性质非常稳定，在空气中不燃烧，不助燃，与水、强碱、氨、盐酸、硫酸等不反应；在低于 150℃ 时，$SF_6$ 气体呈化学惰性，极少溶于水，微溶于醇。对电器设备中常用的金属及其他有机材料不发生化学作用。所有这些都提出许多高电压与绝缘技术的新问题。所以，市场需求和技术创新是高电压与绝缘技术产生和发展的根本动力。

图 7-4  天生桥水电站 550kV GIS

实际上，在电力传输领域，"高压"的概念是不断变化的，且高压直流输电的电压等级概念与交流输电不一样，鉴于实际研究工作与运行的需要，对电压等级范围的划分，目前，国际上，一般将 1kV 以上、220kV 及以下的电压等级称为高压；交流 330～765kV、直流 ±620kV 及以下电压等级称为超高压；交流 1000kV 及以上、直流 ±750kV 及以上称为特高压。

我国超高压电网是指交流 330、500、750kV 电网和直流 ±500kV 输电系统，图 7-5 所示为位于鄂东某 500kV 变电站。特高压电网是指交流 1000kV 电网和直流 ±800kV 输电系统。

20 世纪 60～70 年代，世界经济快速发展，对电力需求提出更高的期望。为满足电力负荷的快速增长，实现远距离、大容量输电，美国、苏联、意大利、日本、加拿大和巴西等国开始了特高压输电技术探索，开展大量研究和试验工作，并建设了特高压输电工程。世界电工装备技术的进步、电网规模的扩大、大电网控制技术的成熟为发展特高

图 7-5　鄂东某 500kV 变电站

压输电创造了条件，奠定了基础。现在世界上无论是交流输电、还是直流输电，总的趋势是输电电压等级越来越高。这种趋势形成的原因主要有以下几个点：

第一，从节约输电走廊方面的考虑。在幅员窄小、地价很高或线路走廊受地形限制时，这个因素就显得非常突出，经济性比较显示每提高一个电压等级，走廊输送电能的利用率可提高 2~3 倍。如特高压交流输电线路单位走廊输送能力约为同类型杆塔 500kV 线路的 2~3 倍，节省走廊 50% 以上。特高压直流单位走廊宽度输送容量约为超高压直流方案的 1.3 倍，节省 23% 的走廊资源。不同电压等级交流线路走廊宽度比较见图 7-6。

第二，从提高输送容量和增大送电距离方面考虑。如 1000kV 特高压交流输电线路的自然功率接近 500 万 kW，约为 500kV 交流输电线路的 5 倍；±800kV 特高压直流输电能力超过 640 万 kW，分别是 ±500kV 和 ±620kV 直流的 2.1 和 1.7 倍。

同等长度下，1000kV 线路的电气距离是 500kV 线路的 1/4~1/5，输送相同功率时，前者最远送电距离约为后者的 4 倍，经济输送距离相应提高；±800kV 直流输电的经济输电距离可超过 2500km，为超长距离大规模电力送出创造条件。

第三，出于改善电网结构和提高系统运行可靠性方面的考虑，发展高等级电压电网，有利于分层分区布局，优化系统结构，打开电磁环网，从根本上解决短路电流超标等问题。系统允许短路电流的上限是由系统结构和断路器的开断能力决定的。由于更高的电压负担了主要输电任务，较低电压系统的短路电流则不会增加，并能满足已有断路器的开断能力。此外，采用特高压联网，增强网间功率交换能力，解决超高压电网中出现的低频功率振荡问题，在更大范围内优化配置资源。

第四，经济性的要求，采用高一级电压输电，可以减少工程投资。节省导线材料约一半，铁塔用材约 2/3 及大量土地资源，降低电力建设成本。例如，1000kV 交流输电的单位输送容量综合造价约为 500kV 输电方案的 73%，节省投资 27%；±800kV 直流输电的单位输送容量综合造价为 ±500kV 直流输电方案的 72%，节省投资 28%。所以，在

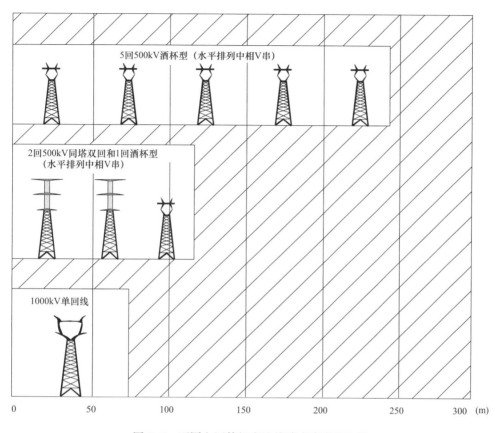

图 7-6  不同电压等级交流线路走廊宽度比较

欧洲，即使幅员很小的国家如瑞士也采用高电压等级输电。

一方面，高电压技术对于进一步发展超高压、特高压输电继续起着重要的推动作用。一些国家正在沿着传统的"外沿发展模式"，继续开展更高一级电压，如 1500～1800kV 特高压输电的科研工作。另一方面，一些学者则另辟蹊径，利用电力电子技术的新成就，对现有的超高压电网研究技术改造、扩大传输容量的技术。例如，前苏联一些学者，研究利用静止补偿装置，对 500kV 输电系统进行全补偿。这种输电系统，只存在回路电阻而无感抗，因而已不存在系统稳定问题，传输容量只决定于电阻值和导线载流能力，因而改造后的 500kV 输电系统，其输电能力可达到百万伏特级高压输电系统的水平。这种"内涵发展模式"正在引起科学界的广泛重视。与此相似，美国也正在研究利用静止补偿装置，对存在严重电磁兼容性问题的超高压输电线段施行局部的分段补偿，以解决过去要对全系统进行改造的问题。

绝缘是高电压技术及电气设备结构中的重要组成部分，其作用是把电位不同的导体分开，使其保持各自的电位而没有电气连接。具有绝缘作用的材料称为绝缘材料，也叫做电介质。电介质在电场的作用下会发生极化、电导、损耗和击穿等现象。随着输电电压等级的升高，输电容量的提高，要求大型发电设备和输变电设备向着高压大容量的方

向发展，这就要求绝缘材料具有更高的介电强度、更低的介电损耗与良好的耐电晕腐蚀能力。一方面，我们在电介质的电气特性、输电线和电气设备的绝缘结构、过电压防护和限制、高压试验技术，以及电磁场对环境的影响等方面进行深入的研究，为高电压与绝缘技术的发展奠定了越来越坚实的基础。

另一方面，高电压与绝缘技术加强与其他学科相互渗透和联系、不断汲取其他科学领域的新成果，新材料（新型绝缘材料、超导材料、新型磁性材料等）在高压设备上得到迅速地推广应用，和新技术（纳米技术、传感技术、微电子技术等）在高电压技术领域的应用，这些无疑为推动高电压与绝缘技术的发展起到显著的作用。

电能与人类的生存、发展有密切关系，而高电压与绝缘技术是其中一个很重要的知识体系，它是支撑电能应用的一根有力的支柱。高电压与绝缘技术的发展不仅对电力工业、电工制造业有重大影响，也在电工以外的其他领域如近代和现代物理、航空与航天领域、机械加工、石油工业、生物医学、环境等得到广泛应用。因此，高电压与绝缘技术在电力行业和多种新兴学科领域都占有十分重要的地位。

##  高电压与绝缘技术的基本任务及特点

高电压与绝缘技术是以试验研究为基础的应用技术，其基本任务是：研究在高电压作用下各种绝缘介质的性能和不同类型的放电现象，高电压设备的绝缘结构设计，高电压试验和测量的设备及方法，电力系统的过电压、高电压或大电流产生的强电场、强磁场或电磁波对环境的影响和防护措施，以及高电压在其他领域的应用等。

高电压与绝缘技术的特点：第一，实验性强，影响绝缘介质在高电压下的性能的因素很多，且相互间又互相影响，在某些特定条件下所得出的结论具有较大的局限性，因此，有必要通过实验研究得到反映事件本质的普遍性规律。高电压与绝缘领域不少现象至今不能用理论解释，只能通过实验研究。第二，理论性强，高电压与绝缘技术涉及的理论知识包括电磁场理论、电介质物理、等离子体物理学、气体动力学、基础热力学和材料学等，知识面广。例如，气体放电和击穿过程复杂，影响因素众多，要研究透彻需要很多理论知识。第三，交叉性强，高电压与绝缘技术一方面在吸收其他学科如材料科学、计算机技术和核能技术的最新研究成果促进自身不断发展的同时，也不断地向其他学科渗透并成为新兴学科的理论和技术基础。如利用电子计算机计算电力系统的暂态过程和变电站的波过程；采用激光技术进行高电压下大电流的测量；采用光纤技术进行高电压的传递和测量；采用信息技术进行数据处理用于绝缘在线监测等。高电压与绝缘技术已在粒子加速器、大功率脉冲发生器、受控热核反应研究、航空与航天领域的雷电和静电控制与防护、磁流体发电、激光技术、等离子体切割、电水锤进行海底探油、冲击加工成型、人体内结石的破碎，以及静电除尘、静电喷涂、静电复印等方面有着广泛的应用。

## 7.3 高电压与绝缘技术的理论基础及主要研究内容

### 7.3.1 高电压与绝缘技术的理论基础

电气绝缘是把不同的导体分隔开，使之在电气上不相连接，没有电流通过。用作电气绝缘的材料称为绝缘体或电介质，这些材料通常具有 $10^9\Omega\cdot m$ 以上的电阻率，可以认为不导电。绝缘材料有固体、液体、气体及其组合。

绝缘介质按其存在的状态分为气体、液体和固体三种。各种状态的电介质在高电压作用下的表现是不同的。高电压与绝缘技术的理论基础是绝缘介质的放电和击穿理论与相关的理论知识，包括：

（1）气体（主要包括大气条件下的空气、压缩空气、$SF_6$ 气体及高真空）放电过程的规律。

（2）不同电压形式下各种气体电介质的绝缘特性。

（3）绝缘子的沿面放电、污秽放电。

（4）液体、固体电介质的极化、电导与损耗以及击穿理论。

（5）液体、固体电介质的老化机理。

### 7.3.2 高电压与绝缘技术的主要研究内容

高电压与绝缘技术的主要研究内容可大致分为高电压绝缘特性研究和绝缘诊断，电力系统过电压及其防护技术，高电压试验设备、方法和测量技术等几个方面。

**一、高电压绝缘特性研究和绝缘诊断**

在高电压技术领域，不论是获得高电压还是研究高电压下系统的特性或随机干扰下电压的规律，都离不开绝缘的支撑。不论是绝缘材料还是绝缘结构，对高电压的实现都有着重要的意义，因此对电气绝缘的研究非常重要。

高压电工设备的绝缘承受着各种高电压的作用，包括交流和直流工作电压、雷电过电压和内部过电压。雷电过电压和内部过电压对输电线路和电工设备的绝缘是个严重的威胁。

电介质在电气设备中作为绝缘材料使用。实际应用中，对高压电气设备绝缘的要求是多方面的，单一电介质难以满足要求，因此实际的绝缘结构由多种介质组合而成。电气设备的外绝缘一般由气体介质（空气）和固体介质（绝缘子）联合构成，而设备的内绝缘一般由固体介质和液体介质联合构成。在电场的作用下，电介质中出现的电气现象可分为两大类：在弱电场的作用下（电场强度比击穿场强小得多），主要是极化、电导、介质损耗等；在强电场的作用下（电场强度等于或大于放电起始场强或击穿场强），主要有放电、闪络、击穿等。

由于气体绝缘介质不存在老化的问题，而且在击穿后有完全的绝缘自恢复特性，再

加上其成本低廉，因此气体成为在实际应用中最常见的绝缘介质。架空输电线路的绝缘就是靠空气间隙和空气与固体介质的复合绝缘来实现的。气体击穿过程的理论研究虽然还不完善，但是相对于其他几种绝缘来说最为完整。

液体电介质又称绝缘油，在常温下为液态，在电气设备中起绝缘、传热、浸渍及填充作用，主要用在变压器、油断路器、电容器和电缆等电气设备中。在断路器和电容器中的绝缘油还分别有灭弧和储能作用。液体电介质与气体电介质一样具有流动性，击穿后有自愈性，但电气强度比气体的高。因此用液体介质代替气体介质制造的高压电气设备体积小，节省材料；但液体介质大多可燃，易氧化变质，产生水分、气体、酸、油泥等，导致电气性能变坏。电气设备对液体介质的要求首先是电气性能好，如绝缘强度高、电阻率高、介质损耗及介电常数小（电容器则要求介电常数高）；其次还要求散热及流动性能好，即黏度低、导热好、物理及化学性质稳定、不易燃、无毒以及其他一些特殊要求。液体电介质有矿物绝缘油、合成绝缘油和植物油三大类。实际应用中，也常使用混合油，即用两种或两种以上的绝缘油混合成新的绝缘油，以改善某些特性，如耐燃性、析气性、自熄性、局部放电特性等。

固体介质广泛用作电气设备的内绝缘，常见的有绝缘纸、纸板、云母、塑料等，而用于制造绝缘子的固体介质有电瓷、玻璃、硅橡胶等。以硅橡胶为主要材料的复合绝缘子如图7-7所示。电介质的电气特性，主要表现为它们在电场作用下的导电性能、介电性能和电气强度，它们分别以电导率（或绝缘电阻率 $\rho$）、介电常数 $\varepsilon$、介质损耗角正切 $\tan\delta$ 和击穿电场强度 $E_b$ 四个主要参数来表示。

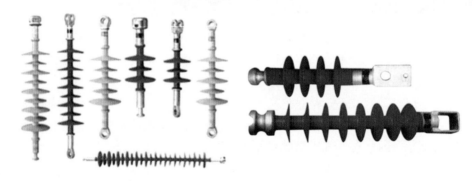

图7-7　以硅橡胶为主要材料的复合绝缘子

研究各种气体、液体和固体绝缘材料在不同电压下的放电特性、绝缘特性、介电强度和放电机理，研究如何提高气体绝缘的放电电压，在于揭示绝缘介质在强场强下的本质特征，以便合理解决电工设备的绝缘结构问题，从而有效提高介质的抗电强度。研究影响气体放电的各种因素，如间隙大小、电极形状、作用电压的极性和类型、气体的压力、温度、湿度和杂质等，对确保电工设备的经济合理和安全运行有重要的理论指导意义。

由于其所依赖的电介质理论尚不够完善，高电压与电气绝缘的很多问题必须通过试验来解释；电气设备绝缘设计、故障检测与诊断等也都必须借助试验来完成。近年来，由于国民经济发展的要求，我国开始大力发展超高压、特高压输电技术，直流±800kV、交流 1000kV 的输电电压等级都是非常高的，电压等级的提高对电气设备绝缘的可靠性提出了更高的要求，很多技术问题没有任何可借鉴的经验，都必须依靠先进而完善的试验体系及试验方法才能得以很好地解决。

电气设备的绝缘诊断技术，是通过对电气设备的试验和各种特性量的测量，了解、分析和评估设备在运行过程中的状态，从而能早期发现故障的技术。电气设备的绝缘老化是由于设备在长期的运行中受到各种因素的作用，使绝缘材料逐渐劣化，绝缘性能下降甚至失去绝缘性能的现象。绝缘缺陷大致可分为两大类：① 集中性缺陷。例如，绝缘子瓷体内的裂缝、发电机定子绝缘介质因挤压磨损而出现的局部破损、电缆绝缘层内存在的气泡等。② 分散性缺陷。例如，电机、变压器等设备的内绝缘受潮、老化、变质等。当绝缘内部出现缺陷后，就会在它们的电气特性上反映出来。而绝缘诊断正是对上述现象进行监测、分析和判断，试验和测量是"诊"，分析和评估是"断"。目前有离线监测和在线监测之分。一般地，离线试验分为非破坏性试验（即绝缘特性试验）和破坏性试验（即耐压试验）两类。非破坏性试验是在较低电压或用其他不损害绝缘的方法测量绝缘的各种状态，包括绝缘电阻试验、介质损耗角正切试验、局部放电试验、绝缘油气相色谱分析等，测量的数据与绝缘的状态之间的关系主要依赖于经验建立。耐压试验的项目主要有交流耐压试验、直流耐压试验、雷电冲击耐压试验及操作冲击耐压试验等。耐压试验能够直接检测绝缘的电气强度，具有直观性，但大多数具有破坏性特征，试验过程有可能给试验对象带来不可逆转的绝缘破坏。这种处于离线的试验存在几个缺点：① 需要停电进行，而不少重要的电力设备不能轻易地停止运行；② 检测间隔周期较长，不能及时发现绝缘故障；③ 停电后的设备状态与运行时的设备状态不相符，影响诊断的正确性。而在线监测是在被测设备处于带电运行的条件下，对设备的绝缘状况进行连续或定时的监测，属于非破坏性试验，除了测定反映绝缘特性的数值外，还可以分析绝缘特性随时间的变化趋势。随着电气绝缘可靠性要求的提高和状态维修体制的实施，高压电气设备尤其是超高压、特高压电气设备绝缘在线监测技术的发展必将成为一种趋势。另外，建立一套电气绝缘在线检测系统也是实施电力设备状态维修和建设无人值守变电站的基础。绝缘的在线监测是一门多学科交叉融合的综合技术，伴随着传感器技术、信息处理技术和计算机控制技术的提高，电气绝缘在线检测与故障诊断的技术水平不断提高。目前，在线监测产品大量投入市场，正沿着两个方向延伸，一是多功能全自动的绝缘在线诊断系统的研发，它利用计算机控制能够实现全天候自动监测；二是便携式绝缘监测仪器的研发，工作人员可以很方便地带到现场对设备绝缘进行在线监测。

**二、过电压及其防护技术**

电力系统的过电压是电力系统运行中由于内、外原因引起的电压超过额定工作电压的现象。过电压包括外过电压（又称雷电过电压）和内过电压。过电压对设备绝缘危害极大。高电压技术中所涉及的高电压类型有直流电压、工频交流电压和持续时间为毫秒级的操作过电压、微秒级的雷电过电压。一般雷电过电压幅值远超过系统的额定工作电压，但作用时间较短，平均波长时间为 30ms，所以具有幅值高、频率高、作用时间

短的特点。电力系统的内过电压是因正常操作或故障等原因使电路状态或电磁状态发生变化，引起电磁能量振荡而产生的。在高电压技术中，针对不同的过电压类型采用不同的限制措施。

在雷雨季节里，太阳使地面水分部分化为水蒸气，同时地面空气受到热地面的作用变热而上升，成为热气流。由于太阳几乎不能直接使空气变热，所以每上升1km，空气温度约下降10℃。上述的热气流遇到高空的冷空气，水蒸气凝成小水滴，形成热雷云。雷电放电是由带电荷的雷云引起的。雷云带电原因的解释很多。一般认为雷云是在有利的大气和大地条件下，由强大的潮湿的热气流不断上升进入稀薄的大气层冷凝的结果。强烈的上升气流穿过云层，水滴被撞分裂带电。轻微的水沫带负电，被风吹得较高，形成大块的带负电的雷云；大滴水珠带正电，凝聚成雨下降，或悬浮在云中，形成一些局部带正电的区域。雷云的底部大多数是带负电，它在地面上会感应出大量的正电荷。这样，在带有大量不同极性或不同数量电荷的雷云之间，或者雷云和大地之间就形成了强大的电场，其电位差可达数兆伏甚至数十兆伏。随着雷云的发展和运动，一旦空间场强度超过大气游离放电的临界电场强度（大气中约30kV/cm，有水滴存在时约10kV/cm）时，就会发生云间或对大地的火花放电；放出几十甚至几百千安的电流；产生强烈的光和热，使空气急剧膨胀震动，发生霹雳轰鸣。这就是闪电伴随雷鸣，故称为雷电（见图7-8）。大多数雷电放电发生在雷云之间，它对地面没有什么直接影响。雷云对大地的放电虽然只占少数，但是一旦发生就有可能带来严重的危险。

图7-8　雷电

实测表明，对地放电的雷云绝大多数带负电荷。根据放电雷云电荷的极性来定义，此时雷电流的极性也为负。雷云中的负电荷逐渐积聚，同时在附近地面上感应出正电荷，当雷云与大地之间局部电场强度超过大气游离临界场强时，就开始有局部放电通道自雷云边缘向大地发展。这一放电阶段称为先导放电。先导放电通道具有导电性，因此雷云中的负电荷沿通道分布，并继续向地面延伸，地面上的感应正电荷也逐渐增多，先导通道发展临近地面时，由于局部空间电场强度的增加，常在地面突起处出现正电荷的先导放电向天空发展，称为迎面先导。当先导通道到达地面或者与迎面先导相遇以后，就在通道端部因大气强烈游离而产生高密度的等离子区，此区域自下而上迅速传播，形成一条高导电率的等离子体通道，使先导通道以及雷云中的负电荷与大地的正电荷迅速中和，这就是主放电过程。先导放电发展的平均速度较低，约为 $1.5 \times 10^5 \mathrm{m/s}$，表现出的电流不大，约为数百安。由于主放电的发展速度很高，为 $2 \times 10^7 \sim 1.5 \times 10^8 \mathrm{m/s}$，所以出现甚强的脉冲电流，可达几十至二三百千安。上述现象描述的是雷云负电荷向下对地放电的过程，可称为下行负闪电。在地面高耸的突起处，如尖塔或山顶，也可能出现从地面开始的上行正先导向云中负电荷区域发展的放电，称为上行负闪电。与上面的情况类似，带正电荷的雷云对地放电，也可能是下行正闪电，或上行正闪电。

架空输电线路地处旷野，纵横交错，绵延数千里，很容易遭受雷击。雷击是造成线路跳闸停电事故的主要原因，同时，雷击线路形成的雷电过电压波，沿线路传播侵入变电站，也是危害变电站设备安全运行的重要因素。因此必须十分重视输电线路的雷电过电压及其防护问题。

根据过电压形成的物理过程，雷电过电压可以分为两种：① 直击雷过电压，是雷电直接击中杆塔、避雷线或导线引起的线路过电压；② 感应雷过电压，是雷击线路附近大地，由于电磁感应在导线上产生的过电压。运行经验表明，直击雷过电压对电力系统的危害最大，感应过电压只对 35kV 及以下的线路有威胁。

按照雷击线路部位的不同，直击雷过电压又分为两种情况。一种是雷击线路杆塔或避雷线时，雷电流通过雷击点阻抗使该点对地电位大大升高，当雷击点与导线之间的电位差超过线路绝缘的冲击放电电压时，会对导线发生闪络，使导线出现过电压。此时因为杆塔或避雷线的电位（绝对值）高于导线，故通常称为反击。另一种是雷电直接击中导线（无避雷线时）或绕过避雷线击中导线（通常称之为绕击），直接在导线上引起过电压。

发电厂和变电站的雷害可能来自两个方面，一是雷直击于发电厂、变电站，二是雷击输电线路产生的雷电过电压波沿线路侵入发电厂、变电站。由于雷击线路比较频繁，因此雷电侵入波是造成发电厂、变电站雷害事故的主要原因。侵入变电站的雷电波幅值虽然在一定程度上受到线路绝缘水平的限制，但是因为线路的绝缘水平高于变电站电气设备的绝缘水平，所以必须采用防护措施，削弱来自线路的雷电侵入波幅值和陡度，限制变电站内的过电压水平，才能避免电气设备发生雷害事故。

雷击除了威胁输电线路、发电厂和变电站外，还会危害高建筑物、通信线路、天线、飞机、船舶、油库等设施的安全。它对人类的生活环境、工作条件等都造成了很大的影响，因此对雷电的研究和防护意义重大。

对直击雷的防护一般采用避雷针、避雷线、避雷带和避雷网，并且按规程正确装设避雷针、避雷线和接地装置（见图 7-9），尽量减小避雷设备的接地电阻，以减少或杜绝绕击和反击的事故，提高防雷效果；对侵入过电压波防护的主要措施是合理确定发电厂、变电站内装设避雷器的类型、参数、数量和位置，同时在线路进线段上采取辅助措

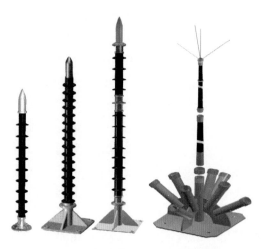

图7-9　直击雷防护产品和接地极

施，以限制流过避雷器的雷电流和降低侵入波陡度，使发电厂、变电站电气设备上过电压幅值限制在电气设备的雷电冲击耐受电压以下。对于直接与架空线路相连的发电机，除在电机母线上装设避雷器外，还应装设并联电容器以降低电机绕组侵入波的陡度，以保护电机匝间绝缘和中性点绝缘不受损坏。

六氟化硫气体绝缘全封闭变电站（GIS）的出现，新型氧化锌避雷器的应用，电子计算机数值计算技术的进步等，给发电厂、变电站的过电压保护和绝缘配合带来新的活力和特点。计算机的应用使许多原来认为比较复杂难解的问题变得容易了。

因系统参数变化的原因是多种多样的，内部过电压的幅值、振荡频率、持续时间不尽相同。通常按产生原因将内部过电压分为操作过电压和暂时过电压。操作过电压即电磁过渡过程中的过电压，一般持续时间在0.1s以内，衰减较快，持续时间较短。暂时过电压包括谐振过电压和工频电压升高，持续时间相对较长，暂时过电压产生的原因主要是空载长线路的电容效应、不对称接地故障、负荷突变以及系统中可能发生的线性或非线性谐振等。

操作过电压是内部过电压的一种类型，发生在由于"操作"引起的过渡过程中。所谓"操作"包括断路器的正常操作，如分、合闸空载线路或空载变压器、电抗器等；也包括各类故障，如接地故障、断线故障等。由于"操作"，使系统的运行状态发生突然变化，导致系统内部电感元件和电容元件之间电磁能量的互相转换，这个转换常常是强阻尼的、振荡性的过渡过程。因此操作过电压具有幅值高、存在高频振荡、强阻尼以及持续时间短等特点。操作过电压与系统结构、设备特性，特别是断路器的特性有关。

由于操作过电压的数值与系统的额定电压有关，所以随着系统额定电压的提高，操作过电压的幅值亦迅速增长。对于220kV及以下系统，通常设备的绝缘结构设计允许承受可能出现的3~4倍过电压，因此不必专门的限制措施。在330kV及以上的超高压系统中必须采取措施，将操作过电压限制在一定水平以下。

电力系统中包括有许多电感和电容元件，作为电感元件的有电力变压器、互感器、发电机、消弧线圈以及线路导线等的电感，作为电容元件的有线路导线的对地电容和相间电容、补偿用的串联和并联电容器组以及各种高压设备的寄生电容等。在系统进行操作或发生故障时，这些电感和电容元件，可能形成各种不同的振荡回路，在一定的能源作用下，产生谐振现象，引起谐振过电压。

谐振过电压不仅会在进行操作或发生故障的过程中产生，而且可能在过渡过程结束后的较长时间内稳定存在，直到发生新的操作，谐振条件受到破坏为止。因此谐振过电压比操作过电压的持续时间长，性质上属于暂时过电压。谐振过电压的严重性既取决于它的幅值，也取决于它的持续时间。谐振过程不仅会产生过电压危及电气设备的绝缘、产生持续的过电流而烧毁设备，而且还可能影响过电压保护装置的工作条件，如影响阀型避雷器的灭弧条件。

对内部过电压限制的有效措施主要有在系统安装消弧线圈、线路上装设并联电抗器或静止补偿器、采用带并联电阻的断路器、采用良导体接地线以及金属氧化物避雷器（见图7-10）等。上海东方明珠电视塔雷电防护工程如图7-11所示。

图7-10　高压避雷器

图7-11　上海东方明珠电视塔雷电防护工程

### 三、高电压试验设备、方法和测量技术

高电压领域的各种实际问题一般都需要经过试验来解决。因此，高电压试验设备（见图7-12~图7-16）、试验方法以及测量技术在高电压技术中占有格外重要的地位。

图7-12　4800kV冲击电压发生器

图7-13　1200kV直流电压发生装置

常见的高电压发生装置有：由工频试验变压器及其调压设备等组成的工频试验设备、模拟雷电过电压或操作过电压的冲击电压发生装置、利用高压硅堆等作为整流阀的高压直流发生装置等。工频试验变压器的作用在于产生工频高电压，使之作用于被测试的电气设备的绝缘上以考察被测试电气设备在长时间的工作电压及瞬间内部过电压下是否能可靠工作。另外，它也是试验研究高电压输电线器的气体绝缘间隙、电晕损耗、静电感应、长串绝缘子的闪络电压、电力设备内部绝缘局部放电及带电作业等试验项目的高压电源设备。近年来，由于超高压和特高压输电的发展需要，必须研究内绝缘或外绝缘在操作冲击波作用下的击穿规律。因此，工频试验变压器除了可以产生常规的工频试验电压，可以作为直流高压和冲击高压设备的电源外、还利用它可以产生操作冲击波。它是高压试验装置中必不可少的设备。

图 7-14　1000kV 工频试验变压器

图 7-15　120kA 冲击电流发生器

图 7-16　220kV 连续可调试验变电站

进行高电压试验需要有正确的试验方法，如耐压试验、介质损耗试验、局部放电试验等。对不同类型的高电压需采用不同的测量装置。如测量直流电压或低频交流电压的有效值用高压静电电压表、测量峰值电压用交流峰值电压表、测单次短脉冲用高压示波器。常用的高电压测量装置还有各种分压器、分流器、局部放电仪等。利用光电测试技术测量高电压，特别是测量冲击高电压，高压和低压测量仪器通过光纤隔离，避免了高电压传到低电压的测量系统而引起的危险和电磁场对低电压测量系统的干扰。

 ## 7.4 我国高等学校的高电压与绝缘技术专业

我国 1993~1998 年的普通高等学校专业目录中十大门类之一工学门类下属 22 个二级类，其中电工学二级类下的五个专业包括电机电器及其控制、电力系统及其自动化、高电压与绝缘技术、工业自动化和电气技术。电子与信息二级类下有 14 个专业。1996~2000 年期间，我国高等教育在专业设置、人才培养模式、课程体系和教学内容、教学方法与手段、实践条件与内容等方面开展了全方位的改革。把上述电机电器及其控制、电力系统及其自动化、高电压与绝缘技术和电气技术专业合并为电气工程及其自动化，把工业自动化和电子与信息类中的自动控制等专业合并为自动化专业，专业口径大大地拓宽。电气工程及其自动化专业的定位是：以强电为主，强弱电结合的专业。高电压与绝缘技术方向成为本科电气工程及其自动化大专业下的一个专业方向。在本科课程设置方面，加强基础，拓宽专业面已成为共识。"高电压技术"课程合并了原来高电压与绝缘专业本科开设的"高电压绝缘"、"高电压试验技术"和"电力系统过电压"等课程。该课程是一门综合多学科的专业基础课程，是电气工程与自动化专业，尤其是强电类专业学生的必修课程，是学生掌握"高电压与绝缘技术"学科基础知识的主要渠道。该课程主体内容旨在正确处理电力系统中过电压与绝缘这一对矛盾，掌握各种电介质和绝缘结构的电气特性、电力系统过电压及其防护措施、绝缘与高电压试验方面的知识。该课程内容来源于科学实践和生产第一线，又不拘泥于学科系统，以适应多学科要求，可满足不同层次的需要。所以，还开设与高电压有关的专业课供学生进一步选修。

进入研究生阶段，高电压与绝缘技术专业是研究生专业目录中电气工程一级学科下的一个二级学科。其他的四个二级学科分别是电机与电器、电力系统及其自动化、电力电子与电力传动和电工理论与新技术。

 ## 7.5 高电压新技术及其在其他领域中的应用

高电压技术最早是从静电物理中提出来的，但作为一门独立的学科，则是随着电力系统的发展而形成的，尤其是从瑞典 1952 年兴建世界上第一条 380kV 高压输电线路以来，高电压技术得到了迅猛的发展，内容不断地丰富。除了电力工程领域有着广

泛的应用以外，高电压技术在非电力领域也得到了蓬勃的发展和广泛的应用，包括高能物理、等离子体物理、大功率激光、核技术、生物、环保、医疗保健以及超导、航空技术、绝缘与在线检测及电磁兼容等许多领域。这些领域的应用一般统称为高电压新技术。

### 7.5.1　高功率脉冲技术

高功率脉冲技术是研究高电压、大电流、高功率窄脉冲的产生和应用的技术。高功率脉冲系统的工作原理是，先将从低功率能源中获得的能量储存起来，然后将这些能量经高功率脉冲发生器转变成高功率脉冲，并传给负载。高功率脉冲发生器由 Marx 发生器（或电容器组）和脉冲形成回路共同组成，又称脉冲发电机。最初是应材料响应实验、闪光 X 射线照相及模拟核武器效应的需要而出现的。1962 年英国的 J. C. 马丁成功地将已有的 Marx 发生器与传输线技术结合起来，产生了持续时间短达纳秒级的高功率脉冲，从而开辟了这一崭新的领域。我国著名科学家王淦昌院士曾经说过：脉冲功率技术是许多高科技的基础。该技术和国防尖端高能量武器的研究有密不可分的联系，它涉及核爆模拟、高功率微波武器、X 射线激光武器、定向束能武器、电磁轨道炮等。现在脉冲功率技术在民用部门也得到广泛应用，如环保除尘、油井疏通、体内结石破碎等，使高功率脉冲技术成为极为活跃的研究领域之一。

当前，脉冲功率技术正向着高电压、大电流、窄脉冲、高重复率的方向发展。

### 7.5.2　等离子体

等离子体，是一种拥有离子、电子和核心粒子的不带电的离子化物质。等离子体包括有几乎相同数量的自由电子和阳极电子。等离子体是物质的第四态，即电离了的"气体"，它呈现出高度激发的不稳定态，其中包括离子（具有不同符号和电荷）、电子、原子和分子。在自然界里，炽热烁烁的火焰、光辉夺目的闪电以及绚烂壮丽的极光等都是等离子体作用的结果。对于整个宇宙来讲，几乎 99.9% 以上的物质都是以等离子体态存在的，如恒星和行星际空间等都是由等离子体组成的。产生等离子体的方法很多，如核聚变、核裂变、气体绝缘击穿形成辉光放电或电弧放电可产生等离子体，利用大功率激光照射固体表面也可以产生等离子体。利用脉冲功率技术可产生高密度等离子体，所以，等离子体技术与脉冲功率技术密不可分。

由于等离子体中不断发生激励、游离和去游离，存在大量的离子、电子和活性粒子，且富含紫外线，因此，与通常的气体不同，等离子体具有各种各样的物理和化学性质，应用十分广泛。

等离子体在冶金方面的应用主要有：① 等离子体冶炼：用于冶炼用普通方法难于冶炼的材料，如高熔点的锆（Zr）、钛（Ti）、钽（Ta）、铌（Nb）、钒（V）、钨（W）等金属；还用于简化工艺过程，如直接从 ZrCl、MoS、TaO 和 TiCl 中分别获得 Zr、Mo、Ta 和 Ti；用等离子体熔化快速固化法可开发硬的高熔点粉末，如碳化钨-钴、Mo-Co、Mo-Ti-Zr-C 等粉末。等离子体冶炼的优点是产品成分及微结构的一致性好，可免除容器材料的污染。② 等离子体喷涂：用等离子体沉积快速固化法可将特种材料粉末喷入热等离子体中熔化，并喷涂到部件上，使之迅速冷却、固化，形成接近网状结构的表层，这可大大提高喷涂质量。③ 等离子体焊接：可用以焊接钢、合金钢；铝、铜、钛等及其合金。其特点是焊缝平整，可以再加工，没有氧化物杂质，焊接速度快，用于切割钢、铝及其合金，切割厚度大。

等离子体在环境方面的应用主要有：① 臭氧发生器：臭氧作为强氧化性气体广泛用于杀菌、氧化、漂白、除臭等。与其他常用氧化剂相比，具有无色、无恶臭、无强腐蚀性和毒性，制备原料（空气）易得等优点。臭氧产生的原理是突变电场（工频、高频或脉冲电场）作用下气体分子中原有少量载流子（电子和离子）从外电场中获得能量，使其加速运动与气体分子碰撞及电离，氧分子分解成氧原子并在瞬间重新结合成臭氧。高压脉冲技术可提高臭氧生产效率。② 等离子体水处理技术：高压脉冲放电等离子体水处理技术，其机理为高能电子轰击、臭氧杀菌、紫外线的光化学处理作用、放电等离子体中产生活性自由基的作用。高压脉冲放电等离子体水处理技术使放电生产的臭氧与水直接作用，不仅避免了臭氧质量随时间的衰减，而且充分发挥放电产生的活性粒子的净化作用。③ 脉冲电源静电除尘：传统静电除尘采用直流高压供电方式，因粉尘层等效电容效应造成反电晕现象而导致除尘率下降。采用脉冲供电时，除尘器粉尘层的等效电容在脉冲施加期间只充上很少的电荷。故脉冲供电电源除尘器的除尘效果优于直流电源供电的除尘器。脉冲静电除尘是一种先进的空气净化技术，如果将之与脱硫脱氮技术相结合，可实现脱硫脱氮技术与除尘技术一体化。目前国内外电除尘脉冲供电电源大多采用在直流基础电压上叠加脉冲电压的设计方案。④ 脉冲电晕等离子体法净化废气技术：亦称为纳秒级高压脉冲电晕放电产生等离子体化学技术（PPCP）。其机理是利用前沿陡峭、窄脉宽纳秒级的高压脉冲电晕放电，在常温下获得非平衡等离子体，即产生大量的高能电子和活性粒子，对工业废气中的有害气体分子进行氧化、降解等反应，使污染物转化为低毒或无毒物质。

另外，在民用方面的等离子显示器 PDP、在医药保健方面的体外冲击波碎石和高速 X 闪光辐射摄影等，都反映出高电压技术的广泛的应用领域。

### 7.5.3 线爆技术

强大的电流通过金属线时，会使金属线熔化、气化、爆炸，产生很强的力学效应及光、电、热和电磁效应。线爆技术可以用于对难熔金属、难镀材料的喷涂；用于铁轨的线爆焊接；也可用线爆来模拟高空核爆炸或地下核爆炸。

### 7.5.4 液电效应

液电效应是液体电介质在高电压、大电流放电时伴随产生的力、声、光、热等效应的总称。利用液电效应的原理可以制成碎石机、铸件清砂装置等，已在国内外得到广泛应用，在石油开采、水下大型桥桩的探伤等方面也得到应用。

思 考 题

7.1　高电压与绝缘技术有哪些特点?

7.2　高电压与绝缘技术的理论基础有哪些?

7.3　简述高电压与绝缘技术的主要研究内容。

7.4　高电压新技术在其他领域有哪些应用?

# 电力电子与电力传动技术

科学家探索的是世界的本来面貌，工程师则是创造一个新的世界。

——卡曼

## 8.1 电力电子技术

电力电子技术（Power Electronics Technology）是一门将电子技术和控制技术引入传统的电力技术领域，利用由半导体电力开关器件组成的各种电力变换电路对电能进行变换和控制的一门新兴学科。20 世纪 60 年代，该学科被国际电工委员会命名为电力电子学或功率电子学(Power Electronics)，又称为电力电子技术。"电力电子技术"和"电力电子学"是分别从学术和工程技术两个不同的角度来称呼的，其实际内容并没有太大的差异。1974 年，美国学者 W. E. Newell 认为电力电子学是一门交叉于电气工程三大学科领域——电力（学）、电子学和控制理论之间的边缘学科，自此，国际上开始普遍接受了这一观点。图 8-1 中的三角形较为形象地描述了电力电子技术这一学科的构成以及它与其他学科的交叉关系。电力学、电子学、控制理论是电力电子技术的三根支柱，但这三根支柱的粗细并不一样。其中，电子学最粗，这说明电力电子技术和电子学具有密切关系。电力电子电路与电子电路的许多分析方法是一致的，它们的共同基础是电路理论，只是应用有所不同，电力电子用于功率转换，如电源、功率放大，输出都可看成电力电子电路，所以也可以把电力电子技术看成是电子技术的一个分支，这样，电子技术就可以

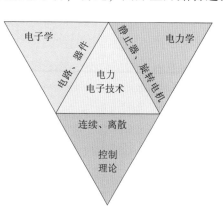

图 8-1　电力电子技术学科的
　　　　　交叉构成关系

划分为信息电子技术和电力电子技术两大分支，而信息电子技术又包括模拟电子技术和数字电子技术两部分。其次是电力学。控制理论最细，但控制理论在电力电子装置系统中得到了有机而广泛的应用，这与控制理论在其他工程中的应用并无本质上的差别。

电力电子技术是应用于电力领域的电子技术。具体地说，电力电子技术是一门研究各种电力半导体器件，以及如何利用由这些电力电子器件构成的各种电路或装置、电路理论和控制技术高效地完成对电能进行处理、控制和变换的学科。因此，它既是现代电子学在强电（高电压、大电流）或电工领域的一个重要分支，也是电工技术在弱电（低电压、小电流）或电子领域的一个重要部分，因此可以说是一个强弱电相结合、弱电控制强电的新领域。

> W. E. Newell 提出的"电力电子学"
>
> （IEEE Trans, IA-10-（1），1974，pp，7-11）
>
> "Power Electroics is a technology which is interstitial to all three of major disciplines of electrial engineering. electronitcs，power，and control，as implied by the Fig. 8. 1 （图 8.1），but it also requires a peculiar fusion of the view points which characterize these different disciplines."

电力电子技术是以电力为对象的电子技术，是一门利用电力电子器件对电能进行转换与控制的新兴学科。一般说来，电力电子技术由电力半导体器件【电力电子器件（Power Electronic Device）】、电力电子成套装置及控制理论三大部分组成。

所谓电力半导体器件，是指应用半导体工艺制作的可承受或控制一定功率的半导体元件。但是，这里有两个概念应该注意区别，即电力和半导体。电力半导体器件是指功率比较大的器件，所以像 3DD4、3G12 这样的晶体管并不属于电力电子半导体器件范畴，而属于电子元件。为了突出电力半导体器件是大功率电子器件这一点，有时又把电力半导体器件称为电力电子器件。另一个要注意的概念是半导体，没有采用半导体工艺制作的器件是不能称为电力半导体器件的，如控制中常用的接触器、变压器，作为原动机的电动机、水轮机、蒸汽机等。但是，电力半导体器件和电子器件有着共同的理论基础，其大多数工艺也是相同的，特别是现代电力半导体器件大都使用集成电路制造工艺，采用微电子制造技术，许多设备和微电子器件制造设备通用，两者的分析方法也是一样的，只是两者的应用场合不同，前者用于电力变换和控制，后者用于信息处理。1957 年晶闸管的问世标志了半导体电力电子技术的开端。从此，电子技术向两个分支发展。一支是以晶体管集成电路为核心形成对信息处理的微电子技术，发展特点是集成度越来越高，集成规模越来越大，各种功能越来越全。1971 年第一台微处理器的问世使电子技术发生了第一次革命。目前，微电子技术几乎遍及各种技术领域。另一支是以晶闸管为核心、对电力处理的半导体电力电子技术。电力电子技术和微电子技术构成了现代电子技术的两个分支。微电子技术主要用于信息处理，其在处理小信号的通信、信息测量、控制等领域取得了长足的进步。而电力电子技术则主要用于电力变换，是能源变换和控制的基础。它进一步拓宽了微电子技术的应用领域，可以为现代通信、电子仪器、计算机、工业自动化、电网优化、电力工程、新能源、航天、核能、超导、激光、海洋、生物等各种高新技术提供高性能、高精度、高效率和轻小型的电控设备、电源设备，成为发展高新技术的重要基础和关键支撑。电力电子技术所变换的电力，功率可以大到数百兆瓦甚至 1GM，也可以小到数瓦甚至 1W 以下。

电力电子技术中，电力半导体器件是基础。可以这样说，如果没有 SR 的发明、晶闸管的问世以及各种新型电力半导体器件的不断涌现，也就没有电力电子技术，也就不可能有今天的电气化文明。电力半导体器件工艺上历经五次突破，其每次突破，都为电力电子技术的发展作出了巨大贡献，促使了电力电子成套装置品质的提升。例如，晶闸管的发明使人类把发电机、电动机系统改进为发电机-电动机系统，从而大幅度减少了运行噪声及维护工作量；高频开关器件等的发明，带来了今天的 DC-DC 变换器、高频电子镇压器、高频开关电源，使电力电子成套装置的体积减小、效率大大提高。

目前，电力电子器件主要有硅整流二极管、晶闸管、双极型功率晶体管、功率场效应晶体管和绝缘基极的功率晶体管（IGBT）。这些器件正沿着功率化、快速化、模块化和智能化方面发展。在高电压大电流的应用中（如高压直流输电、无功补偿等），目前晶闸管仍占主导地位，但由于绝缘基极的功率晶体管开关速度快，又是电压驱动元件，控制灵活，因此在 1000kW 以下的电力变换器中，绝缘基极的功率晶体管是当然的佼佼者，也正因为如此，它发展很快。

电力电子技术的另一个组成部分是电力电子成套装置，它是指应用电力半导体器件以及所需的控制理论，按生产机械的要求而实现的一个电气整体。随着电力电子成套装置技术对电力半导体器件不断提出新的、更高的要求，使得电力半导体器件不断进步和飞跃。例如，在电力电子成套装置中希望缩小汞弧整流器过大的体积、改善污染环境，导致了硅整流二极管的发明；要是没有电力电子成套装置对二极管希望在正弦波的正半周内对导通时刻进行控制的要求，就没有晶闸管的突破。根据不完全估计，如今电力半导体器件已达 40 多个品种，这充分说明电力电子成套装置对半导体器件不断地提出新的更高要求实际上是一种重要的催化剂。

控制理论在电力电子技术的发展中起着十分重要的作用。电力半导体器件的主要特点是能用较小的信号输入功率来控制很大的功率输出，这就使得电力电子交换设备成为强电和弱电之间的接口，控制理论正是实现这一弱电控制强电接口的强有力桥梁。

电力电子成套设备是为了满足生产机械的工况而设计的，而各种生产机械对电力电子成套装置的要求千差万别，如何让装置的输出尽可能地跟随输入变化，并与负载的要求完全吻合，控制理论在其中起着关键的作用。例如：对闭环控制系统，一般用比例-积分调节器，双闭环及多环调速系统，常用多环比例-积分控制；在进行调节器系数设计时，要用到自动控制原理的许多方法来对系统进行校正和综合；在交流变速系统中，为了提高性能几乎可与直流电机相媲美。最近几年，诸如模糊控制、最优控制、滑模变结构控制、鲁棒控制等先进的控制手段，越来越多地在电力电子成套设备中获得应用。

因此，电力电子技术的三个组成部分有着密不可分的关系。电力半导体器件和电力电子成套装置两者相互促进，不断完善与提高。控制理论对电力半导体器件的成品率以

及电力电子成套装置性能的提高，起到了至关重要的作用。表 8-1 说明电力、电子和控制三门学科各自的发展情况，从中也能看出电力电子技术的发展动向。表中电力部分偏重于电动机的进步。

表 8-1　　　　　　　　电力、电子和控制三门学科各自的发展情况

| 年代 | 电　　力 | 电　　子 | 控　　制 |
|---|---|---|---|
|  |  | 微处理机 | 环境控制 |
|  | 晶闸管电动机 | 小型计算机 |  |
|  | 斩波器控制 |  | 生物系统控制 |
|  | 逆变器传动 |  | 电子计算机控制 |
|  | 晶闸管"伦纳德" | 可控硅 | 矢量控制论 |
|  | 霍尔电动机 |  | 状态变数法 |
|  | 晶体管电动机 | 硅整流器 | 工作机械的数值控制 |
|  | 磁放大器 |  | 取样值控制 |
| 1950 | 电动机放大器 | 锗整流器 | 根轨迹法 |
|  | 旋转式自动调整器 |  |  |
|  | 交磁放大器 | 晶体管 | 电子式调节计 |
|  | 科特霍尔整流机 | 电子计算机 |  |
|  | 变压整流器 |  | 伺服机构 |
|  | 接触变流机 |  |  |
|  | 闸流管电动机 |  |  |
|  | 无整流电动机 | 引燃管 | 尼奎斯特定理 |
|  |  | 氧化亚铜整流器 | 通信系统的控制 |
|  | 静止"伦纳德" | 硒整流器 |  |
|  | 旋转变流机 | 闸流管 | 生产过程自动调节 |
|  |  | 广播 | 航空机自动导航 |
|  |  | 二级真空管 |  |
| 1900 |  | 三级真空管 |  |
|  | 感应电机 | 水银整流管 |  |
|  | 鼓形线组电动机 |  | 里阿普洛失定理 |
|  | 环形线组电动机 |  | 拉斯定理 |
| 1850 | 同步机 |  |  |
|  | 直流机 |  |  |
|  | 交流发电机 |  |  |
|  | 法拉第法则 |  |  |
|  | 电磁铁 |  |  |
| 1800 |  |  | 瓦特的调速机 |

### 8.1.1　电力电子技术的核心技术

电力电子技术采用功率半导体器件进行功率变换、控制以及制成大功率电路开关等，所以说功率变换和控制技术构成了电力电子技术的核心技术。所谓功率变换就是在电源和负载之间，将电压、电流、频率（包括直流）、相位、相数中的一项以上加以改变。一般将利用二极管、晶体管、晶闸管等功率半导体器件的开关动作无损耗、理想

地进行功率变换的装置称为半导体功率变换装置。在功率变换中，着眼于从电源（输入）到负载（输出）如何改变功率的形态。作为功率的形态，若着眼于最为重要的频率，则根据输入或输出分别是交流或直流，共有四种功率的变换方式，如表 8-2 所示。

表 8-2                                    功 率 变 换

| 输入（电源侧）＼输出（负载侧） | 直 流 | 交 流 |
|---|---|---|
| 交 流 | 正变换（整流器） | 交流功率调节 |
| | | 频率变换（循环换流器） |
| 直 流 | 直流转换（斩波器） | 逆变换（逆变器） |

另外，所谓功率控制则是指控制电压、电流的大小及频率，它的关注点在于输出与控制输入的关系。图 8-2 描述了功率变换与控制的基本功能。

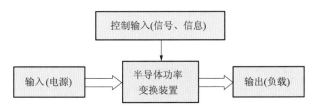

图 8-2  功率变换与控制的基本功能

由于电力电子技术主要用于电力变换，因此可以认为变流技术是电力电子技术的核心和主体。电力电子器件制造技术的理论基础是半导体物理，而变流技术的理论基础是电路理论。电力电子变流技术包括用电力电子器件构成各种电力变换电路以及由这些电路构成电力电子装置和电力电子系统的技术。我们知道，从公用电网直接得到的电力是交流的，从蓄电池和干电池得到的电力则是直流的。前者只有电压幅值的不同，后者除电压幅值外，还有频率和相位两个要素，即所谓"三要素"。从这些电源得到的电力往往不能直接满足实际应用的要求，需要进行电力处理和变换，即常常要在两种电能之间，或对同种电能的一个或多个参数，如电压、电流、频率、波形和相位等进行变换。电力电子技术对电力的变换主要就是对这些参数进行的。电力电子电路及装置通常被叫做变换器（Converter）。按照电能变换功能分类，电力变换通常可分为四大类，即交流变直流、直流变交流、直流变直流和交流变交流。它们可通过相应的变流器或变换器来实现。四种变换及其对应的变换器列举如下：

（1）AC→DC：将交流电转换为固定的或可调的直流电（由交流到直流的变流）。这种变换是正变换，称为整流，所用的变换装置叫做整流器，用于如充电、电镀、电解和直流电动机的速度调节等。

（2）DC→AC：将直流电转换为频率和电压为固定的或可调的交流电（由直流到交流的变流）。这是与整流相反的变换，故称为逆变（换），所用的变换器称为逆变器。

其输出可以是恒频，用于如恒压恒频（CVCF）电源或不间断供电电源（USP）；也可以是变频（这时变流器叫变频器），如用于各种变频电源、中频感应加热和交流电动机的变频调速等。在高压直流输电中当将高压直流电远距离传送到需要用电的地方时，还需要经过逆变将其转换成高压交流，再由变压器降低电压成用电设备所需要的交流电。

（3）AC→AC：将交流电变换为频率和电压为固定的或可调的交流电（交流变流——由交流到交流的变流）。其中，交流电压有效值的调节称为交流电压控制或简称交流调压，所用装置称为交流调压器，用于如调温、调光、交流电动机的调压调速等；将50Hz工频交流电直接转换成其他频率的交流电，称为交交变频，它是将固定的交流电变为电压、频率可调的交流电，在交流传动及许多特殊需要的电源中广泛使用。交交变频所用装置叫做频率变换器。

（4）DC→DC：将直流电的参数（幅值的大小或极性）加以转换（直流变流——由直流到直流的变流），即将恒定直流变成断续脉冲形状，以改变其平均值。当直流到直流变流器电路使用晶闸管组成时，称之为斩波器，主要用于直流电压变换、开关电源，如城市电车、地铁、电车、地铁、矿车、搬运车、蓄电池车等的直流电动机的牵引传动。

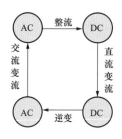

图 8-3　电能变换的
四种类型

因此，为了有效利用功率时刻变化的电力，必须采用改变直流电压大小的电路（斩波电路）、或将交流变换为直流的电路（整流电路）、或将直流变换为交流的电路（逆变电路）等。表 8-2 所表示的电力电子变换器输入、输出的交直流关系可以用图 8-3 简洁表示。

电能的控制与变换通过变换频率、变换电压来满足各种不同应用的要求。为了实现这一目的，电力电子电路就离不开各式各样的模拟控制、检测反馈等信息处理与信号控制系统。目前实现电能转换的控制方式主要有相位控制、通断控制、脉冲宽度调制以及最近出现的有源功率因数校正技术。先进的控制技术是实现电力电子技术应用的关键，也是实现电气工程自动化的关键，在电力系统中由于系统变化的高速性，有的测量或控制时间在毫秒到几十纳秒内完成，因此，所采用的控制技术和测量技术也是最先进的。

控制技术包括模拟技术和数字技术两种，模拟技术由模拟电子技术为基础，数字技术由数字电子技术为基础，工程中模拟技术和数字技术都会融合在一起使用。控制技术还包括智能控制技术，它可以分为计算机网络技术、工业控制微机测控技术、高速单片机测控技术、PLC 测控技术等。例如，小区用户的集中抄表系统、电力系统的遥信技术、遥控技术、遥调技术、遥视技术等必须采用计算机网络技术，通过计算机传送大量的数据和信息。在工业控制测控微机技术的应用方面，例如，变电站的综合自动化必须采用工业控制微机、高级语言和先进的操作系统，作为具有丰富数据管理能力的后台，实用性要求较高，因此要求有可靠的电源系统。图 8-4 所示为 Prius THSII 可变压系统电路结构图。

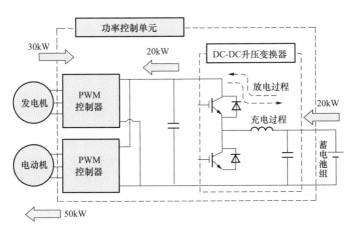

图 8-4　Prius THSII 可变压系统电路结构图

　　微处理器在电力电子装置中的应用，进一步说明了当代学科间是互相渗透的。由于自动控制技术的发展，电力电子学不仅与电子学紧密相关，而且已经和计算机科学发生了紧密的联系。特别是最近几年来，由于微电子技术的发展，工业控制的功能模块或专用芯片不断涌现，使变换器的控制系统变得小型化和高可靠性，使变换装置更加完美，很容易实现系列化和标准化。

　　电力电子技术对控制技术在控制速度、可靠性等方面的要求更严格。例如，用于各种调速系统中的交流电动机的各种变频技术，实现这些技术的关键就是采用高速控制器。

　　目前，很多高新技术均与电力网的电流、电压、频率和相位等基本参数的转换和控制相关。现代电力电子技术能够实现对这些参数精确控制和高效率的处理，特别是能够实现大功率电能的频率转换，可以为多项高新技术的发展提供有力的支持。因此，现代电力电子技术不仅本身就是一项高新技术，而且也是其他高新技术的发展基础，直接可以应用到工业、电力、交通、冶金、化工、电信、国防、家电等各个领域，大至兆瓦级超高压直流输电，小至家用电器的节能灯，无不渗透着电力电子技术。尤其与微电子技术、计算机技术、现代控制技术结合后，其应用领域更广，自动化水平越来越高，快速性和可靠性发展也越来越快，对现代生产和生活均产生了深远巨大的影响。

## 8.1.2　电力电子技术学科的产生与发展　//////

　　电力电子器件对电力电子技术起着决定性的作用，现代电力电子技术的进步主要是跟随着电力半导体器件的进步，而它又是随着微电子技术的发展而进化的。因此，电力电子技术是以电力电子器件的发明与发展史为纲的。图 8-5 描绘了电力电子技术的发展史。

　　1876 年出现了硒整流器。1904 年发明了可控制真空中电子流的真空管，并将其应用于通信、广播和无线电技术，从而开创了电子技术之先河。

　　1911 年出现了水银封于管内的金属封装水银整流器，利用对其蒸气的点弧可对大

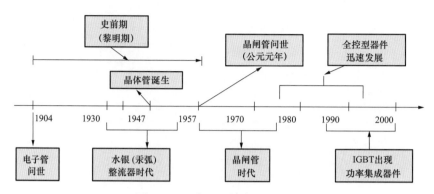

图 8-5　电力电子技术的发展史

电流进行有效控制，其性能和晶闸管很相似。20 世纪 30~50 年代，是水银整流器发展迅速并大量应用的时期。特别是 20 世纪 50 年代，可处理数百千瓦以上功率的大容量水银整流器进入了实用期，它广泛用于电化学工业、电源装置、电气化铁路、工业用电动机控制、直流输电等，形成了水银整流器时代。

1948 年美国贝尔实验室发明晶体管，半导体固态电子学这一新兴学科便随之应运而生，电子学也正式拉开序幕，真空管被晶体管所取代。半导体器件首先应用于小功率领域，如通信、信息处理的计算机。20 世纪 60 年代以后，从晶体管开始，陆续开发了集成电路（IC）、大规模集成电路（LSI）和超大规模集成电路（VLSI），是微电子学的鼎盛时期，并时至今日。另外，处理大功率的技术采用什么器件呢？在真空管出现后不久，就发明了能够通过大电流的气体放电管（闸流管及放电管等），可以控制数百瓦至数千瓦以上的功率。20 世纪 30 年代，采用闸流管进行电动机控制已经实用化。现今电力电子技术的部分主要技术就是在这个时代形成的。

1953 年，出现了锗功率二极管，1954 年又出现了硅二极管，普通的半导体整流器开始使用。1957 年，美国通用电气公司开发出了世界上第一只晶闸管（Thyristor）产品，并于 1958 年使其商业化，并且通用电气公司为该产品还起了一个商品名 SCR（Silicon Controlled Rectifier）。一般认为，这是电力电子技术诞生的标志，也有人称之为继晶体管发明和应用之后的又一次电子技术革命。一方面由于晶闸管在变换能力上的突破，另一方面是由于实现了弱电对以晶闸管为核心的强电变换电路的控制，使之很快取代了水银整流器和旋转变流机组，进而使电力电子技术步入了功率领域。变流装置也由旋转方式变为静止方式，具有效率高、体积小、重量轻、寿命长、噪声低、维修便利等优点。随着这一功率半导体器件的容量越来越大，采用晶闸管的功率变换技术的实用化也得到了发展。水银整流器由于利用的是放电现象这一原理，所以容易产生逆弧、失弧等异常现象。同时，由于水银整流器很难做到小型化，所以在 20 世纪 60 年代迅速消失，取而代之的是晶闸管在功率变换及控制中占了主流，其卓越的电气性能和控制性能带来了一场工业革命。

进入 20 世纪 60 年代后期，作为功率半导体器件的二极管、晶体管、晶闸管等在大容量方面得到了发展，与此同时，控制功率半导体器件的电子技术也取得了进展。因此，电子技术逐渐向功率控制扩展从而形成了功率电子学，即电力电子技术。

普通晶闸管通过对门极的控制可以使其导通，而不能使其关断，故属于半控型器件，被称为第一代电力电子器件。以晶闸管为核心的变流电路沿用了过去水银整流器所用的相控整流电路及周波变换电路。相控整流电路的主要功能是使交流变成直流，因此当时有整流时代之称。直流传动（轧钢、造纸等）、机车牵引（电气机车、电传动内燃机、地铁机车等）、电化电源是当时的三大支柱应用领域。

20世纪70~80年代，随着电力电子技术理论研究和制造工艺水平的不断提高，电力电子器件得到了很大发展，是电力电子技术的又一次飞跃。先后研制出以门极可关断晶体管（GTO）、电力双极型晶体管（GTR）、电力场效应晶体管（Power MOSFET）为代表的第二代自关断全控型器件并迅速发展。在中大容量的变流装置中，传统的晶闸管逐渐被这些新型器件取代。这时的电力电子技术已经能够实现逆变。这一时期被称为逆变时代。

20世纪80年代以来，微电子技术与电力电子技术在各自发展的基础上相结合而产生了新一代高频化、全控型的功率集成器件，从而使电力电子技术由传统电力电子技术跨入现代电力电子技术的新时代。

20世纪80年代出现了以绝缘栅双极型晶体管（IGBT）为代表的第三代复合型场控半导体器件，另外还有静电感应式晶体管（SIT）、静电感应式晶闸管（SITH）、MOS晶闸管（MCT）等。这些器件不仅有很高的开关频率，一般为几十赫到几百千赫，耐压性更高，电流容量大，可以构成大功率、高频电力电子电路。IGBT是电力场效应管和双极结型晶体管的复合。它集MOSFET的驱动功率小、开关速度快的优点和BJT通态压降小、载流能力大的优点于一身，性能十分优越，使之成为现代电力电子技术的主导器件。GBT的出现为大中型功率电源向高频发展奠定了基础。与此相仿，MCT（MOS Controlled Thyristor）是MOSFET驱动晶闸管的复合器件，集场效应晶体管与晶闸管的优点于一身，被认为是性能最好、最有发展前途的一种新器件。

20世纪80年代后期开始了复合型材料的应用，因而一批全控型器件的大容量化和实用化使电力电子技术完成了从传统电力电子技术向现代电力电子技术的过渡。这一阶段电力半导体器件的发展趋势是模块化、集成化，按照电力电子电路的各种拓扑结构将多个相同的电力半导体器件或不同的电力半导体器件封装在一个模块中，从而降低成本、缩小器件体积、提高可靠性。

20世纪90年代主要是实现功率模块。为了使电力电子装置的结构紧凑、体积减小，常常把若干个电力电子器件及必要的辅助元件做成模块的形式，这给应用带来了很大的方便。功率集成电路是把驱动、控制、保护电路和功率器件集成在一起，构成功率集成电路。目前其功率还较小，但代表了电力电子技术发展的一个方向。智能功率模块则专指IGBT及其辅助器材与其保护和驱动电路的单片集成。

现在已经出现了第四代电力电子器件，即集成功率半导体器件（PIC），它将电力电子器件与驱动电路、控制电路及保护电路集成在一块芯片上，开辟了电力电子智能化的方向，应用前景广阔。

40多年来，电力电子技术的发展先后经历了整流时代、逆变时代和变频时代，并促进了电力电子技术在许多新领域的应用。一般来说，电力电子技术的发展大体上可划分为两个阶段：1957～1980 年称为传统电力电子技术阶段。在这个阶段，电力电子器件以半控型的晶闸管为主，变流电路以相控电路为主，控制电路以模拟电路为主。1980年之后至今称为现代电力电子技术阶段。目前全控型电力电子器件已大量使用，PWM的变流电路已普及，数字控制已逐渐取代了模拟控制。

随着半导体制造技术和交流技术的发展，电力电子器件不断有新产品问世，对电力电子器件的要求也不断提高。在 20 世纪 70 年代，评价电力电子器件品质因素的主要标准是大容量，即电流乘以电压要大。到 20 世纪 80 年代，评价器件品质因素强调了高频化，即功率乘以频率要高。到了 20 世纪 90 年代，电力电子器件发展的主要目标是高智能化，即大容量、高频率、易驱动、低损耗，因此评价的主要标准是容量、开关速度、驱动功率、通态压降和芯片利用率。

20 世纪 90 年代以来，电力电子器件的研究和开发，已进入高频化、标准模块化、集成化和智能时代。伴随着电力电子器件的不断更新换代，电力电子成套装置也从 20世纪 50 年代的以晶闸管为代表的顺变器阶段，经过了以门极可关断晶闸管与功率晶体管为代表的逆变器阶段，及以场效应晶体管为代表的高频化阶段，而进入了以绝缘栅控双极晶体管等双处理器件为主功率器件的高频实用化阶段，且正向以集成门极换向晶闸管、注入增强晶体管为代表的阶段的过渡。

电力电子技术的发展史实际上是一部围绕提高效率、提高性能、小型轻量化、消除电力公害、减少电磁干扰和电噪声进行不懈研究的奋斗史。

图 8-6 展示了电力半导体器件的形成与发展过程。

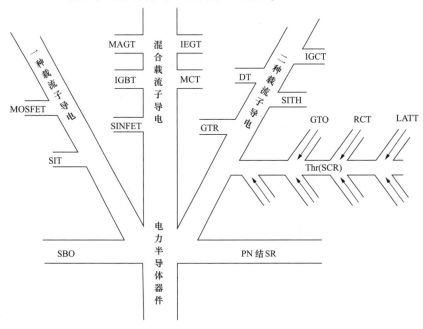

图 8-6　电力半导体器件的形成与发展过程

电力电子发展历史上的若干重要事件：

1897 年开发了三相二极管桥式整流器。

1901 年 Peter Cooper Hewitt 演示了玻璃壳水银整流器。

1906 年 Kramer 传动问世。

1907 年 Scherbins 传动问世。

1926 年热阴极闸流管问世。

1930 年纽约地铁安装了用于直流传动的 3MW 栅控水银整流器。

1931 年德国铁路上引入了水银周波变换器，用于电动机牵引传动。

1934 年充气闸流管频率变换器–同步电动机（400 马力）安装于洛根发电站，用于引风机传动（第一次实现交流变频传动）。

1948 年贝尔实验室发明了晶体管。

1956 年硅功率二极管问世。

1958 年商用半导体晶体闸流管（SCR）由通用电气公司引入市场。

1971 年矢量控制（或磁场定向控制）问世。

1975 年日本东芝公司将大功率的 BJT 引入市场。

1978 年 IR 公司将功率 MOSEET 引入市场。

1980 年大功率的 GTO 在日本问世。

1981 年二极管箍位的多电平逆变器问世。

1983 年 IGBT 在通用电气公司问世。

1983 年空间（电压）矢量 PWM 技术问世。

1986 年直接转矩控制技术（DTC）问世。

1987 年模糊逻辑首次应用于电力电子。

1991 年人工神经网络被应用于直流电动机传动。

1996 年 ABB 公司将正向阻断型 IGCT 引入市场。

图 8-7 展示了电力电子装置与所用电力电子器件的用属关系。

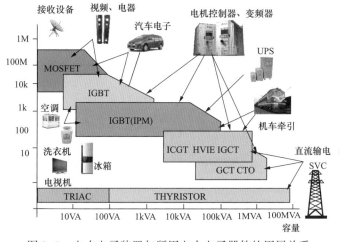

图 8-7  电力电子装置与所用电力电子器件的用属关系

### 8.1.3 电力电子技术的主要应用 ///////

电力电子技术的应用已深入到工业生产和社会生产的各个方面。典型的用途如电化学、直流传动、交流传动、电机励磁、电镀及电加工、中频感应加热、交流不间断电源、稳定电源、电子开关、高压静电除尘、直流输电和无功补偿等。电力电子技术已成为传统产业和高新技术领域不可缺少的关键技术，可以有效地节约能源，并成为新能源（燃料电池、太阳能发电和风力发电等）与电网的中间接口。

**一、在电力系统中的应用**

1. 在发电系统中的应用

电力电子技术在发电系统的应用以改善发电机组等多种设备的运行特征为主。

（1）大型发电机的静止励磁控制。晶闸管整流自并励静止励磁结构简单、可靠性高、造价低，已为世界各大电力系统广泛采用。因其省去中间惯性环节励磁机，故调节快速，利于先进的控制规律发挥作用并产生良好的控制效果。

（2）水力、风力发电机的变速恒频励磁。为获得水力、风力发电的最大有效功率，应使机组变速运行，作为技术核心的变速电源通过调节转子励磁电流的频率，使其与转子转速叠加后保持定子频率即输出频率恒定。

（3）发电厂风机、水泵的变频调速。发电厂的厂用电率平均为8%，而风机、水泵耗电量约占火电设备总耗电量的65%且运行效率低，若用变频调速器则可以节能。低压变频器技术已经非常成熟，但可生产高压大容量变频器的企业已经不多了。

2. 在输配电中的应用

这是电力电子应用技术具有潜在市场的又一大领域。众所周知，从用电角度来说，利用电力电子与电力传动技术可以进行节能改造，提高用电效率；从输配电的角度来说，必须利用电力电子技术提高输配电质量。现代电力系统的控制必须包括下列两个方面的要求：① 维持电压和频率的稳定，满足负荷的要求。特别要求系统具有良好的高峰/低谷调节能力，并能满足对电能质量的要求，即稳定的电压、频率、三相对称，低的谐波分量等。② 在系统发生故障时，系统具有自动防止故障扩大和消除故障的能力，以保护系统免于崩溃。近10几年来，随着电力电子器件和变流技术的飞速发展，高压大功率电力电子装置的诸多优良特性决定了它在输配电应用中具有强大的生命力。目前，电力电子技术在电能的发生、输送、分配和使用全过程都得到了广泛而重要的应用。

3. 在输电系统的应用

电力电子技术的应用有柔性交流输电技术、高压直流输电技术和静止无功补偿器。

（1）20世纪80年代中期，美国电力科学研究院（EPRI）N. G. Hingorani 博士首次提出柔性交流输电技术（FACTS）的概念。近年来柔性交流输电技术在世界上发展迅速，已被国内外一些权威的输电工作者预测确定为"未来输电系统新时代的三项支持技术（柔性输电技术、先进的控制中心技术和综合自动化技术）之一"。现代电力电子技术、控制理论和通信技术的发展为 FACTS 的发展提供了条件。采用 IGBT 等可关断器件组成的 FACTS 元件可以快速、平滑地调节系统参数，从而灵活、迅速地改变系统的潮流分布。电力电子技术与现代控制技术相结合的柔性交流输电技术对电力系统电压、参数、相位角、功率潮流的连续调控，可大幅度降低输电损耗，提高输电能力和系统稳定水平。

（2）远距离高压直流输电优越性很多：相同的电压和导线截面下输出极限功率大，传送相同的功率时损耗小、压降低、线路投资低。但直流输电线路首末端要接入晶闸管相控整流和有源逆变器，它们都以三相全控桥电路为基本单位，即由多个三相桥变换器串并联组合成基本单位，由多个三相桥变换器串并联组合成复合结构变换器。

（3）静止补偿器以晶闸管为基本元件的固态开关快速、频繁地控制电抗器和电容器来改变输电系统导纳。

4. 在配电系统中的应用

（1）用户电力技术是电力电子技术和现代控制技术在配电系统中的应用，它和 FACTS 技术是快速发展的姊妹型新技术，两者的共同基础技术是电力电子技术，各自的控制器在结构和功能上也相同，其判别仅是电气额定值不同。后者用于交流输电系统加强其可控性，增大其传输能力；前者用于配电系统，加强可靠性和提高供电质量，目前两者逐渐融合在一起。

（2）电力拖动系统要消耗全国用电量的 62% 左右，既是第一用电大户，也是节能潜力最大的用户。我国政府在 21 世纪初提出了电机系统节能计划，在今后 5 年内，将投入 500 亿元，争取年节电量达 1000 亿 kWh，是一项非常艰巨的任务。特别是作为国民经济各重要行业中所用到的中电压大功率电机系统，实现调速节能还有很多复杂的问题有待解决。实现大功率和中小功率电机系统的节能调速，被普遍看好的是采用 IGBT 构建的多电平、级联式、无污染的变频器。近年来出现的永磁无刷电动机及其直流调速系统在电机的调速和节能效果等方面显示出了极强的生命力。它的显著特点是用永磁代替外激磁，用提取转子的位置信号来控制的电子换相替代电刷换相，这种拖动系统调速范围宽、低速转矩大、启动迅速，可免去许多场合下使用的齿轮变速箱或皮带转动，大大减少噪声。因而这种永磁无刷电动机的直流变频调速系统已在许多领域取代交流异步电动机的变频调速系统，在发达国家，已广泛应用于工业、军工以及家用电器等领域，特别已成功应用于先进的水下武器——水雷的动力驱动系统之中。我国在这一领域起步较晚，但发展势头良好。

（3）电力电子技术的发展，对电力系统电能质量的控制有着重要的意义。以配电中的应用为例，近年来，因为对电力需求的增加和非线性电子设备的敏感负载对电力质量的高要求，电力电子装置在配电和电能质量控制中的应用已经成为热门课题，为了得到最高输电量和保证在分布系统的公共点高的电力质量，电压调节、无功谐波控制等已成为必不可少的技术，典型的设备有电力调节器、静止无功发生器、有源滤波器、精致调相机和电力潮流控制器等。

另外，还有同步开断技术、直流电源、不间断电源和全固态化交流电源，都是电力电子技术在电力系统中的重要应用。

图 8-8 所示为电力电子技术的应用领域。

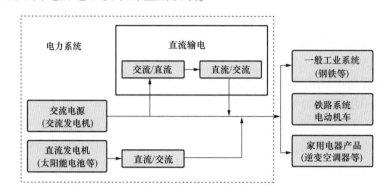

图 8-8　电力电子技术的应用领域

### 二、两项关键性应用

高频开关电源主要用于满足计算机、通信和数字信息处理系统需求的电源产品，它的特点是高性能、高效率、高可靠性和高功率密度，这种电源产品还应用于一切军民用电子设备中。据估计，到 20 世纪末，全世界高频开关电源的市场规模已达到每年 180 亿美元，2009 年又有了显著的提高。据不完全统计，我国高频开关电源的生产厂家有 300 家，但其中年产值上亿的不足 20 家，从全国看来，开关电源的市场规模，目前已超过 100 亿元人民币。

现代通信电源是高频开关电源技术的代表和产业及市场的主力军，其技术特色是用先进的集成化场控器件构造主变换回路，以软开关技术和智能化控制技术为核心，以计算机仿真和优化设计技术为手段，以高性能、高可靠性为目的。到 21 世纪之初，我国这一产业的时常规模已达到每年 500 亿元人民币，仅华为电气公司一家的年产值最高时达 26 亿元人民币，此外，年产值 1 亿~5 亿元人民币之间的厂家还有北京动力源、北京通力环、武汉洲际公司等多家公司。2009 年以来通信电源的产值又有了明显增长。

PC 机开关电源需求量非常巨大，其特点是单机电源价格低、利润也比较低，但批量巨大，所以总产值和利润也相当可观，仅台湾广宝电子公司在东莞就设立了 32 条先进的 PC 机开关电源生产线，其月产量达到一个新的水平 320 万台，年产量即达 3840 万台，以每台 100 元人民币出厂价计算，其年产量即达 38 亿元人民币。此外，深圳地区还有多条外商、台商投资设立的先进 PC 机开关电源生产线，其产量和产值都十分可观。

各种工业、军用、民用开关电源，采用软开关模件为核心来构造的电源或使用各种专用的电源控制和管理 IC 为核心加上外围电路来构成的电源，广泛应用于一切电子设备、计算机和数字信息系统及各种军事设备，范围包括所有军事、工业和民用电子设备的一切领域。

变频技术及这一领域的电力电子变换装置主要是为了这样一个目的：根据拥护的需求实现电能 AC-AC 变换，包括实现电压、电流、频率、波形等主要参数的变换。到目前为止，变频技术的主回路还是以 AC-DC-AC 变换为主，其中 AC-DC 环节以现代整流技术并配以大容量 LC 来实现，而 AC-DC 环节变换则由集成化场控器件构建的主回路和经过优化设计并采用集成化、数字化控制的控制电路来实现。变频技术及其装置得到了极其广泛的应用。

变频调速技术及其应用可以带来巨大的节能效益。目前世界各国都大量使用各种电动机，据估计各种电动机的总用电量要占总发电量的 40% 左右，采用变频调速对电动机的运行实施控制和调节是最佳的节能手段，大约可节能 30% 左右。这一技术广泛应用于工业、交通、国防和民用领域，变频调速技术应用的国内市场几乎被国外几家大公司所垄断，国内一些重点高校和科研院所及少数大型民营企业也在开展相关的研究与开发、产品所占的份额较少。

感应加热装置是变频技术应用的一个重要领域，目前我国已开发出功率达几百千瓦、频率为几十千兆赫的超音频感应加热电源，这种高频感应加热装置可广泛应用于精密合金铸造、热处理、焊接等工业领域，优点是可靠性高、综合性能好、电能应用效率低、对环境的污染少。

在综合性能上比传统焊机优越得多的高频逆变式整流式电焊机代表着当今焊机的发展方向。这种基于变频技术的焊机具有效率高、体积小、重量轻、空载损耗小、焊接质量好等特点。据统计，我国旧式工频焊机的保存量超过 200 万台，所以基于变频技术的新型焊机具有极为可观的市场前景，仅在我国市场总规模估计可接近 100 亿元人民币。

**三、其他应用**

电力电子技术不仅遍布工农业生产的各个领域，而且渗透到各个角落，并与人们的日常生活密不可分。上班乘坐的交流变速地铁，下楼所用的交流调速电梯，进屋后用的变频调速空调，照明用的高频振荡荧光灯，计算机用的开关电源和 UPS，家用的电炊具为感应加热的电磁炊具，可以说，离开电力电子技术，我们的生活将无法进行。随着汽车向机电一体化发展，一部高级汽车需要许多电机控制、自动检测、诊断和调节，电子化汽车的许多功能均要通过斩波器、逆变器或专用功率集成电路来实现。近来，超导磁悬浮铁道系统受到许多国家的重视，这一系统采用线性同步机，可以达到每小时 500km 的高速，同步机要采用 50~100MVA 的大容量逆变器，逆变器由许多大功率 GTO 并联而成。这些都充分说明了电力电子技术的普遍应用之广。

下面结合图 8-9 和图 8-10 以电车控制和利用自然能量发电为例来说明电力电子技术通过功率变换及控制在我们日常生活和工业中的应用。

1. 电车控制

电车（地铁及城市近郊电车）用设置在电车车底下面的功率变换电路控制来自架空线的直流电流，对电动机进行调速。

原来的电车，现在有的也如此，是采用切换电阻的方法，改变加在直流电动机上的电压来调速，所以乘坐时感觉不舒服，另外加速和减速时，电阻会造成很大的功率损耗。在功率半导体器件实用化之后，从 1975 年左右开始，采用斩波电路通过高频导通与关断控制来控制电压，以替代切换电阻，这就是所谓斩波型电车。这种电车由于电压

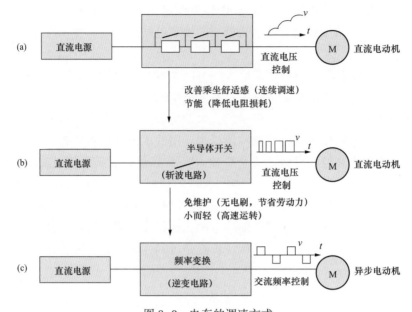

图 8-9　电车的调速方式

（a）切换电阻方式；（b）斩波电路方式；（c）逆变电路方式

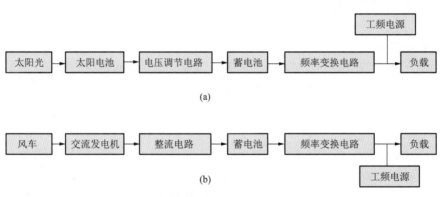

图 8-10　利用自然能量发电时的能量流程

（a）太阳能发电；（b）风力发电

控制可连续进行，所以行驶速度可平滑调节，乘坐时感觉舒服，同时也无电阻损耗，提高了效率，能做到节能运行。但是直流电动机有电刷和换向器，所以需要定期保养检查，同时难以高速旋转。在早晚上下班高峰时，电车的运行时间间隔要缩短，并频繁进行加速及减速运行，同时越来越希望提高运行速度，实现高速化运行。所以，从 1985 年左右起，广泛使用了将直流改变为可变频率交流的逆变器来驱动笼型异步电动机的方式，以代替控制直流电动机，这就是逆变型电车。由此，实现了驱动部分小而轻、容易加速减速运行，而且保养检查简单的电车。图 8-11 所示为混合动力电动汽车的三种基本工作模式。图 8-12 所示为混合动力电动汽车在三种不同工作模式下其电动机与发动机的功率分配示意图。

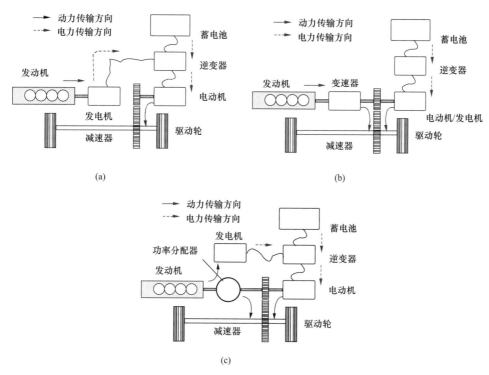

图 8-11 混合动力电动汽车的三种基本工作模式

（a）串联式；（b）并联式；（c）混联式

## 2. 节能与照明

经过近 50 年的发展，一个面向未来的高科技领域——电力电子技术已成为现代高效的节能技术，能够实现大规模的节能。据统计，在美国，大约有 10% 的发电量消耗于照明负荷，约有 60%~65% 的发电量用于电动机的驱动。近年来，由于美国应用高度发达的电力电子技术对白炽灯和各种电机驱动装置进行改造，使电能节省 15%~20%。另外，日本科技厅关于电力电子技术应用的调查报告声称，由于广泛采用了功率变频技术，可以把全国发电量的 10% 节约下来。

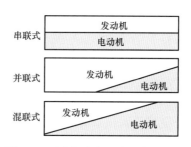

图 8-12 混合动力电动汽车在三种不同工作模式下其电动机与发动机的功率分配示意图

我国由于核电站等一大批新型电站的建成投运使电力供应有相当大的改观，但与发达国家相比，仍是一个严重缺电的国家。经过 1957 年国内第一支功率 SR 制成至今 50 余年的发展，我国电力电子技术从无到有，得到了很大的进步，在应用电力电子节能方面做了不少工作，一大批轧机、无轨电车、电焊机、电镀和电解电源以及风机和水泵等机电设备，采用电力电子技术进行改造后，其效率大大提高。据估计，如能进一步在这些领域内采用先进的电力电子技术，每年可节能 200 亿 kWh，相当于一个装机容量为 290 万 kW 的大型发电厂的年发电量。由此可见，电力电子技术的巨大节能效果。

照明是电力电子技术应用的另一个重要方面，这对于缓解能源压力和环境保护都有积极的作用。据估计，大约20%的电能被消耗在照明上。照明用电的迅速增加不但要增加大量的电力投资，而且还会产生大量污染。照明在能源及其环境污染上的严重问题引起了人们的共识，为此工业发达国家纷纷制定了绿色照明工程计划。美国环境保护署1991年曾经提出一项"绿色照明"计划，目的是使美国照明用电量节约一半，大约可节电155亿kWh，合计电费8.9亿美元，达到这一目标后，可减少二氧化碳的排放，相当于4300万辆燃油汽车排出的废气总和。

在照明领域，电力电子技术的发展非常迅速，各种新型电光源和电子整流器已经开始被广泛使用。最近发展起来的固态照明技术是一个重要的发展领域。即使在2002年经济低迷的时候，高流明发电二极管仍然取得50%的增长，产值达到18亿美元，而且目前依然保持持续发展。HBLED的一个广泛应用的领域是交通信号灯，这是一个典型的通过AC-DC电源提高产品附加值的例子。白色HBLED的光效应早就可以与白炽灯相比，但是如果没有有效的功率因素校正，那么所使用的电源将会阻止LED的实际应用。早期的LED交通灯的功率因数只有0.6，由于各种鼓励项目，目前功率因素超过0.9的产品已经十分普遍。同时，LED的光输出对温度很敏感，所以常常需要能补偿这种温度影响。

3. 电力电子和利用自然能量发电实现能源的可持续利用

前些年发生在美国东海岸的大面积停电为电力系统的发展提供了一个机遇，各国电网公司均在努力提高电网自身的可靠性。与此同时，分布式发电技术也得到了人们的普遍关注。目前，国外已有多种分布式发电技术获得了工业应用，它使得发电设备更加靠近用户，不但减少了人们对远距离输电的依赖，而且提高了人们使用可再生能源发电的兴趣，提高用户用电的独立性和可靠性。太阳能发电、风能发电、燃料电池发电和小型高速涡轮发电机发电等这些分布式电能都有赖于电力电子技术以实现高效的运行。

我们知道，大部分电是靠火力发电得到的，但是，火力发电所使用的化石燃料是有限的，最终是要枯竭的。同时，火力发电也会产生$CO_2$，造成地球的温室效应，并且也是酸雨形成的原因。而与此相反，阳光和风等自然能量是无限的，不会有资源枯竭问题存在。靠太阳能发电和风力发电等自然能量来发电是无公害的，目前正在开发这种能源并致力于实用化。

但是，该两种发电方法也有缺点。例如，利用太阳能发电和风力发电时，一方面，日照量的多少和风的强弱变化都会使发电功率变化。另一方面，由于所发的电力是用于日常生活的，所以，作为交流电源使用时，希望交流电压和频率保持恒定；而作为直流电源使用时，希望直流电压保持恒定。这就是说，采用自然能量发电时，必须控制变化的发电功率。

4. 环境保护

电力电子技术在环境保护中发挥着巨大的作用。工业化给人们带来文明和生活更加方便舒适的同时，也严重污染了人类生存的环境。电力电子技术在环保方面可以起巨大的作用。例如，应用晶闸管构成的工频高压整流或高频逆变脉冲方案，电力电子设备可用于火电厂烟囱及水泥厂各个工段的高压静电除尘,通过静电场的作用,使粉尘朝除尘器桶壁定向移动,再经振打落下,可实现环保与材料回收利用的双重效益;在污水处理方面,应用电力电子设备,可以对污水进行处理,如应用电镀原理可提出水中的金属粒子等。再比如,家用环保电器有净化空气用的臭氧发生器、家用水果清洗机,家用高压杀虫机、加湿器、绿色环保空调。

为了有效利用功率时刻变化的电力,必须采用改变直流电压大小的电路(斩波电路)、或将交流变换为直流的电路(整流电路)、或将直流变换为交流的电路(逆变电路)等。

总之,电力电子技术之所以能应用于如此之多的领域,是因为利用它可以实现下列要求:

(1)增强功能(实现迄今不能实现的要求)。

(2)提高性能(加快响应速度,提高控制精度)。

(3)提高效率(可做到节电、节能)。

(4)保养简单(可采用没有电刷和换向器的交流电动机,来代替具有电刷和换向器的直流电动机)。

(5)体积小、重量轻(利用高频导通与关断,可使具有铁芯的装置小型化)。

### 8.1.4 电力电子技术在现代工业中重要地位

电力电子技术的研究对象是电能形态的各种转换、控制、分配、传送和应用,其研究成果和产品涵盖了所有军事、工业和民用等产业的一切电子设备、数字信息系统和通信系统。电能是迄今为止人类文明史上最优质的能源,正是有赖于对电能的充分利用,人类才得以进入如此发达的工业化和信息化的社会。电力电子技术的诞生和发展使人类对电能利用的方式发生了革命性的变化,并且极大地改变了人们利用电能的很多观念。在世界范围内,用电总量中经过了电力电子装置变换、调节和控制的比例成为衡量一个国家工业化发达程度的重要指标。据统计,到1995年,发达国家所使用的电能中有75%左右是经过电力电子技术变换和控制才使用的,估计在今后若干年内,这一比例将达到95%以上。

人类社会发展的需求向电力电子技术提出了严峻的挑战。近年来,随着半导体技术及其集成技术、电子科学与技术、计算机科学与技术和现代通信产业的高速发展,使得电力电子技术及其产业得到了强力的技术基础支撑和巨大的需求牵引,无论是技术发展水平还是产业规模和产值都得到了飞速发展,特别近10多年来,更是进入了高速发展时期。

电力电子技术是工业化的强劲基础,信息技术必须通过电力电子技术才能带动工业化。信息技术好比人体的大脑,那么电力电子技术就是人体的消化系统,将为国民经济提供高效、清洁的绿色能源,成为信息化带动工业化的关键环节。在发达国家大多数能源是经过运用电力电子技术经过变换、调节、再生而使得电能应用更加合理、高效、方便和精确。但是,我国电能经过变换合理利用的数量只占总电能的30%~40%。合理应

用电能是今后一个时期的一项艰巨任务。

电力电子技术已经渗透到各个学科领域之中，在铁路、汽车、飞机、计算机、电话、空调、航空、网络、激光、光纤、农业、机械化、核能利用、高速公路等 20 项 20 世纪人类伟大的成果中都不同程度地应用到了电力电子技术。电力电子技术的应用受到人们的普遍关注，例如，举世闻名的三峡工程，将直流 ±500kV、3000MW 的绿色能源输送到 1000km 以外的上海。全国九大城市的变频调速和直流斩波地铁，上海浦东的悬磁浮列车，每年产值 200 亿元的 UPS，近几年来每年节电亿千瓦时的系列变频设备都成为电力电子对国民经济的重大贡献。据国外统计，每年全球有 5700 亿美元的电力电子产品，这充分说明电力电子技术业已成为当今世界经济的重要支柱。

### 8.1.5 电力电子技术的发展与特点

电力电子技术从诞生到发展壮大到今日的辉煌，经历了十分艰难的发展历程。电力电子技术从本质上讲属于强电电子技术的范畴，但是完成强电变换的主回路要用弱电来实现智能化、数字化和最优化控制等，这样就会不断提出各种层次的工程问题，这些问题正是电力电子学理论发展和新兴器件诞生的强大推动力。电力电子装置研发又必须解决元器件选择、主电路拓扑设计、控制方案设计及优化、结构布局和传热设计、可靠性、可维护性及冗余设计直至工程实施等一系列技术难题。电力电子技术的发展也离不开相关理论的支撑。新型电力电子器件的不断推陈出新使得现代电力电子技术呈现出如下一些特点：

（1）全控化。全控化是指电力电子器件由半控型普通晶闸管发展到各类自关断器件，是电力电子器件在功能上的重大突破。自关断器件实现了全控化，取消了传统电力电子器件的复杂换相电路，使电路大大简化。

（2）集成化。集成电路技术在微电子技术领域取得的成功改变了整个世界。集成电路的研制成功使从事电力电子技术的人们自然会想到，如能把集成电路技术的发展思路用于电力电子领域，必将会给电力电子技术带来巨大的进步。电力电子集成技术和集成电路技术有许多相似之处。首先，它们集成的对象都是电子电路，其次，在技术方向有许多共同之处，集成电路中的许多技术都可以向电力电子集成技术中移植。

但是，电力电子集成技术和集成电路技术也有十分显著的不同之处，这是由于两者的性质不同所造成的。集成电路所在的微电子领域主要是用电子电路来处理信息，而电力电子技术则是处理能量。因此，与集成电路技术相比，电力电子集成技术的不同主要体现在三个方面：① 主电路处于高电压状态，控制电路处于低电压状态，需要进行电压隔离；② 主电路器件会产生大量的热，其本身也承受较高的温度，而一般控制电路可承受的温度要低得多，因此需要进行热隔离；③ 主电路的开关元件在动作时一般会产生较高的电压和较大的电流变化应力，产生较强的电磁干扰，从而影响控制驱动电路的正常工作。

一般来说，电力电子集成技术可分为三类，即单片集成、混合封装集成和系统集成，也可以说分成三个层次。单片集成是将主电路、驱动、控制电路及其他附属电路都集成在一个芯片上，这实际上是微电子技术领域的集成电路技术在电力电子领域的延伸。这种技术适用于小功率场合，以 TOPSWITCH 为代表的单片集成电源已经取得了很大的成功，广泛用于各种电力电子设备中。手机和其他移动电子设备中用的电源芯片也属于该技术的范畴。

混合封装集成是把多个主电路芯片、驱动芯片和控制芯片集成在一起，适用于几百瓦级以及千瓦级的功率范围。混合封装技术的研究是根据电力电子技术的特点而展开的，它很有可能在应用十分广泛的变频器和开关电源中取得突破。目前，全世界有关电力电子集成技术的研究主要集中在混合封装技术方面，因此，混合封装集成是目前电力电子集成技术的研究重点。

所谓系统集成是把各种电力电子元器件、部件集成，组成一个系统。关于电力电子系统集成的概念目前还比较模糊，有人认为，系统集成还不能算作真正意义上的电力电子集成。

电力电子集成技术思想的提出有 10 余年的时间。大约 1997 年，美国海军首先提出电力电子积木的概念，这一概念主张在舰船和飞机上适用标准化的电力电子单位，一台电力电子装置将由许多这样的电力电子单元装配而成。由于设计的标准化和模块化，电力电子装置的维护变得十分方便，只要将出故障的基本电力电子单元更换即可。1998年美国电力电子系统中心对系统作了比较并正式提出电力电子集成技术的思想，其核心是研制集成电力电子模块，它拥有很高的功率密度和优良的电气特性，集成了主电路、驱动和控制电路、传感器以及磁元件等无源元件。同时，这样一个模块是可以被自动化控制和生产的，其成本会因而大大降低。目前对电力电子集成技术的研究主要集中在以下几个方面。

新型的封装技术是电力电子技术的核心，而互连是封装技术的关键。目前针对有源功率模块而言，最为广泛的芯片互连方法是用铝丝互连。这种方法成本较低，技术上也最为成熟；但也存在一些不足之处，如并联的多根铝丝电流分配不均匀、有较大的局部寄生电感、较大的高频电磁应力等，以至影响键合寿命等。一些学者提出的 POL、EP 等芯片封装技术都在一定程度上降低了模块的寄生参数、改善了热性能以及提高了功率密度。

第二个是模块内的电磁分析和优化设计。电力电子电源中的开关器件工作频率越来越高，过渡时间越来越短，寄生参数的影响越来越大，而集成模块功率密度高，其中各元件之间的相互影响很近，因而元件之间的相互影响加大，特别是功率电路对驱动控制的影响。对模块内的寄生参数进行建模是电磁优化设计的基础，目前较为常用的是局部元件等效电路模型，通过 INCA 等软件可以求得一定几何结构下模块的局部寄生参数，进而得到集总参数电路模型。

目前有效的热管理技术已成为电力电子集成技术的最为关键的技术之一，传热装置决定整个装置的体积、质量、功率密度和可靠性，因而目前较重视高效和轻便散热方式的研究，如散通道传热、热管冷却和气液两相冷却等。此外，三维封装结构也为集成电源模块的双向散热提供了可能，即可实现更高的功率密度。

除散热装置外，无源元件的体积也对电源装置的体积、质量影响最大。为了提高电源整体的功率密度，无源元件的集成是必要的。由于与功率半导体器件的工作方式不一样，因此集成方式也不同。采用磁集成技术可以用一个磁性元件代替多个磁性元件，进一步还可以将电路中部分电容器与磁性元件集合在一起，构成无源集成模块，进一步减小体积和提高性能。

新型电力电子器件会使电力电子技术发生革命性的变化，更大容量、更小通态压降或通态电阻和更好开关性能的新型器件对集成技术也是至关重要的。

2002 年，我国国家自然科学基金会电气工程学科确定了"电力电子系统集成基础理论及若干关键技术研究"的重点项目，由浙江大学、西安交通大学和西安电力电子技术研究所承担，该项目进行了两年多，取得了很多进展。以该项目为载体，研制出若干种集成模块，有通信电源用开关电源模块、铝基板全桥模块、采用压接工艺的半桥模块和三相桥变频模块。

我国电力电子芯片的严重滞后对我国电力电子集成技术的发展有一定的制约。但在全球一体化的今天，依靠购买芯片，我国仍然可以发展自己的电力电子集成技术。同时，电力电子集成技术涉及多个领域的知识，如电路、传热和材料学科等，因而更加需要不同学科和知识背景的团体之间的合作。

（3）高频化。高频化是指随着器件集成化的实现，同时也提高了器件的工作速度，例如 GTR 可工作在 10kHz 频率以下，IGBT 工作在几十千赫以上，功率 MOSFET 可达数百千赫以上。

（4）高效率化。高效率化体现在器件和变换技术这两个方面。由于电力电子器件的导通压降不断减少，降低了导通损耗；器件开关的上升和下降过程加快，也降低了开关损耗；器件处于合理的运行状态，提高了运行效率；变换器中采用的软开关技术，使得运行效率得到进一步提高。

（5）变换器小型化。变换器小型化是指随着器件的高频化，控制电路的高度集成化和微型化，使得滤波电路和控制器的体积大大减小。电力电子器件的多单元集成化，进一步减少了主电路的体积。控制器和功率半导体器件等，采用微型化的表面贴技术使得变换器的体积更进一步减少，功率 10kVA，而体积却只有信用卡那样大。

（6）绿色化。现代电力电子技术的绿色化有两层含义：首先是显著节电，这意味着发电容量的节约，而发电却是造成环境污染的重要原因，所以节电就可以减少对环境的污染；其次电力电子产品尤其是电源，不能对电网产生污染。电力电子技术中广泛采用 PWM 脉宽调制技术、SPWM 正弦波脉宽调制和消除特定次谐波技术，采用多重化技术，使得变换器的谐波大为降低，同时也使得变换器的功率因数得到提高，进而使得变换电源绿色化。

事实上，许多功率电子节能设备，往往会成为电网的污染源，向电网注入严重的高次谐波电流，使总功率因数下降，使电网电压耦合许多毛刺尖峰，甚至出现缺角和畸变。20 世纪末，各种有源滤波器和有源补偿器方案的诞生，有了各种修正功率因数的方法。这些为 21 世纪批量生产各种绿色电力电子产品奠定了基础。

当代许多高新技术均与电网的功率、电流、电压、频率和相位有关。电力电子技术能够实现对这些参数的精确控制和高效的处理，特别是能够实现大功率电能的频率转换，为多项高新技术的发展提供了有力的支持。因此，不但现代电力电子技术本身是一项高新技术，而且还是其他多项高新技术的基础。电力电子技术及其产业的进一步发展必将为大幅度节约电能、降低材料消耗以及提高生产效率提供重要手段，并且为现代生产和现代生活带来深远的影响。

（7）改善和提高供电网的供电质量。电力电子技术的发展，对电力系统电能质量的控制有着重要的意义。以配电中的应用为例，近年来，因为对电力需求的增加和非线性电子设备的敏感负载对电能质量的高要求，电力电子装置在配电和电能质量控制中的应用已经成为热门课题，为了得到最高输电量和保证在分布系统的公共点高的电能质量，电压调节、无功谐波控制等已成为必不可少的技术，近年来出现的典型设备，如静止无功发生器（SVG）、有源电力滤波器等新型电力电子装置，具有优越的无功功率和谐波补偿的性能，因此大大提高了电网的供电质量。

（8）电力电子器件的容量和性能的优化。近年来，新型半导体材料的研究正在取得不断的突破，碳化硅、金刚石等新材料用于电力电子器件，特别是金刚石器件与硅器件相比，功率可提高 $10^6$ 个数量级，频率可提高 50 倍，导通压降降低一个数量级，最高结温可达 600℃ 。

（9）模块化。随着电源频率的不断提高，致使引线寄生电感、寄生电容的影响愈加严重，对器件产生更大的电应力。为了提高电源的可靠性，国际上一些研究机构正在开发用户专用的功率模块，把一台整机的几乎所有硬件都以芯片的形式安装到一个模块中，使元件之间不再有传统的引线连接，这样的模块经过严格、合理的热、电、机械方面的设计，达到优化完美的境地。它类似于微电子中的用户专用集成电路，只要把控制软件写入该模块中的微处理器芯片，再把整个模块固定在相应的散热器上，就构成了一台新型的开关电源装置。另外，大功率电源装置，由于器件容量的限制和增加冗余、提高可靠性的考虑，一般采用多个独立的模块单元并联工作，采用均流技术，所有模块共同分担负载电流，一旦其中某个模块失效，其他模块再平均分担负载电流。这种多单元并联方式已经从直流电源延伸到 UPS 系统，多台 UPS 并联可以组成容量更大的电源系统。通过增加相对整个系统来说功率很小的冗余电源单元，可以大幅度提高整个电源系统的可靠性和可用性。

（10）数字化。在 20 世纪六七十年代，电力电子技术完全是建立在模拟电路基础上的。随着微电子技术的发展，数字信号处理技术日趋成熟完善，显示出越来越多的优点：便于计算机处理控制、避免模拟信号的畸变失真，减小杂散信号的干扰、便于自诊断等。以 UPS 变频器为例，早期产品的控制部分主要靠模拟电路，在 20 世纪 90 年代，开始逐渐采用单片微处理器进行控制，目前已开始采用数字信号处理器进行控制。而静止无功补偿装置、静止无功发生器、电力有源滤波器等电源装置，需要对各种信号进行处理、运算，更离不开高性能的微处理器。现代电力电子技术是高效节能、节约原材料、实用性极强的高新技术，有很强的渗透性、基础性，有助于实现自动化、智能化控

制。随着新型电力半导体器件和适于更高开关频率的电路拓扑的不断出现，现代电力电子技术将在实际需要的推动下快速发展，新技术的出现又会使许多应用产品更新换代，还会开拓更多更新的应用领域，为国民经济许多重要行业服务，将成为国民经济支柱产业的重要组成部分，成为机电一体化的基础技术之一。

## 8.2 电气传动技术

生产过程自动化大致可以分为两类：一类是以电动机为执行机构，控制生产机械运动的系统，称为电气传动，由于是以电力为动力拖动生产机械，所以也称为电力传动或电力拖动。电气传动系统是将电能转化为机械能的装置，用以实现生产机械的启动、停止、速度调节以及各种生产工艺过程的要求。另一类则是以自动化仪表为执行机构、控制连续变化量的生产运动过程，称为仪表自动化。电气传动是电气传动自动化的简称，它主要是控制机械运动参量，如位置、速度、加速度、力和力矩等；仪表自动化则主要控制压力、温度、水位、流量等物理量。在实际生产中，这两类控制经常相互交叉、相互支持使用。在生产中也有部分生产机械采用气动或液压拖动，但由于电力拖动具有许多明显的优点，所以大多数生产机械都采用电力拖动。

电气传动系统主要由电动机、控制装置以及被拖动的生产机械组成，如图8-13所示。其主要特点是功率范围极大，单个设备的功率可从几毫瓦到几百兆瓦；调速范围极宽，转速从每分钟几转到每分钟几十万转，在无变速机构的情况下调速范围可达1：10 000；适用范围极广，可适用于任何工作环境和各种各样的负载。电气传动和国民经济、人民生活有着密切的联系并起着重要的作用，广泛用于冶金、机械、矿石、港口、石化和航空航天等各个行业以及人们的日常生活中。它既有轧钢机、起重机、风机、大型机床等大型调速系统，也有空调机、电冰箱、洗衣机等小容量调速系统。据统计，电气传动系统的用电量占我国总发电量的60%以上。一般认为，大至一个国家，小至一个工厂，它所具有的电气传动自动化技术水平直接对应着其现代化水平。

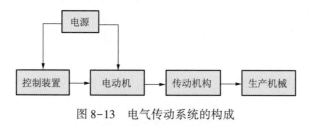

图8-13　电气传动系统的构成

### 8.2.1　电气传动技术的分类与特点

**一、分类**

电气传动系统亦称运动控制系统，其种类繁多，用途各异，一般可将它分为以转速为被控参数的调速系统和以直线位移或角位移为被控参数的位置随动系统。如果带动工作机械的原动机是直流电动机，则称为直流电气传动；如果带动工作机械的原动机是交流电动机，则称为交流电气传动。从控制的角度，电气传动又可以分为两类，即断续控制系统和连续控制系统。前者控制不连续，一般只控制电动机的启动、制动或作不连续的运行速度控制；后者控制则是连续的，主要体现在对电动机能进行平滑的速度调节。

从调速方面来看，电气传动可细分为不调速和调速两大类。直流电气传动与交流电气传动在 19 世纪先后诞生，但当时的电气传动系统是不调速系统。随着社会化大生产的不断发展，生产制造技术越来越复杂，对生产工艺的要求也越来越高，这就要求生产机械能够在工作速度、快速启动和制动、正反转运行等方面具有较好的运行性能，从而推动了电动机的调速技术不断向前发展。

直流传动具有良好的调速性能和转矩控制性能，在工业生产中应用较早并沿用至今。早期直流传动采用有触点控制，通过开关设备切换直流电动机电枢或磁场回路电阻实现有级调速。1930 年以后出现电机放大器控制的旋转变流机组供电给直流电动机，后来又出现了磁放大器和水银整流器等供电，实现了直流传动的无触点控制。其特点是利用了直流电动机的转速和输入电压有着简单的比例关系的原理，通过调节直流发电机的励磁电流或水银整流器的触发相位来获得可变的直流调速系统，如今已不再使用。1957 年晶闸管问世后，采用晶闸管相控装置的可变直流电源一直在直流传动中占主导地位。由于电力电子技术与器件的发展和晶闸管系统所具有的良好动态性能，使直流调速系统的快速性、可靠性和经济性不断提高，在 20 世纪相当长的一段时间内成为调速传动的主流。今天正在逐步推广应用的微机控制的全数字直流调速系统具有高精度、宽范围的调速控制，代表着直流电气传动的发展方向。直流传动之所以经历多年发展仍在工业生产中得到广泛应用，关键在于它能以简单的手段达到较高的性能指标。图 8-14 所示为直线电动机的外观。

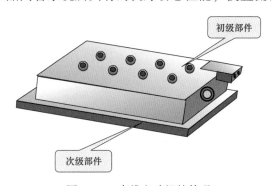

图 8-14　直线电动机的外观

与直流电动机相比，交流电动机有结构简单的优点，特别是鼠笼式异步电动机，因其结构简单，运行可靠，价格低廉，维修方便，故应用面很广，几乎所有不调速传动都采用交流电动机。尽管从 1930 年开始，人们就致力于交流调速的研究，然而主要局限于利用开关设备来切换主回路，达到控制电动机启动、制动和有级调速的目的。例如，启动机、变极对数调速，电抗或自耦降压启动以及绕线式异步电动机转子回路串电阻的有级调速。交流调速进展缓慢的主要原因在于，决定电动机转速调节主要因素的交流电源频率的改变和电动机转矩的控制都是极为困难的，因此，交流调速的稳定性、可靠性、经济性及效率均无法满足生产要求。后来发展起来的调速调频控制只控制了电动机的气隙磁通，而不能调节转矩；转差频率控制能够在一定程度上控制电动机的转矩，但它是以电动机的稳态方程为基础设计的，并不能真正控制动态过程中的转矩。随着电力

电子技术的控制策略不断发展，交流电动机的控制方式也得到迅速发展和提高，具有高性能的交流驱动系统已成为现实，在许多应用场合已经取代直流电动机。交流传动的一些控制策略已经成熟地得到应用。例如，转速开环恒压频率控制，基于稳态模型地转速闭环转差频率控制，基于动态模型按转子磁通定向的矢量控制，基于动态模型保持定子磁通恒定的直接转矩控制，传感器高动态性能控制等。控制策略包括非线性控制、自适应控制、滑模变机构控制、智能控制等。图 8-15 所示为交流机车牵引传动系统的构成。

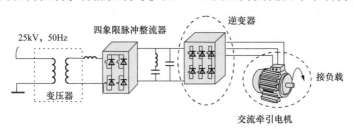

图 8-15 交流机车牵引传动系统的构成

需要指出的是，电气传动和自动控制关系十分密切，调速传动的控制装置主要是各种电力电子变流器，它为电动机提供可控制的直流或交流电流，并成为弱电控制强电的媒介。预计 21 世纪将进入电力电子智能化的时代，其特点是电力电子器件进一步采用微电子集成电路技术，实现电力电子器件和装置的智能化。电力电子技术的进步有力地推动了电气传动调速系统的发展。随着自动化程度的不断提高，电气传动将成为更经济地使用材料、资源，提高劳动生产率的强有力手段，成为促进国民经济不断增长的重要技术基础。

**二、特点**

电气传动系统主要具有以下优点：

（1）适用功率范围极宽。目前，单个设备的功率可从几毫瓦到几百兆瓦。

（2）具有宽广的转速范围，转速从几转每小时到几十万转每分钟，调速范围在无变速机构的情况下可达 1∶10 000。

（3）电动机的种类繁多，可以很方便地与各种各样的负载配合。结构上，它们可以用底座安装或用法兰盘安装，还可以用外部转子等。对那些由一根驱动轴和复杂的机械式内部传动装置构成的生产机械，以及有各种要求的联动工作机械，可用多台单独可调的，协调控制的，可在准确的地点、时间和以需要的形式产生机械功的电动机组传动装量完成。

（4）电力拖动采用不同类型的电机，有各种运行特性以适应不同生产机械的需要。

（5）可以获得良好的动态特性和极高的稳速精度、定位精确。

（6）可实现四象限运行而不需要专门的可逆齿轮装置。在制动时，亦即工作在第二象限或第四象限时，传动装置通常处于再生工作状态，将能量回馈给电网。与内燃机或涡轮机相比，这一特点尤具吸引力。

（7）电动机空载损耗小、效率高，通常具有相当大的短时过载能力。

由于电气传动的上述特点，使其应用在精密设备、精密机构加工和再加工机器，运输工具，原材料工业和其他工业部门的传送、预选，一般生产装量和辅助袋量等需要动力的场合。

图 8-16 所示为现代交流传动电力机车结构。图 8-17 所示为 Prius THSII 整车电气系统结构。图 8-18 所示为 Prius THSII 功率控制单元。

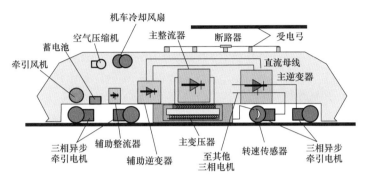

图 8-16  现代交流传动电力机车结构示意图

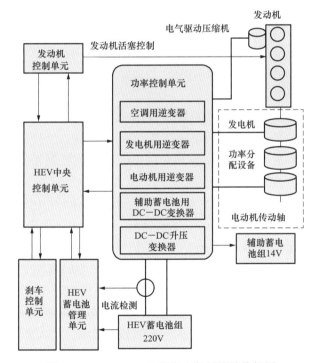

图 8-17  Prius THSII 整车电气系统结构框图

## 8.2.2  电气传动技术的发展历程

电气传动经过了一个漫长的发展过程。自从 19 世纪末电动机逐渐代替蒸汽机后，开始形成成组拖动，即由一个电动机拖动主轴，再经过皮带分别拖动许多生产机械。这种拖动方式能量损失大、效率低，无法进行电动机的调速，不便实现自动控制，也不安全。自 20 世纪 20 年代开始采用单机拖动，即由一台电动机拖动一台生产机械，减少了

图 8-18　Prius THSII 功率控制单元

中间传动机构，提高了效率，可利用电动机的调速来满足生产机械的需要。这个阶段，电气传动主要研究的是单台电动机的自动控制。随着生产的发展和产品质量的高要求，一台机器上有很多运行机构，如果仍用一台电动机来拖动，传动机构就会很复杂。从 20 世纪 30 年代开始采用多电动机拖动，用单独电动机分别拖动复杂机械的各个工作机构，每个电动机都有自己独立的控制系统，这些子系统必须相互协调、配合，服从总体的控制要求。这是从传功效率角度来看电力传动的演变过程。从控制设备角度看，电力传动由有触点的继电器控制发展到无触点的半导体器件控制，进而采用数字控制和计算机控制。从控制理论角度看，它是由开环控制发展到闭环反馈控制，位控制性能有很大的提高。

现代电力电子技术的发展结合现代控制技术、计算机技术共同促进了电气传动技术的不断进步，而且，随着新颖的电力电子器件、超大规模集成电路、新的传感器的不断出现，以及现代控制理论、计算机辅助设计、自诊断技术和数据通信技术的深入发展，电气传动正以日新月异的速度发展。

电力传动系统是电力电子技术的主要应用领域之一。各类电动机是电力传动系统的执行部件，为了便于控制，在常规的恒压交流电源与电动机之间需配备电源变换装置。

微处理器引入控制系统，促进了模拟控制系统向数字控制系统的方向转化。从 8、16 位的单片机，到 16、32 位的数字信号处理器，再到 32、64 位的精简指令集计算机，位数增多，运行速度加快，控制能力增强。例如，以 32、64 位 BISC 芯片为基础的数字控制模板能够实现各种算法，WINDOWS 操作系统的引入使自由设计图形编程的控制技术有很大发展。数字化技术使复杂的电机控制技术得以实现，简化了硬件，减低了成本，提高了控制精度，拓宽了交流传动的应用领域。主要表现在节能调速技术的发展，从根本上改变了风机、水泵等传动系统过去因交流电动机不调速而依赖挡板和阀门来调节流量的状况。这类传动系统几乎占工业电气传动系统总量的一半，采用交流调速后，每台风机、水泵可节能 20%，其经济效益相当可观。其次，对特大容量、极高转速负载的拖动，交流调速弥补了直流调速的不足。可以预见，高性能交流调速系统的发展必将取代直流传动系统，成为电气传动领域的主要力量。

## 8.3　智能电网中的电力电子技术

未来几十年是中国进一步工业化、城市化和信息化的重要时期。在这一持续发展的时期，要建立资源节约型和环境友好型社会，国家电网公司提出了建设以特高压电网为骨干网架，各级电网协调发展，具有信息化、数字化、自动化、互动化特征的统一坚强智能电网的目标。

现代电力电子技术是以功率处理为对象，以实现高效率和高品质用电为目标，通过采用电力半导体器件，并综合自动控制、计算机技术和电磁技术，实现电能的获取、传输、变换和利用。据统计，发达国家用户最终使用的电能中，有60%以上的电能至少经过一次以上电力电子变流装置的处理。故在智能电网的设计框架中，电力电子技术无疑是一大关键支撑技术，它可以强化、优化电网，保障大电网安全稳定，促进可再生能源的有效利用，改善电网电能质量。因此，保障电力系统电力电子装置的可靠性，促进先进电力电子技术的进步，是建设我国智能电网的重要基础、手段和重要战略任务。

电力电子技术在坚强智能电网中的应用领域如图8-19所示。

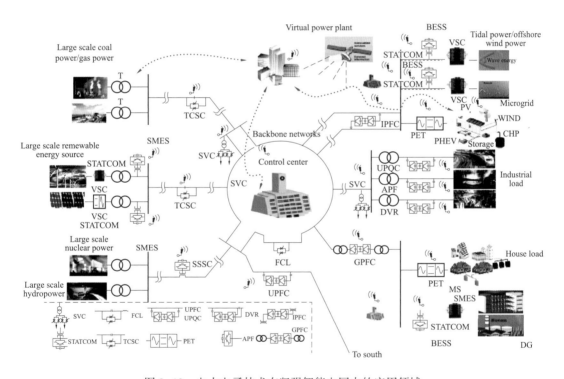

图8-19　电力电子技术在坚强智能电网中的应用领域

图8-20是各类型用户在智能电网的接入示意图。对智能电网来说，庞大的居民及办公用户使用大大小小的家用电器，无疑组成了一个巨大而分散的负荷。智能家电技术实质上是集现代微电子技术、电力电子技术、信息技术、精密机器加工技术和传感技术等科学理论于一身的高自动化技术，比如节能型空调、冰箱中的变频器，就是现代电力电子技术应用于智能家电领域的典型例子。

电力电子装置提供给负载的是各种直流电源、恒频交流电源和变频交流电源，它们的一些具体应用实例如表8-3所示。

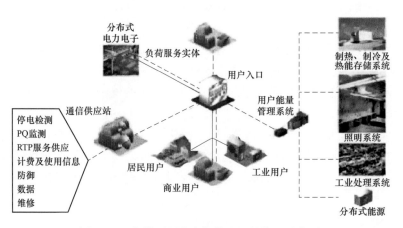

图 8-20  各类型用户在智能电网的接入示意图

表 8-3                                                 电力电子装置在电源领域的应用举例

| 具体应用实例 | 所需电源类型 |
| --- | --- |
| 变电所操作屏 | 交流/直流电源 |
| 蓄电池充电 | 直流电源 |
| 通信用程控交换机 | 高频开关电源 |
| 大型计算机 | 高频开关电源 |
| 微型计算机 | 高频开关电源 |
| 其他电网用电子装置 | 直流电源/高频开关电源 |

电力电子技术在坚强智能电网建设中的主要应用如表 8-4 所示。

表 8-4                                        电力电子技术在坚强智能电网建设中的主要应用

| 电力系统中出现的问题 | 解决方案 |
| --- | --- |
| 可再生能源发电的间歇性的波动性 | 静止同步补偿器，用于集成储能的超导磁储能系统 |
| 负载变化引起的电压波动 | 静止同步串联补偿器，静止无功补偿器，可控串联补偿，静止同步补偿器，统一潮流控制器，控制状态寄存器 |
| 故障后的低电压 | 静止同步串联补偿器，静止无功补偿器，静止同步补偿器，可控移项器、控制和状态寄存器 |
| 线路或变压器过载 | 静止同步串联补偿器，可控串联补偿，晶闸管控制的相角调节器，统一潮流控制器 |
| 潮流调控 | 静止同步串联补偿器，统一潮流控制器，可控串联补偿，晶闸管控制的相角调节器 |
| 故障后的负荷分配 | 晶闸管控制的相角调节器，统一潮流控制器，静止同步串联补偿器，可控串联补偿，静止同步补偿器，可转换式静止补偿器 |

续表

| 电力系统中出现的问题 | 解决方案 |
|---|---|
| 电流越限故障 | 短路电流限制器，统一潮流控制器，静止同步串联补偿器，可控串联补偿 |
| 涡轮机或发电机轴的次同步谐振 | 静止同步串联补偿器，可控串联补偿 |
| 松散网状网络的暂态稳定性 | 静止同步串联补偿器，可控串联补偿，统一潮流控制器，晶闸管控制的相角调节器，高压直流输电 |
| 远程发电机和径向线的功率振荡 | 静止无功补偿器，静止同步串联补偿器，静止同步串联补偿器，可控串联补偿，统一潮流控制器，晶闸管控制的相角调节器 |
| 故障后松散网状网络的电压控制 | 静止同步串联补偿器，静止无功补偿器，静止同步补偿器，统一潮流控制器 |
| 相互连接的区域以及紧密或松散网状网络的电压稳定 | 静止无功补偿器，静止同步串联补偿器，统一潮流控制器，可控移项器，电荷耦合移位寄存器 |
| 电能质量控制 | 配电静止同步补偿器，放电调压器，有源滤波器，统一电能质量调节器 |
| 分布式电源接入 | 为分布式发电的连接准备的集成的能量储存器和转换器 |

### 8.3.1 中国电网建设发展面临的主要问题

中国电网建设发展目前面临的主要问题有：

（1）我国煤炭资源主要储存于华北、西北地区，水力资源主要分布在西南地区，石油、天然气资源主要储存在东、中、西部地区和海域，而主要能源消耗区集中在东南沿海经济发达地区，资源储存与能源消费地域存在明显差别。电源中心一般距东部负荷中心超过两三千千米，因此造成了输电规模大、距离长。采用传统的高压交流输电，由于交流系统有一定的电抗，输送的功率有一定的极限，如果超过该极限，送端的发电机和受端的发电机可能失去同步而造成系统的解列，进而会威胁到电网的稳定运行。

（2）为了优化能源结构，提高能源效率，改善生态环境实现可持续发展，政府加强了风能、太阳能等可再生能源的开发。对于具有大规模可再生能源的西北地区，当地的需求并不足以消耗掉所有电能，因此有必要通过长距离电网向电力负荷中心传送多余的电能。由于可再生能源的间歇性和波动性与电力系统需要实时平衡之间存在矛盾，因而可再生能源的并网运行对电网本身提出了更高的要求。

先进的电力电子技术可以为解决上述问题提供有力的技术支持。

### 8.3.2 电力电子技术在智能电网中的应用

智能电网对电能质量和电网工作状况的稳定有较高要求。由于我国能源发电中心和负荷中心距离太远，势必需要大范围远距离电能输送，同时需要解决由此带来的潮流控制、系统振荡、电压偏移等诸多问题。发展先进电力电子技术可以解决或更好地解决这些问题。表8-5为我国先进电力电子技术的发展路线图。

表 8-5　　　　　　　　　　先进电力电子技术的发展路线图

| 电力电子技术 | 2010 年 | 2020 年 | 2030 年 |
| --- | --- | --- | --- |
| 直流输电技术 | 全面突破常规直流输电关键技术问题；实现百兆级柔性直流输电工程示范；提出新型直流输电的构想 | 实现直流联网及特高压直流输电核心装置的自主知识产权；柔性直流输电系统的技术成熟并在全国范围内推广应用，新型直流输电进入试验阶段 | 建立基于智能电网的直流输电体系，在直流输电技术领域发挥引领作用 |
| 灵活交流输电技术 | 实现特高压电网中可控串补、可控电抗器等典型装置的工程示范；完成现有 FACTS 装置的智能化关键技术的研究 | 完成新型 FACTS 装置在智能电网中的广泛应用；实现 FACTS 技术本身及其应用的智能化升级 | 电力电子技术及其产品实现模块化、单元化、智能化，建立完整的系统理论体系 |
| 电能质量技术 | 完成智能化配电网中定制电力技术的优化配置研究；完成主要定制电力产品的技术规范的制定；完成定制电力园区的工程示范 | 解决智能配电网的关键技术问题，实现新型配电网的智能化；实现定制电力产品的规范引导和约束机制，实现标准化；全国范围内推广使用定制电力园区 | 完全标准化的定制电力产品和电能质量分级体系；大规模实现定制电力技术 |
| 能量转换技术 | 实现抽水储能启动电机工程示范；完成利用电力电子技术实现大规模风电并网关键技术的研究 | 实现大规模储能系统的快速可调能源转换；实现千兆瓦级风电场高效可靠地并网运行及核心装置标准化生产 | 形成标准化、可配置的通用能源转化模块；在系统中推广应用大规模风电接入技术 |

电力电子技术在智能电网中的应用主要有以下四个方面。

**一、柔性交流输电系统技术在智能电网中的应用**

柔性交流输电系统技术是指以电力电子设备为基础，结合现代控制技术来实现对原有交流输电系统参数及网络结构的快速灵活控制，从而达到大幅提高线路的输送能力和增强系统稳定性、可靠性的目的。随着电力电子器件的发展，FACTS 技术已从原有的基于半控器件的静止无功补偿器（static varcompen sator，SVC）、可控串补（thyristor controlled series compensator，TCSC）技术发展到现在的基于可关断器件的静止同步补偿器（static synchronous compensator STATCOM）、统一潮流控制器（unified power flow controller，UPFC）等技术。

（1）SVC 技术在智能电网中的应用。SVC 是一种典型的灵活交流输电装置，其主要作用如下：调节系统电压，保持电压稳定；控制无功潮流，增加输送能力；为直流换流器提供无功功率；提高系统的静态和暂态稳定性；加强对系统低频振荡的阻尼。它是解决我国电网输电瓶颈的一个重要技术手段。我国 20 世纪 80 年代从国外引进了 6 套 SVC 装备电网，2004 年在国家电网公司主持下，由中国电力科学研究院自主研发的辽宁鞍山红一变 100Mvar SVC 示范工程顺利投运，标志着我国完全掌握了 SVC 的系统设计制造技术。随后，川渝电网 3 套 SVC 装置的顺利投运标志着 SVC 在我国电力系统中的推广应用。SVC 具有无功补偿和潮流优化功能，能够提高电网的输电能力和电能输送效率、改善电网的安全稳定性和电能质量，并且适用于各等级电网。SVC 为我国电网向着坚强、安全、智能化发展发挥了重要作用。截至 2009 年，我国电网总计投运近 20 套 SVC，单套最大容量达 180Mvar，发挥了巨大的社会经济效益，仅红一变 SVC 一项就年节约电能 25.976GWh，年增收节支总和达 1149 千万元。

（2）TCSC 技术在智能电网中的应用。可控串补技术是在常规串补技术发展起来的一种灵活交流输电技术，主要由晶闸管阀、金属氧化物限压器（metal oxide varistor，MOV）、电容器组和阻尼器构成。它不仅可以提高现有线路的输送能力，提高系统稳定性，还可以有效减少阻尼系统低频振荡、抑制次同步谐振、优化系统运行方式和降低输电损耗。我国自 20 世纪 90 年代开始系统地研究可控串补技术，并于 2004 年底建成投运我国第一个国产化 TCSC 工程——甘肃碧成 220kV 可控串补工程，使我国成为世界上第 4 个完全掌握可控串补设计制造技术的国家，2007 年 10 月伊冯 500kV 可控串补投运，这是目前世界上容量最大、额定电压最高的可控串补装置。以可控串补技术为代表的灵活交流输电技术，代表世界先进输电技术的发展方向，它利用先进电力电子技术提高电网输电能力、提升电网安全稳定水平，适用于超/特高压各等级电网，有力推动了我国交流输电技术的创新进程和产业升级。截至 2008 年底，我国自主研发的串补装置已在国内外 25 条输电线路上应用 33 套，总容量已超过 10.870Gvar，因采用该技术节省投资约 40 亿元、节省线路走廊 3200km。伊冯串补装置全景如图 8-21 所示。

图 8-21　伊冯串补装置全景

（3）其他柔性交流输电系统技术在智能电网中的应用。随着我国电网规模的不断扩大，出现了一些新问题，如系统短路电流超标、超/特高压线路容性充电功率较高等，同时基于全控型器件柔性交流输电系统装置的进步，客观促进了柔性交流输电系统技术在我国的进一步应用。2006 年，我国第一套 50Mvar 链式 STATCOM 在上海投运。我国自主研发的首套 500kV 分级可控并联电抗器（stepped control shunt reactor，SCSR）和首套 500kV 磁控并联电抗器（magnetically controlshuntreactor，MCSR）分别于 2006 年 9 月在山西忻都开关站、2007 年 9 月在湖北江陵换流站投运成功。故障电流限制器现在也已完成样机研制工作。

随着特高压战略和智能电网的实施和推进，必然会有更多的 FACTS 设备投入运行，未来 5 年我国 FACTS 发展主要集中在以下几个方向：① 750kV/1000kV 可控串补技术的研究和应用；② 750kV/1000kV 可控高抗技术的研究和应用；③ 静止同步串联补偿器（static synchronous series compensator，SSSC）关键技术研究；④ UPFC 关键技术研究；⑤ 基于广域测量系统（wide area measurement system，WAMS）的多 FACTS 协调控制技术研究。

### 二、直流输电技术在智能电网中的应用

超高压直流输电技术在远距离大容量输电、异步联网、海底电缆送电等方面具有优势，因而得到了广泛应用。而特高压直流输电更可以有效节省输电走廊，降低系统损耗，提高送电经济性，它为我国解决能源分布不均、优化资源配置提供了有效途径。

采用直流输电方式，例如我国的特高压直流输电线路建设，其送电端的整流阀和受电端的逆变阀一般都采用晶闸管变流装置。类似这种基于电力电子技术的设备在输电网中的应用，可提高电网的输送容量和可靠性。截至 2009 年，我国已建成 7 个超高压直流输电工程和 2 个直流背靠背工程，直流输电线路总长度达 7085km，输送容量近 20GW，线路总长度和输送容量均居世界第一。预计到 2020 年，我国将建成"强交强直"的特高压混合电网和坚强的送、受端电网，预计直流工程达 50 项，其中规划建设 30 多个特高压工程，包括 5 个 ±1000kV 的直流工程。

2007 年底，向家坝—上海 ±800kV/6400MW 特高压直流示范工程开工建设，这是世界上第一条基于 6 英寸晶闸管阀的特高压直流工程。目前正在调试的灵宝Ⅱ扩建工程是世界上首次开展基于 6 英寸晶闸管提升至 4.5kA 换流阀的工程实践，为超/特高压直流输送进一步提升容量做好了技术储备。2009 年初，±660kV 宁东—山东直流工程启动，其单阀的耐压水平创直流输电工程之最，单阀串连晶闸管级的数量创工程之最，而 1000kV/5kA 的特高压直流工程的可行性也在研究之中。±800kV 及以上特高压直流换流阀接线方式均采用双 12 脉动换流阀构成。500、660kV 工程采用单 12 脉动换流阀构成。未来我国直流系统将形成 125、500、660、800、1000kV 的电压等级序列，形成额定电流 3、3.5、4、4.5、5kA 的电流等级序列。

超大容量直流输电的成功条件之一是受端有强大的交流系统，提供足够的短路电流（换相电流），而受端负荷过大将直接影响直流系统的稳定。受端系统接受能力的研究是今后的重要课题。向家坝—上海 ±800kV 特高压直流输电示范工程奉贤换流站工程如图 8-22 所示。

为了实现可持续发展，我国正在大力推广风力发电，目前全国已累计建成 100 多个风电场，装机容量已超过 10GW，10GW 级风电基地建设也已全面启动。大规模风力发电并网目前存在许多难以解决的问题，对电网的安全稳定造成了一定影响。柔性直流输电是解决大规模风电并网问题的一个重要手段。

### 三、能量转换技术在智能电网中的应用

能量转换技术是智能电网的核心技术之一。在智能电网的发展规划中，智能电网正

图 8-22　向家坝—上海±800kV 特高压直流输电示范工程
奉贤换流站工程

朝着低污染、低能耗、低排放的低碳节能方向发展。目前，太阳能、风能等可再生资源
的利用为国际上研究的重点，太阳能发电和风力发电属于发展较快的新能源，但它们受
环境制约较大，发出的电力质量较差，需要储能装置缓冲以改善电能质量，这就需要电
力电子技术。小水电站用的大型电动机的启动和调速也需要电力电子技术。另外，由于
各地区的资源与负荷分布并不均衡，常常采用分布式发电以及微网技术。微网中的分布
式电源包括微型燃气轮机、燃料电池、光伏电源、风力发电机、蓄电池和高速飞轮等，
当需要把这些和大电网相连并彼此互联时，也离不开电力电子技术。这已成为一个重要
的发展趋势，并将在新能源和分布式发电领域里得到更为明显的体现。微网互联示意图
如图 8-23 所示。

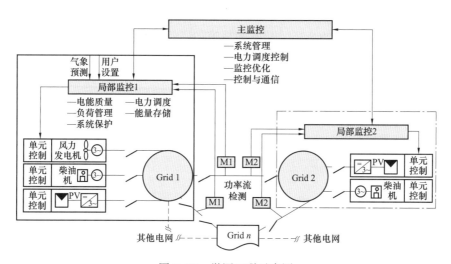

图 8-23　微网互联示意图

国外对能量转换的研究由来已久，而我国对能量转换技术还属于初步的研究阶段，仅对抽水蓄能启动变频技术、轨道交通能馈系统和风力发电机组变流器控制技术有一定的研究。现如今，我国还处在开发大规模风电场的阶段，相关的技术还需要进一步的研究。能量转换技术的发展趋势主要在于太阳能、风能等可再生能源的利用以及间隙性、大规模的电源和微网等进行并网，再开始运行。大规模间歇式电源技术、规模化大电流充电技术、抽水蓄能启动变频技术、电动汽车与电网能量双向转换技术、聚群功率调节器技术、中压大功率风机变流器技术、轨道交通的能馈系统技术等都在能量转换技术中有着广泛的应用。

**四、电能质量技术在智能电网中的应用**

现代工业中，电能质量技术的需求量非常大，普遍应用于工业化产品，在发达国家，如美国、日本等，对电能质量技术的研究已经非常深入，达到了国际先进水平。在我国，对电能质量技术的研究还属于初级阶段，在工业上的应用并不多，多数还仅限于部分高校对电能质量技术的研究。对于系统的模型、仿真及结构还在研究当中，有关的技术要求和规范也还在进一步的制定商讨中。智能电网对电能质量和电网工作状况的稳定有较高要求。在配电网系统，电力电子装置可用于防止电网瞬间停电、瞬间电压跌落、电压闪变等，以改善供电效果，进行电能质量控制。这些都与智能电网设计的预期功能十分吻合。近年来发展起来的 FACTS 技术主要是依靠电力电子装置才得以实现的。而且许多更加新颖的电力电子装置还在不断涌现，比如薄型交流变换器、超导无功补偿装置 SuperVAR 等。Super VAR 主体构成实物图如图 8-24 所示。

图 8-24 Super VAR 主体构成实物图

在国际中，通常采用动态电压调节、有源电力滤波器及配电网静止同步补偿器等来提高电能质量技术。因为我国对此的研究还处在发展阶段，所以首先要建立一个完整的、全面的电能质量等级分类标准和质量评估体系，建立相关的规章制度对智能电网中电能质量技术的使用进行规范，让智能电网能够安全、持续地运行。电能质量技术主要包括自适应静止无功补偿技术、电气化铁道平衡供电技术、直流有源滤波器技术、连续调谐滤波器技术、统一电能质量控制技术和优质电力园区等。其中，统一电能质量控制技术是电能质量技术中的关键技术，它能有效地确保用户的电能质量，通过充、放蓄电池中的电，在用户使用低谷期和高峰期控制用电量、节约电网的同时，还能带来一定的经济效益，使配电网拥有更广阔的应用前景。

## 思 考 题

8.1 电力电子技术有几个主要的组成部分？各有哪些重要作用？

8.2 电力电子技术发展的特点是什么？

8.3 你认为电力电子技术发展的关键是什么？

8.4 电气传动技术有哪些重要作用？

9

# 电 力 通 信 技 术

> 不要担心你数学上有困难，我向你保证我的困难比你的更大。
>
> ——阿尔贝特·爱因斯坦

一般认为，人类生活的三大基本要素是物质、能源和信息，人们所进行的信息传递和交流就是通信。传统意义上的通信是指由一地向另一地进行信息的传递，现代通信一般定义为利用电子技术等手段，借助各种传输媒质实现两地之间的信息传递。

人类进行通信的历史十分久远。早在远古时期，人们就通过简单的语言和在洞穴的墙壁上画草图等方式来交换和传递信息。千百年来，人们一直在用语言、图符、钟鼓、烟火、竹简、纸书等传递信息，古代人的烽火狼烟、飞鸽传信、驿马邮递就是这方面的例子。现在还有一些国家的个别原始部落，仍然保留着诸如击鼓鸣号这样古老的通信方式。在现代社会中，交通警的指挥手语、航海中的旗语等不过是古老通信方式进一步发展的结果。这些信息传递基本上都是依靠人的视觉与听觉，即通过听别人说话，看代表某种意义的字母和符号来得到信息。随着科学技术的不断发展，通信手段越来越先进，传递信息的数量、速度及范围等方面都有了迅速的发展，人们克服了距离的障碍，实现了长距离的可靠通信。人类通信史上革命性变化的标志是将电作为信息载体。

现代社会已经跨入了信息时代。信息已经成为最为重要的资源，信息传递则构成社会和经济发展的生命线。目前人类最伟大的创举之一就是建成了覆盖世界上所有国家的高速信息网。

## 9.1 通信系统的组成

信息有许多不同的形式，如文字、语言、符号、音乐、数据、图片、活动图像等。因此，根据所传递的信息形式的不同，目前的通信业务可分为电报、电话、传真、数据传输及可视电话等，如果从广义的角度看，也可以将广播、电视、雷达、导航、遥测遥控等信息传输的方式列入通信的范畴。

实际上，基本的点对点通信就是把发送端的信息传递到接收端。据此可以得出通信系统的一般模型，如图 9-1 所示。

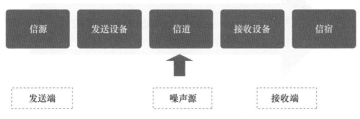

图 9-1　通信系统的一般模型

在图 9-1 中，信源即信息源，也称发送端，其作用是把待传输的消息转换成原始电信号，如电话系统中电话机可看成是信源。为了将信源和信道匹配起来，将信源产生的原始电信号，即基带信号，转变为适合在信道中传输的信号，就需要接入发送设备。信道是指传输信号的通道，既可以是有线的，也可以是无线的，甚至还可以包含某些设备。在接收端，接收设备的作用和发送设备刚好相反，任务是从带有干扰的接收信号中恢复出相应的原始电信号来；而信宿，也称收信者，则是将复原的原始电信号转换成相应的信息。

## 9.2　通信技术的发展

众所周知，信息通信业是发展潜力最大、对经济和社会影响最广泛的行业之一，同时也是最富有挑战性的行业之一。

1837 年莫尔斯发明了电报，他利用由点、划、空格适当组合的代码表示字母和数字，进行信息的传输。1876 年贝尔发明了电话，直接将声音信号转变为电信号沿导线传送。19 世纪末，人们又致力于研究利用能够以电磁波形式在空间传输的无线电信号来传送信息，即所谓的无线电通信。1895 年意大利的 G. 马可尼（G. Mmarconi）首次利用电磁波实现了无线电通信，开辟了无电技术的新领域。随着各类电子器件的出现，无线电通信技术迅猛发展，继而出现了无线电广播、传真和电视。到 20 世纪 30 年代中期以前，无线电通信方面已完成了利用电磁波来传递电码、声音和图像的任务。也就是在这个时期，里夫斯（A. H. Reeves）提出了脉冲数字编码调制（PCM）数字通信方式。20 世纪 40 年代末期美国制造出了第一台实验用 PCM 多路通信设备，首次实现了数字通信，至此通信技术有了新的飞跃。

随着社会的发展和科学技术的进步，各种技术之间相互渗透、相互利用，相继出现了综合业务数字网（ISDN）、多媒体通信技术（MMT）、综合移动卫星通信（M-SAT）、个人通信网以及智能通信网（IN 或 AIN）等。特别是多媒体通信以通信技术、广播电视技术、计算机技术为基础，突破了计算机、电话、电视等传统产业的界线，将计算机

的相互性、通信网的分布性和电视广播的真实性融为一体，向人们提供了综合的消息服务，成为一种新型的、智能化的通信方式。

21世纪是信息化社会，信息技术和信息产业是新的生产力增长点之一，因此在信息技术中，全球信息高速公路将会成为将来高度信息化社会的一项基本设施。"国际信息基础工程"计划，即俗称的信息高速公路工程，目前正在世界不少国家和地区部署和实施。"信息高速公路"计划以光缆为"路"，集电脑、电视、录像、电话为一体的多媒体为载体，向大学、研究机构、企业及普通家庭实时提供所需数据、图像、声音传输等多种服务的全国性高速信息网络，是多门学科的综合。从技术角度讲，它涉及了计算机科学技术、光纤通信技术、数字通信技术、个人通信技术、信号处理技术、光电子技术、半导体技术、大容量存储技术、网络技术、信息安全技术等信息技术，是一项规模巨大、意义重大的工程。因此，各发达国家投入大量的人力、物力，积极研究、实验、实施这项计划，但还有许多关键技术及社会问题尚待解决。可以说，这一切仅仅是一个开始，还需人们不断地探索和研究。

### 9.2.1　电话的发展

电报的发明，拉开了电信时代的序幕，引起了通信方式的彻底变革，并且开创了人类利用电来传递信息的历史。从此，信息传递的速度大大加快了。"嘀-嗒"一响（1s），电报便可以载着人们所要传送的信息绕地球走上七圈半。这种速度是以往任何一种通信工具所望尘莫及的。

电报传送的是符号。要发送一份电报，得先将报文译成电码，再用电报机发送出去；在收报一方，则要经过相反的过程，即将收到的电码译成报文，然后送到收报人的手里。这不仅手续麻烦，而且也不能及时地进行双向信息交流。因此，人们开始探索一种能直接传送人类声音的通信方式，这就是现在家喻户晓的"电话"。

欧洲对于远距离传送声音的研究，始于18世纪，在1796年，休斯提出了用话筒接力传送语音信息的办法。虽然这种方法不太切合实际，但他给这种通信方式起了一个名字——Telephone（电话），一直沿用至今。

1861年，德国一名教师发明了最原始的电话机，利用声波原理可在短距离互相通话，但遗憾的是无法实用化。

如何把电流和声波联系在一起而实现远距离通话呢？亚历山大·贝尔是注定要完成这个历史任务的人，他系统地学习了人的语音、发声机理和声波振动原理，在为聋哑人设计助听器的过程中，他发现电流导通和停止的瞬间，螺旋线圈发出了噪声，就这一发现使贝尔突发奇想——"用电流的强弱来模拟声音大小的变化，从而用电流传送声音"。

从这时开始，贝尔和他的助手沃森特就开始了设计电话的艰辛历程。1875年6月2日，贝尔和沃森特正在进行模型的最后设计和改进，最后测试的时刻到了，沃森特在紧闭了门窗的另一房间把耳朵贴在音箱上准备接听，贝尔在最后操作时不小心把硫酸溅到自己的腿上，他疼痛地叫了起来："沃森特先生，快来帮我啊！"没有想到，这句话通过他实验中的电话传到了在另一个房间工作的沃森特先生的耳朵里。这句极其普通的话语，也就成为人类第一句通过电话传送的音讯而永远为人们所铭记。1875 年 6 月 2 日，也被人们作为发明电话的伟大日子而加以纪念，而这个地方——美国波士顿法院路 109 号也因此而载入史册，至今它的门口仍钉着块铜牌，上面镌有："1875 年 6 月 2 日电话诞生在此。" 1876 年 3 月 7 日，贝尔申请了电话发明专利，专利证号码为 174655。

这样一来，不仅文字信息能被转换为电信号，声音也能直接被转换为电信号，然后可以通过一条连接两端的导线传输出去；在导线的另一端，电信号被重新转换为声音。因此，任意的两点，只要它们之间存在着物理连接，两端的人们就能互相通话。这一发明是空间障碍上的又一种超越。

1877 年，即在贝尔发明电话后的第二年，在相距 300km 的波士顿和纽约之间架设的第一条电话线路开通了，进行了首次长途电话实验，并获得了成功，也就是在这一年，有人第一次用电话给《波士顿环球报》发送了新闻消息，从此开始了公众使用电话时代。一年之内，贝尔共安装了 230 部电话，建立了贝尔电话公司，它是美国电报电话公司（AT&T）的前身。

电话传入我国是在 1881 年，英籍电气技师皮晓浦在上海十六铺沿街架起了一对露天电话，付 36 文制钱可通话一次，这是中国的第一部电话。1882 年 2 月，丹麦大北电报公司在上海外滩洋泾路办起我国第一个电话局，用户 25 家。1889 年，安徽省安庆州候补知州彭名保，自行设计了一部电话，包括自制的五六十种大小零件，成为我国第一部自行设计制造的电话。

对于早期的电话系统来说，每连接一个电话，就需要一对导线。要打一个电话，一个人必须首先把电话连接到正确的线路上，并且线路的另一端必须刚好有人在接听。这种电话没有铃声或其他的信号装置。交换板（见图 9-2）的发明改变了这种情况。它是一种连接两部电话之间线路的交换装置。呼叫者只要拿起电话，向接线员说出所要拨打的电话号码就可以了。当时的电话还没有发展到可以手动拨号或按键的程度，建立连接

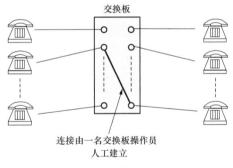

图 9-2 早期的交换板

必须通过人工的操作连接，即一个操作人员听到号码，然后用一个交换板将呼叫者的电话线和被呼叫者的电话线连接起来，这样，通话的双方才能进行正常的交流。最初的电话并没有拨号盘，所有的通话都是通过接线员进行，由接线员将通话人接上正确的线路。拨号盘始于 20 世纪初，当时美国马萨诸塞州流行麻疹，一位内科医生因担心一旦接线员病倒造成全城电话瘫痪而提议的。不过在我国 20 世纪 70 年代，部分区县还在使用干电池为动力、没有拨号盘的手摇电话机。今天，世界上大约有 7.5 亿电话用户，其中还包括 1070 万因特网用户分享着这个网络。写信进入了一个令人惊讶的复苏阶段，不过，这些信件也是通过一根根细细的电话线来传送的。

自从贝尔发明了电话机，人人都能手拿一个"话柄"和远方的亲朋好友谈天说地了。电报和电话的相继发明，使人类获得了远距离传送信息的重要手段。但是，电信号都是通过金属线传送的，线路架设到的地方，信息才能传到，这大大限制了信息的传播范围，特别是在大海、深山。于是，人们希望找到一种能让信息无线传播的办法。

1956 年，在英国和加拿大之间的大西洋海底铺设完成了电话电缆，使远距离的电话通信成为现实；1962 年，美国研究成功了脉码调制设备，用于电话的多路化通信；1965 年，第一部由计算机控制的程控电话交换机在美国问世，标志着一个电话新时代的开始；1969 年，美国国防高级研究计划署（ARPA）提出了研制 ARPA 网的计划，当年建成并投入运行，改变了传统的专用信道的传输方式，标志着计算机通信的发展进入了一个崭新的纪元；1970 年，世界上第一部程控数字交换机在法国巴黎开通，标志着数字电话的全面实用和数字通信新时代的到来。

进入 20 世纪 90 年代，随着数字技术和因特网技术的成熟，出现新的电话通信手段，其中 IP 电话是最具代表性的技术，提高了通话容量，并大幅度降低通话费用，使电话通信进入了一个崭新的时代。

IP 电话是现在最为流行的电话通信技术，被评为电子商务十大趋势之一。IP 电话即为网络电话或互联网电话，简单来说就是通过 Internet 网进行实时的语音传输服务。它是利用国际互联网 Internet 为语音传输的媒介，从而实现语音通信的一种全新的通信技术。由于其通信费用的低廉，所以也有人称之为廉价电话。其原理是将普通电话的模拟信号进行压缩打包处理，通过 Internet 传输，到达对方后再进行解压，还原成模拟信号，对方用普通电话机等设备就可以接听。

目前，国际上许多大的电信公司推出了普通电话与普通电话之间的 IP 电话，普通电话客户通过本地电话拨号上本地的互联网电话的网关（Gateway），通过网关透过 Internet 网络进行连接，远端的 Internet 网关通过当地的电话网呼叫被叫用户，从而完成普通电话客户之间的电话通信。这种通过 Internet 网从普通电话到普通电话的通话方式就是人们通常讲的 IP 电话，也是目前发展得最快而且最有商用化前途的电话。

### 9.2.2 微波通信的发展

从无线电频谱的划分看，将频率为 $0.3\times10^3\sim300\times10^3$ MHz 的射频称为微波频率。微波通信（Microwave Communication），就是使用波长在 0.1mm~1m 之间的电磁波——微波进行的通信。微波通信不需要固体介质，当两点间直线距离内无障碍时就可以使用微波传送。

微波通信是 20 世纪 50 年代的产物。由于其通信的容量大而投资费用省（约占电缆投资的 1/5），建设速度快，抗灾能力强等优点而取得迅速的发展。20 世纪 40~50 年代产生了传输频带较宽、性能较稳定的微波通信，成为长距离大容量地面干线无线传输的主要手段，模拟调频传输容量高达 2700 路，也可同时传输高质量的彩色电视，而后逐步进入中容量乃至大容量数字微波传输。20 世纪 80 年代中期以来，随着频率选择性色散衰落对数字微波传输中断影响的发现以及一系列自适应衰落对抗技术与高状态调制与检测技术的发展，使数字微波传输产生了一个革命性的变化。特别应该指出的 20 世纪 80~90 年代发展起来的一整套高速多状态的自适应编码调制解调技术与信号处理及信号检测技术的迅速发展，对现今的卫星通信、移动通信、全数字 HDTV 传输、通用高速有线/无线的接入，乃至高质量的磁性记录等诸多领域的信号设计和信号的处理应用，起到了重要的作用。

利用微波进行通信具有容量大、质量好并可传至很远的距离，因此是我国通信网的一种重要通信手段，也普遍适用于各种专用通信网。目前我国基本使用 2、4、6、7、8、11 千 MHz 频段。其中，2、4、6 千 MHz 频段因电波传播较稳定，故用于干线微波通信，而支线或专用网微波通信常用 2、7、8、11 千 MHz 频段。由于微波的频率极高，波长又很短，其在空中的传播特性与光波相近，也是直线前进，遇到阻挡就被反射或被阻断，因此微波通信的主要方式是视距通信，超过视距以后需要中继转发。一般来说，由于地球曲面的影响以及空间传输的损耗，每隔 50km 左右，就需要设置中继站，中继站把前一站送来的信号放大，再送到下一站。这样，像接力赛跑一样，一站接一站传送下去，才能把信息传遍各地。因此，微波通信又称为微波中继通信或微波接力通信。长距离微波通信干线可以经过几十次中继而传至数千千米仍可保持很高的通信质量，但由于需要建立许多中继站接力传递，非常麻烦，所以现在又有了卫星通信。

微波通信由于其频带宽、容量大，可以用于各种电信业务的传送，如电话、电报、数据、传真以及彩色电视等均可通过微波电路传输。微波通信具有良好的抗灾性能，对水灾、风灾以及地震等自然灾害，一般都不受影响。但微波经空中传送，易受干扰，在同一微波电路上不能使用相同频率于同一方向，因此微波电路必须在无线电管理部门的严格管理之下进行建设。此外，由于微波直线传播的特性，在电波波束方向上，不能有高楼阻挡，因此城市规划部门要考虑城市空间微波通道的规划，使之不受高楼的阻隔而影响通信。图 9-3 所示为微波通信系统示意图。

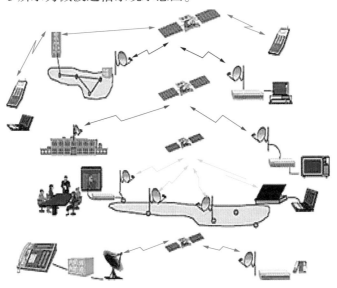

图 9-3　微波通信系统示意图

近 10 年来，国内信息网络的发展对通信基础设施提出了越来越高的要求，各种网络接入技术越来越受到人们的重视。网络接入大致可分为网络接入和单机接入两类。

### 9.2.3　移动通信的发展

通信技术的另一个亮点是移动通信。移动通信，简单地说就是移动体之间的通信，或移动体与固定体之间的通信。移动体既可以是人，也可以是汽车、火车、轮船、收音机等处于移动状态中的物体。

可以这样说，移动通信从无线电通信发明之日就产生了。现代移动通信技术的发展始于 20 世纪 20 年代，大致经历了下面五个发展阶段：

第一阶段为 20 世纪 20～40 年代，为早期发展阶段。在这期间，首先在短波几个频段上开发出专用移动通信系统，其代表是美国底特律市警察使用的车载无线电系统。该系统工作频率为 2MHz，到 20 世纪 40 年代提高到 30～40MHz。可以认为这个阶段是现代移动通信的起步阶段，其特点是使用专用系统开发，工作频率较低，使用范围狭小，主要对象是船舶、飞机、汽车等专用移动通信以及相关的军事通信，使用频段主要是短波段，通信设备体积庞大、笨重，而且通信效果很差。到 20 世纪 40 年代中期至 60 年代末，移动通信有了进一步的发展，在频段的使用上，主要使用 VHF（甚高频）频段的 150MHz 和后来的 400MHz 频段。

第二阶段从 20 世纪 40 年代中期至 60 年代初期。这期间移动通信有了进一步的发展，公用移动通信业务开始问世。1946 年，根据美国联邦通信委员会（FCC）的计划，贝尔系统在圣路易斯城建立了世界上第一个公用汽车电话网，称为"城市系统"。当时使用三个频道，间隔为 120kHz，通信方式为单工，随后，联邦德国（1950 年）、法国（1956 年）、英国（1959 年）等国相继研制了公用移动电话系统。美国贝尔实验室完成了人工交换系统的接续问题。这一阶段的特点是从专用移动网向公用移动网过渡，接续方式为人工，网的容量较小。

第三阶段从 20 世纪 60 年代中期至 70 年代中期。首先，由于 20 世纪 60 年代晶体管的出现，移动通信开始快速地向小型化、便捷化以及个人化方向发展。这期间内，在频段的使用上，主要使用 VHF（甚高频）频段的 150MHz 和后来的 400MHz 频段。例如，美国推出了改进型移动电话系统（IMTS），就使用了 150MHz 和 450MHz 频段，采用大区制、中小容量，实现了无线频道自动选择并能够自动接续到公用电话网。德国也推出了具有相同技术水平的 B 网。可以说，这一阶段是移动通信系统改进与完善的阶段，其特点是采用大区制、中小容量，使用 450MHz 频段，实现了自动选频与自动接续。

第四阶段从 20 世纪 70 年代中期至 80 年代中期，这是移动通信蓬勃发展时期。由于集成电路技术、微型计算机和微处理器的快速发展，以及由美国贝尔实验室推出的蜂窝系统的概念和其理论在实际中的应用，使得美国、日本等国纷纷研制出陆地移动电话系统，从而使得移动通信真正进入了个人领域。这阶段的技术主要是模拟调频、频分多址，以模拟方式工作，使用频段为 800/900MHz（早期曾使用 450MHz），称之为蜂窝式模拟移动通信系统或第一代移动通信系统。1978 年底，美国贝尔实验室研制成功先进移动电话系统（AMPS），建成了蜂窝状移动通信网，大大提高了系统容量，1983 年，首次在芝加哥投入商用，同年 12 月，在华盛顿也开始启用。之后，服务区域在美国逐渐扩大，到 1985 年 3 月已扩展到 47 个地区，约 10 万移动用户。其他工业化国家也相继开发出蜂窝式公用移动通信网。日本于 1979 年推出 800MHz 汽车电话系统（HAMTS），在东京、神户等地投入商用。联邦德国于 1984 年完成 C 网，频段为 450MHz。英国在 1985 年开发出全地址通信系统（TACS），首先在伦敦投入使用，以后覆盖了全国，频段为 900MHz。法国开发出 450 系统。加拿大推出 450MHz 移动电话系统 MTS。瑞典等北欧四国于 1980 年开发出 NMT-450 移动通信网，并投入使用，频段为 450MHz。可以说，进入 20 世纪 80 年代，移动通信已经达到了成熟阶段，但仍存在着漫游不好和保密性差等缺点。

这一阶段的特点是蜂窝状移动通信网成为实用系统，并在世界各地迅速发展。移动通信获得较大发展的原因，除了用户要求迅猛增加这一主要推动力之外，还有几方面技术进展所提供的条件。首先，微电子技术在这一时期得到长足发展，这使得通信设备的小型化、微型化有了可能性，各种轻便电台被不断地推出。其次，提出并形成了移动通信新体制。随着用户数量增加，大区制所能提供的容量很快饱和，这就必须探索新体制。在这方面最重要的突破是贝尔实验室在 20 世纪 70 年代提出的蜂窝网的概念。蜂窝网，即所谓小区制，由于实现了频率再用，大大提高了系统容量。可以说，蜂窝网概念真正解决了公用移动通信系统要求容量大与频率资源有限的矛盾。第三方面进展是随着大规模集成电路的发展而出现的微处理器技术日趋成熟以及计算机技术的迅猛发展，从而为大型通信网的管理与控制提供了技术手段。

第五阶段从 20 世纪 80 年代中期开始，这是数字移动通信系统发展和成熟时期。

20 世纪 90 年代以来，移动通信飞速发展，到 2002 年底全球移动用户数超过了固定用户数。目前，中国、美国、日本占据了世界移动市场的前三位。中国的移动用户数超过了 2.5 亿户，美国超过了 1 亿户，日本为 8200 万户。其中，日本的移动用户数于 2000 年率先超过固定用户数，且成为世界第一个引入 3G 并开始商用的国家。目前日本有 6000 余万人使用移动电话接入互联网，移动互联网已被广泛接受。移动通信的下一步是走向容量更大、速率更高、功能更强的 4G。

与其他现代技术的发展一样，移动通信技术的发展也呈现加快趋势，目前，当数字蜂窝网刚刚进入实用阶段、正方兴未艾之时，关于未来移动通信的讨论已如火如荼地展开，各种方案纷纷出台，其中最热门的是所谓个人移动通信网。关于这种系统的概念和结构，各家解释并未一致。但有一点是肯定的，即未来移动通信系统将提供全球性优质服务，真正实现在任何时间、任何地点、向任何人提供通信服务这一移动通信的最高目标。图 9-4 所示为移动通信发展的历史走向与未来趋势。

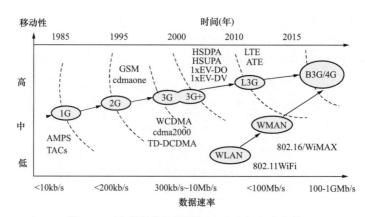

图 9-4　移动通信发展的历史走向与未来趋势

### 9.2.4　光纤通信的发展

　　光纤的发明，引起了通信技术的一场革命，是构成 21 世纪即将到来的信息社会的一大要素。1966 年，英籍华人高锟发表论文《光频介质纤维表面波导》，提出用石英玻璃纤维（光纤）传送光信号来进行通信，可实现长距离、大容量通信，于 1970 年研制出来了损失为 20dB/km 的光纤。这一研究的突破是通信发展史上里程碑式的成功，引起了当时整个通信界的震动，世界发达国家开始投入大量人力物力对光纤通信这个新兴领域进行研究。1976 年，美国贝尔实验室在亚特兰大到华盛顿之间建立了世界第一条实用化的光纤通信线路，速率为 45Mb/s，采用的是多模光纤，光源用的是发光管 LED，波长是 0.85μm 的红外光。在 20 世纪 70 年代末，大容量的单模光纤和长寿命的半导体激光器研制成功，光纤通信系统开始显示出长距离、大容量无比的优越性。按理论计算：就光纤通信常用波长 1.3μm 和 1.55μm 波长窗口的容量至少有 25 000MHz，而要进一步地提升光纤通信的速度自然会想到采用多波长的波分复用技术 WDM（Wavelength Division Multiplex）。1996 年 WDM 技术取得突破，美国 MCI 公司在 1997 年开通了商用的 WDM 线路。

　　图 9-5 所示为光通信系统的基本组成结构。图 9-6 所示为光纤通信系统。图 9-7 所示为光纤纳米图。图 9-8 所示为光纤以太网方案。

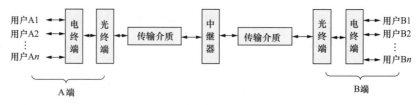

图 9-5　光通信系统的基本组成结构图

　　光纤通信在我国的发展也经历了一系列的波折和发展。1973 年，世界光纤通信尚未实用，邮电部武汉邮电科学研究院（当时的武汉邮电学院）就开始研究光纤通信。由

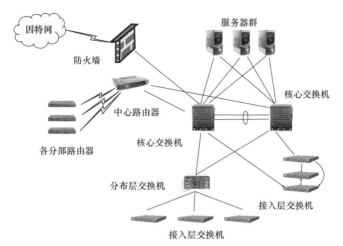

图 9-6  光纤通信系统

图 9-7  光纤纳米图

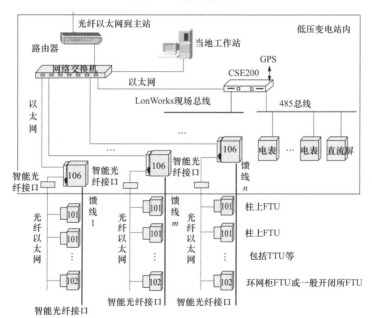

图 9-8  光纤以太网方案

于武汉邮电科学研究院采用了石英光纤、半导体激光器和编码制式通信机这个正确的技术路线，使我国在发展光纤通信技术上少走了不少弯路，从而使我国光纤通信在高新技术中与发达国家有较小的差距。

1978 年改革开放后，光纤通信的研发工作大大加快。在 20 世纪 80 年代中期，数字光纤通信的速率已达到 144Mb/s，可传送 1980 路电话，超过同轴电缆载波。于是，光纤通信作为主流被大量采用，在传输干线上全面取代电缆。现在，我国已敷设光缆总长约 250 万 km，光纤通信已成为我国通信的主要手段。

### 9.2.5 卫星通信的发展

卫星通信方面，从 1945 年克拉克提出三颗对地球同步的卫星可覆盖全球的设想以来，卫星通信真正成为现实经历了 20 年左右的时间。先是诸多低轨卫星的试验，而 1957 年 10 月 4 日原苏联成功发射的世界上第一颗距地球高度约 1600km 的人造地球卫星，实现了对地球的通信，这是卫星通信历史上的一个重要里程碑。1961 年，(J. F. Kennedy) 提出了利用卫星开展商用通信业务的概念。1962 年在最初的通信卫星条例基础上，建立了美国通信卫星公司 (Communications Satellite Consortium，简称 COMSAT)。1964 年 3 月 COMSAT 与休斯航空公司签订合同建造两颗自旋稳定卫星。在 1964 年成立的国际通信卫星组织 (International Telecommunications Satellite Consortium，简称 INTELSAT) 中，COMSAT 占有 50% 以上的股份。1965 年 4 月 6 日发射的"晨鸟"(EarlyBird) 号静止卫星标志着卫星通信真正进入了实际商用阶段，并纳入了世界上最大的商业卫星组织 INTELSAT 的第一代卫星系统 IS-I。GEO 商用卫星通信以 INTELSAT 卫星系统为典型，从 1965 年 IS-I 以来，至今正式商用的卫星系统历经八代 12 种，目前正在研制第九代卫星系统 IS-IX。图 9-9 所示为通信卫星。图 9-10 所示为移动通信卫星。图 9-11 所示为卫星通信网络。

图 9-9 通信卫星

图 9-10 移动通信卫星

从卫星通信系统技术体制方面来看，经历了从初期的模拟（调频）通信到数字通信的过程；支持的业务也从初期的窄带话音、电视转播，到目前的"直接到户"DTH（用于电视、数据广播接收）、直接个人系统 Direct PC（提供 Internet 业务）、移动通信业务（如由 66 颗低轨卫星的"Iridium"系统支持的手持机）和宽带综合业务；频段方

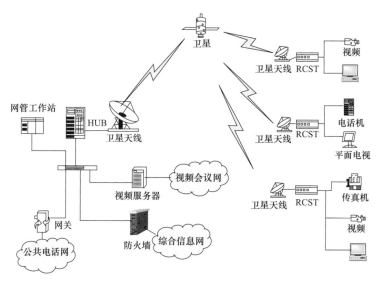

图 9-11　卫星通信网络

面已从最初的 C 波段发展到 Ku、Ka 波段。除 INTELSAT、国际海事卫星通信组织（已更名为国际移动卫星通信组织）Inmarsat（International Maritime Satellite Organization）、美国的 PanAmSat 等全球通信系统外，还有如欧洲、北美（美国、加拿大）、南美（巴西）、中国、印度尼西亚、澳洲、中东和日本等许多地区或国家拥有的区域性卫星通信系统。

（1）从卫星通信的业务类型来看，初期的卫星通信系统主要支持点到点的话音业务和电视节目的转播，而且话音和电视信源都是模拟信号，采用调频方式传输。目前，话音通信和部分电视广播信号已采用数字传输技术，同时能支持宽带综合业务和 Internet 业务。

（2）从卫星通信的应用范围来看，一些新的应用领域和系统已经形成，例如：

卫星移动通信系统：除较早期的 Inmarsat 外，支持手持机的低轨卫星系统"铱"（66 颗卫星）和"全球星"（48 颗卫星）最具代表性，还有中轨卫星系统 ICO 等。

新的卫星广播系统，包括电视节目分配系统，电视直接到家（DTH）系统，数字视频广播（DVB）、数字音广播（DAB）系统和数据广播系统等。

（3）VAST 系统：该系统终端成本低，天线小（1m 左右），安装方便，可支持话音、数据和传真等业务，适合构成行业或跨国公司的专用网。同时，系统对解决边远山区、农村等稀路由地区的通信十分有效，对促进发展中国家通信事业的发展具有重要意义。

近 10 年来，国内信息网络的发展对通信基础设施提出了越来越高的要求。各种网络接入技术越来越受到人们的重视。网络接入大致可分为网络接入和单机接入两类。许多技术如 DDN、xDSL、56K、ISDN、微波、帧中继、卫星通信等都成为人们的关注对象。迄今，尽管中国电信基础建设取得了极大的发展，但是仍无法满足网络迅速发展的迫切需要。因此，无线微波扩频通信以其建设快速简便等优势成为建立广域网连接的另

一重要方式，并在一些城市中（如北京）形成一定规模，是国内城市通信基础设施的有效补充，引起了很多网络建设单位的兴趣。微波扩频通信目前在国内的重要应用领域之一是企事业单位组建 Intranet 并接入 ISP，一般接入速率为 64Kb/s～2Mb/s，使用频段为 2.4～2.4835 千 MHz。该频段属于工业自由辐射频段，也是国内目前唯一不需要无线通信管理委员会批准的自由频段。

 ## 9.3 通信领域的新技术

### 9.3.1 蓝牙技术

随着通信网络的发展，各种通信电缆五花八门，不但办公室中电缆无处不在，家用通信设备的发展也使居室成了电缆的世界。人们在觉得它们必不可少的同时，又伤透了脑筋，如电缆使用不便，连线频出故障，各种电缆之间无法通用，电缆成为现代通信中的缺憾。为了消除电缆带来的诸多不便，同时以较低成本实现各设备间的无线通信，一种新的技术——蓝牙技术（Bluetooth）应运而生。

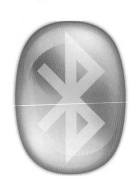

图 9-12　蓝牙图标

蓝牙技术是以近距离无线连接为基础的一种无线数据与数字通信的开放性全球规范，具有低成本、微功率等优点。1988 年蓝牙技术被报道之后，得到全球各界的广泛关注。该技术的实质内容是要建立通用的无线空中接口及其控制软件的公开标准，使移动通信与计算机网络进一步结合，人们能随时随地进行数据信息的交流与传输，在信息家电、计算机、交通、医疗、移动通信、嵌入式应用开发等一系列的应用中，促进现代通信技术的发展，被认为是无线数据通信领域的重大进展之一，对未来无线移动通信、无线数据通信业务将产生巨大的促进作用。图 9-12 所示为蓝牙图标。

爱立信、IBM、Intel、Nokia、东芝公司于 1998 年 5 月联合成立了蓝牙特别利益集团（Bluetooth Special Interest Group，BSIG），并制订了近距离无线通信技术标准——蓝牙技术。它的命名借用了一千多年前一位丹麦皇帝 Harald Bluetooth 的名字。用户利用"蓝牙"技术，可以实现个人计算机与手机、打印机、键盘、鼠标间的无线连接，有效地简化掌上电脑、笔记本电脑和移动电话等移动通信终端设备之间的通信，也能够成功地简化以上这些设备与因特网之间的通信，从而使这些现代通信设备与因特网之间的数据传输变得更加迅速高效，为无线通信拓宽了道路。它具有无线性、开放性、低功耗等特点。因此，目前"蓝牙"刚刚露出一点儿芽尖，却已经引起了全球通信业界和广大用户的密切关注。

蓝牙规则的制订已经成为了很多组织、企业和政府机构争夺的焦点。为了应对激烈的国际竞争，2003 年 7 月 10 日，我国的信息设备资源共享协同服务标准工作组在信息产业部支持下成立，简称闪联。2005 年 5 月，在中关村管委会支持下，闪联信息产业协会成立，成为闪联中立的法人实体。信息设备资源共享协同服务标准（Intelligent Grouping and Resource Sharing，IGRS）是新一代网络信息设备的交换技术和接口规范，在通信及内容安全机制的保证下，支持各种 3C（computer，consumer electronics & communication devices）设备智能互联、资源共享和协同服务。图 9-13 所示为蓝牙电话系统。

图 9-13  蓝牙电话系统

作为一个新兴事物，蓝牙技术的应用还存在许多问题和不足之处，如成本过高、有效距离短及速度与安全性能也不令人满意等。但毫无疑问，蓝牙技术已成为近年应用最快的无线通信技术，其席卷全球之势不可阻挡，必将在不久的将来渗透到我们生活的各个方面，我们有理由相信蓝牙技术的明天会更好。图 9-14 所示为蓝牙技术在工业控制领域的应用。

### 9.3.2  纳米技术

纳米（Nanometer）是一个长度单位，$1nm = 10^{-9}m$，大约相当于 45 个原子串起来那么长。纳米技术是一门在 $0.1 \sim 100nm$ 尺度空间内，对电子、原子和分子的运动规律和特性进行研究并加以应用的高技术学科，其目标是用单原子、分子制造具有特定功能的产品。纳米技术自问世以来在各个领域都得到了广泛的发展。国内外科技界已普遍认为纳米技术是以现代科学（混沌物理、量子力学、介观物理、分子生物学）和现代技术（计算机技术、微电子技术、扫描隧道显微镜技术、核分析技术、生物技术、分子技术）相结合的产物。纳米技术已成为当今研究领域中最富有活力、对未来经济和社会发展十分重要的研究对象。纳米科技正在推动人类社会产生巨大的变革，不仅将促进人类

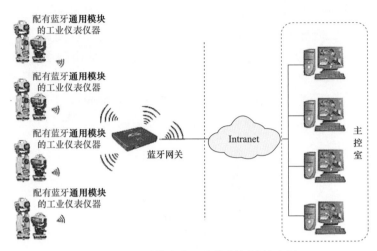

图 9-14　蓝牙技术在工业控制领域的应用

认识的革命，而且将引发一系列新的科学技术，如纳电子学、纳米材科学、纳机械学等。纳米科学技术被认为是世纪之交出现的一项高科技，对电子信息技术和光通信技术亦将产生重要影响。

图 9-15　Morph（变形）
纳米手机

纳米技术的发展，使微电子和光电子的结合更加紧密，在光电信息传输、存储、处理、运算和显示等方面，使光电器件的性能显著提高。将纳米技术用于现有雷达信息处理上，可使其能力提高 10 倍至几百倍，甚至可以将超高分辨率纳米孔径雷达放到卫星上进行高精度的对地侦察。但是要获取高分辨率图像，就必须要有先进的数字信息处理技术。科学家们发现，将光调制器和光探测器结合在一起的量子阱自电光效应器件（QWSEED）将为实现光学高速数学运算提供可能。图 9-15 所示为 Morph（变形）纳米手机。

基于此原理，国外纳米光电子器件已经开发出了诸如纳米激光、纳米发光二极管、纳米级量子光电元件、纳米孔径激光器等多种多样的纳米设备。而 1999 年 12 月，日本研究人员更是研制出一种仅有一个分子粗细的导电纤维。这种导电纤维是由日本工业技术院物质工程工业技术中心研制出来的。它的直径仅 3nm，中心部分具有良好导电性的丁二炔链，四周包覆着糖的衍生物，并作为绝缘层，防止漏电。据分析，这种纳米级"电线"可以应用在超小型的电子元器件和微型机械上。

日本 NTT 公司尖端技术综合研究所于 2001 年开发成功了制作光导集成电路芯片的基础技术。NTT 公司采用先进加工技术，在硅芯片上制作出了可通过极细光束的通道（光导通路），使光束按直角方向转弯，将其封闭在极为狭小的场所之中。由于不将光信号转变成电信号，故这是直接处理光信号的纳米光导集成电路。

作为运用纳米技术制造的第一个通信产品：具有小于波长的微细结构的光通信元件

（Subwavelength Optical Elements，SOEs）也已经问世，它是通过采用远小于光波长的结构，实现了此前所不具备的光的相互作用。结构细微得仅数百纳米的光学元件可以在极小的空间中实现反射、折射及衍射等光学现象。如果使用光通信元件，可以通过远小于原有产品的元件，获得超过原有产品的光学效果，同时亦能够减少所需元件的数目。

贝尔实验室（Bell Laboratories）总裁 Jeff·Jaffe 在最近举行的一个会议上做主题演讲时预测，纳米科学将使泛在通信（ubiquitous communications）成为像电视和电话一样改变世界的技术。纳米技术应用于通信之中，会以一种其他任何技术不曾有过的方式来变革其他产业。但他承认，要将这个愿望付诸实施，困难重重。尽管如此，贝尔实验室正大力研发纳米技术，为的就是实现基于传感器和无线网络的泛在通信目标。

Jeff 表示："裂变性（disruptive）技术与变革性（transformational）技术之间存在区别。"他举例说，液晶显示器（LCD）和锂离子电池等是分裂性技术，而飞机、电话和电视就是变革性技术。"就这个意义而言，我认为纳米技术将深刻影响我们所能想到的每个产业。"他说。而贝尔实验室正在通过传感器管理网络开发无线基础设施，其中传感器数据将其规模降到可管理的程度，然后数据被注入汇聚网络和应用控制框架。

展望未来，伴随着纳米技术的应用，距离将不再是通信要考虑的因素之一，通信设备也将变得越来越小，通信也将变得越来越简单。

### 9.3.3 紫外光通信系统的研究

紫外光是指波长在 $10 \sim 390nm$ 范围内的光波，是光谱中波长最短的部分。自然界里的紫外光主要是由太阳辐射出来的，又称为紫外线。大气层对 $10 \sim 300nm$ 波长范围内的紫外线几乎全部吸收，辐射到地球表面的紫外线只有波长大于 $300nm$ 的。在 $253.7nm$ 波长上，紫外光光源发射的能量相对较大，大气层滤掉了太阳辐射的背景干扰，所以适合用来进行通信。

在紫外光通信中，大都选择中心波长为 $253.7nm$，带宽为 $10nm$ 的紫外光来作为载波，发送端将有用信号调制到此载波上，或用有用信号控制载波发射能量的大小，接收端对接收的紫外光进行解调，分离出有用信号。

紫外光通信通过光的散射进行信号的传递，一般选择通信距离为 $2 \sim 10km$。由于紫外光散射能量随距离的增大呈指数衰减，所以在超过设计的通信距离后，紫外光信号能量随距离的增大急剧减小，很难探测到光信号。另外，紫外光从发射机到接收机是通过散射手段完成的，对发射机的定位相当困难。

同样，在较远距离上要干扰强紫外光散射也几乎是不可能的。紫外光发射机发射的紫外光射到接收机天线视野相交的大气空间，绝大部分紫外光通过大气层的微小颗粒散射到接收机天线的视野区，并被接收天线所接收。由于信号能量与距离的关系，需要有超大功率的干扰发射机才能对较远距离的紫外光通信进行干扰，这在应用上是不现实的。

与其他上百瓦甚至数十千瓦的大功率无线通信系统相比，紫外光通信系统的几瓦到几十瓦的功率是其应用的强大优势；相应地，形成的通信设备也有体积小、轻便灵活的

优点。

紫外光通信系统的主要特点是辐射的功率小，中心波长受太阳背景干扰小，抗截获、抗干扰能力强，隐蔽性好。

图 9-16 所示为 FSO-ZW 无线紫外光语音传输系统。

### 9.3.4 同温层通信系统

同温层，亦称平流层，是地球大气层里上热下冷的一层，此层被分成不同的温度层，其中高温层置于顶部，而低温层置于底部。它与位于其下贴近地表的对流层刚好相反，对流层是上冷下热的。在中纬度地区，平流层位于离地表 10～50km 的高度，而在极地，此层则始于离地表 8km 左右。图 9-17 所示为同温层（平流层）的分布位置。

人类对于平流层的应用是多方面的，其中，平流层空间使用准静止的长驻空飞艇作为高空信息平台，与地面控制设备、信息接口设备以及各种类型的无线用户终端构成的天地空一体化综合信息系统成为平流层通信系统。与通信卫星相比，它往返延迟短、自由空间衰耗少，有利于实现通信终端的小型化、宽带化和对称双工的无线接入；与地面

图 9-16　FSO-ZW 无线紫外光语音传输系统

蜂窝系统相比，平流层平台的作用距离覆盖地区大、信道衰落小，因而发射功率可以显著减少，不但大大降低了建设地面信息基础设施的费用，而且也降低了对基站周围的辐射污染。

美国国际天空电台公司（Sky Station International Inc，SSI）于 1997 年 1 月向国际通信联盟（ITU）的无线电通信研究组提出一种有效实现环球通信的新构想，称为"同温层通信业务"（Stratospheric Telecommunications Service，STS），并说这是弥补信息空档的一种机会（An opportunity to the information gap）。在地面上空 20～30km 高度，有同温层（平流层）。如果在同温层中安放气球或飞艇上设置空中无线电台，其辐射可以覆盖地面上一定范围的区域，用适当的频段，使

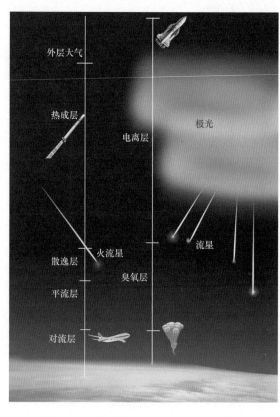

图 9-17　同温层（平流层）的分布位置

覆盖区域内组成一个通信网（相当于卫星通信系统）。但在同温层中的转播站，其位置要固定，不能随意飘动。像这样组成数量多的同温层通信平台，就可以构成国内或国际通信。如果采用毫米波，就有较大的信号带宽，足以提供数字电话通信、压缩数字图像通信及多媒体通信。建立同温层通信平台，既可适应固定始端用户间的通信需要，又能满足个人手机移动通信的需要。

同温层的每一个空中转播站可以覆盖地面上三种不同大小的区域：其一是城市覆盖地区 UAC（Urban Area Coverage），半径为 40km，面积为 5000km²；其二为市郊覆盖地区 SAC（Suburb Area Coverage），半径为 125km；其三是乡村覆盖区 RAC（Rural Area Coverage），半径为 546km。如果地面上每种覆盖区各划分为 700 个蜂窝区，则 UAC 覆盖区中，每一蜂窝区的面积为 7.2km²；SAC 覆盖区中，每一蜂窝区的面积为 63km²；RAC 覆盖区中，每一蜂窝区的面积为 1300km²。UAC 覆盖区内地面用户离空中平台最近，用户终端通过手机的天线尺寸可以较小。

同温层通信平台最关键的问题是气球或飞艇的结构设计，以及如何保持在同温层中的空间位置稳定不变。同温层（平流层）中，空气密度更低，只有海平面上空气密度的 5%，因而平均风速仅为 10m/s，最大风速为 40m/s。根据天空电台公司 SSI 介绍，飞艇（或气球）的参数为：直径 50m、长度 150m、容积 17 万 m³、自重 5628kg、载重 4912kg。即使处于同温层这种优越的环境中，要保持其位置稳定，仍需要一定的推动力。曾做过不少实验，认为利用电晕离子发动机（Corona ion engine）有一定效能，可使飞艇（或气球）的位置保持相当稳定，任意方向的漂移不会大于 40m。另一问题是怎样提供能源。据计算，电晕离子发动机的平均风速需要功率为 10kW，在最大风速时需要 160kW，太阳能电池可提供，其设备装置重量约 800kg，另外还需要夜间发电装置和燃料储备。图 9-18 所示为平流层通信的城市宽带服务原理。

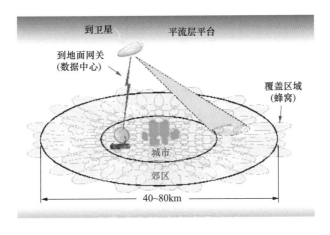

图 9-18　平流层通信的城市宽带服务原理

近年来，国际上掀起全球个人通信，同时又出现同温层通信的新设想，看来有一定的优越性，它不需要用火箭发射，而且使用寿命可达 10 年左右，失效时可以回收至地面修复，据估计所有设备不超过 1 亿美元，比通信卫星低廉，用户终端手机和便携式计算机价格估计约 200 美元，每分钟通信资费仅几美分。

# 9.4 电力通信网

## 9.4.1 电力通信网的定义及价值

电力系统通信的一般定义是：利用有线电、无线电、光或其他电磁系统，对电力系统运行、经营和管理等活动中需要的各种符号、信号、文字、图像、声音或任何性质的信息进行传输与交换，满足电力系统要求的专用通信。按照上述定义，电力系统通信即为"电力专用通信"。电力专用通信按通信区域范围不同，分为"系统通信"和"厂站通信"两大类。系统通信也称站间通信，主要提供发电厂、变电站、调度所、公司本部等单位相互之间的通信连接，满足生产和管理等方面的通信要求。厂站通信又称站内通信，其范围为发电厂或变电站内，与系统通信之间有互连接口，其主要任务是满足厂（站）内部生产活动的各种通信需要，对抗干扰能力、通信覆盖能力、通信系统可靠性等也有一些特殊的要求。狭义的电力系统通信仅指系统通信，不包括厂站通信。广义的电力系统通信则包括系统通信和厂站通信。为避免混淆，通常把广义的电力系统通信称为"电力通信"，其含义不仅包括系统通信和厂站通信这两类专用通信，也泛指利用电力系统的通信资源提供的各种通信。如果不涉及社会公众电信市场，电力通信与电力系统通信、电力专用通信同义。

电力通信网是一种专业的通信网，是由发电厂及变电站等部门相互连接的传输系统和设在这些部门的交换系统或终端设备构成，是电网的重要组成部分，由电网的结构、运行管理模式、经济性等因素决定。

电力通信网是伴随着电力系统的发展，对于通信要求的不断提高而建立的独立的通信系统，是确保电力系统稳定运行的保证。目前电力系统的安全稳定运行取决于电力通信网系统、安全稳定控制系统、调度自动化系统这三个重要的环节。其中由于电力通信网衔接了各个电力网络和系统，成为各个网络和系统之间相互沟通和交流的纽带，其意义显得尤为重要。

电力通信网是电力系统的重要基础设施，它为电力系统的稳定运行提供了保障，同时电力通信网的发展也实现了电网调度自动化和电力系统现代化、高效化的监控和管理。

21 世纪，Internet 互联了全球的各个角落，电信事业高速发展，网宽不断地变大，覆盖的范围不断地增加，面对这样一个大环境，有很多人会问，我们为什么还要建立这样一条独立的电力通信网呢？

由于电力系统的特殊性，决定了其所要求的通信网络提供高度的可靠性，使保护控制信息在第一时间以最快的速度传递到控制终端，以便工作人员与控制系统及时作出决策，应对出现的问题和可能存在的隐患。所以世界上很多的大型电力公司都有属于自己的电力通信网。

电力通信网的价值体现在它是贯穿电力运行的纽带。从发电、送电、变电到配电，电力通信网为每一个环节的转换和运行提供了实时的数据支持。由于电力系统的特殊性，电力的产生、输送、分配和消费是在同一时间完成的。所以电网调度系统要在极短的时间内保证电能的质量，保持频率、电压、波形合格，同时要对事故进行预处理，面对紧急事务要迅速有序地找到故障点，排除故障。电力通信网正是为了电网调度自动化的实现提供保障性的服务。一个高效率、可靠的电力通信网是保证电网安全稳定运行，为客户提供稳定可靠的电力供应的基础。

现在的电力通信的业务主要分为关键运行业务和事务管理业务两大类。关键运行业务包括继电保护信号的传送、远动信号的传送、数据采集系统的运行、电网调度系统的运行等；事务管理业务包括视频电话、管理信息和文件的传送、在线会议等。关键运行业务所要求的信息流量不大，但是对精确性和数据传输的实时性要求严格；事务管理业务对实时性的要求相对较低，但是要求信带的信息流量很大。

由于电力系统本身的资源优势，电力通信网的发展是伴随着电力系统的发展而逐步扩大的。诸如 American Electrical Power（AEP）、Tokyo Electric Power（TEP）这样的国际大公司，他们的电力通信网都是随着他们供电地区的延伸而不断发展的。而随着科技的不断发展，越来越多的技术支持了利用和改造现有的供电网络，来传递数据实现通信。2000 年 12 月，American Tower 证实：通过利用现有的 AEP 的电力传输塔可以取代建立一个新的高 225m 的通信塔；此外，还有正在研发中的通过电力传输线进行的数据传输。这些技术的不断创新必将给我们带来一个更加优化的电力通信网，使我们的电力通信网覆盖到电网的每一点上。图 9-19 所示为省级电力通信（调度）网。

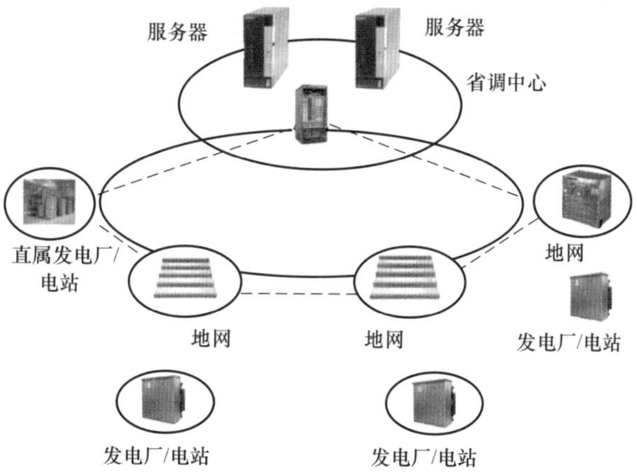

一般来说，电力通信的主要作用是：

（1）传送电力系统远动、保护、负荷控制、调度自动化等运行、控制信息，保障电网的安全、经济运行。

图 9-19　省级电力通信（调度）网

（2）传输各种生产指挥和企业管理信息，为电力系统的现代化提供高速率、高可靠性的信息传输网络。

现在，电网的建设、运行和管理已经越来越依赖于电力通信网，电力通信网系统、安全稳定控制系统、电网调度自动化系统共同构成了电网安全稳定运行的三大支柱，成为现代化电网赖以生存的重要组成部分。

### 9.4.2 电力通信的几种主要方式

由于涉及从发电、输电、变电到配电的一系列环节，电力通信网在网络覆盖面、传输速度、带宽、户外环境、传输介质的电磁兼容问题等，都有其特殊的要求，所以采用的相关传输方式都应该满足电力通信的特点。经过多年的探索和实践，现在世界上主要应用的电力通信的方式为微波通信、电力线载波通信、无线通信和光纤通信。此外，电力系统中还应用着明线电话、音频电缆及新兴的扩频通信等通信传输方式。本节将主要介绍微波通信、电力线载波通信、无线通信、光纤通信的技术特点和在电力系统中的应用情况。

（1）微波通信。微波通信是指使用波长在 0.1mm～1m 之间的电磁波进行数据传输的通信方式。微波通信不需要特定的传输介质，当传输的两点之间直线没有障碍的时候，微波通信就可以实现。

利用微波通信可以进行远距离传输，其传输数据量非常大。微波的频率非常高，在直线传播中遇到阻碍会发生阻碍或阻断，所以一般实现微波通信是在视距以内进行的，超过视距就要采用中继的手段进行通信。

微波站的设备包括天线、收发信机、调制器、多路复用设备以及电源设备、自动控制设备等。为了把电波聚集起来成为波束，送至远方，一般都采用抛物面天线，其聚焦作用可大大增加传送距离。多个收发信机可以共同使用一个天线而互不干扰。多路复用设备有模拟和数字之分。模拟微波系统每个收发信机可以工作于 60 路、960 路、1800 路或 2700 路通信，可用于不同容量等级的微波电路。数字微波系统应用数字复用设备以 30 路电话按时分复用原理组成一次群，进而可组成二次群 120 路、三次群 480 路、四次群 1920 路，并经过数字调制器调制于发射机上，在接收端经数字解调器还原成多路电话。最新的微波通信设备，其数字系列标准与光纤通信的同步数字系列（SDH）完全一致，称为 SDH 微波。

微波通信由于对传输介质的要求很低，所以具有很高的在各种天气和环境中进行传输的能力。它的不足之处在于，由于无限电波、无限网络的不断发展，相互之间会发生干扰，影响了微波通信的传输效果。当其在城市内传播的时候由于高楼的阻碍往往会阻断了微波通信。这些问题都制约着微波通信的进一步发展。

经历了几十年的实践和探索，微波通信在我国已经进入了成熟应用阶段，无论从微波通信线路的覆盖面、接入技术，还是监测系统，都已经成熟。然而在实践中，我们发现电力微波通信线路在管理和维护上还存在着很多的问题需要去解决。

（2）电力线载波通信（PLC）。电力线载波（Power Line Carrier，PLC）通信，俗称"电力线上网"，是电力系统的一种基本的通信方式，是电力系统的中枢神经，主要是指利用高压电力线（通常指 35kV 及以上电压等级）、中压电力线（指 10kV 电压等级）或低压配电线（380/220V 用户线）作为信息传输媒介进行语音或数据传输的一种特殊通信方式。由于电力载波具有依靠现行的电力线传递调度指令，不需专门架设线路，且线路、杆路牢固可靠，投资省等特点，因而在电力系统中得到广泛的应用。

电力线载波通信技术始现于 20 世纪 20 年代初期，它以电力线路为传输通道，通过载波的方式将模拟信号或数字信号进行传输。50Hz 的工频电能通过电力线传送到了千家万户，而直接利用这些广泛分布的电力线无需额外铺设通信线路进行通信传输，因而具有下述优点：

1）投资少。电力网是现成的，遍布城市、乡村，用于通信不要花钱铺设电话线、电缆线、光缆等传输线路，这种一线两用方式，减少了基础设施投资，成本低。

2）传输速率高。该技术使用低压电力网传送数据和进行 Internet 访问的速度，比目前最快的家用系统与普通电话线连接的高速调制解调器快 180 倍。

3）使用方便。从理论上讲，只要有公共电力网的地方，就可以直接连通互联网。

4）使用费低。电力线上网不是按上网时间收费，而是根据波载的数据量收费，用户每月只需付极少的费用就可以不限时地使用。

5）进行数据收集。利用 YLC 技术可以远程自动读出水、电、煤的数据。

6）永远在线。电力线架设以后，用户用 PLC 技术上网，不用拨号，不必考虑线路是否畅通等问题。

7）能组建家庭局域网。通过各个房间的电源插座，可以将音视频设备、智能家电联网。

总之，电力线载波通信对运营商和用户有益，也减少了通信基础设施的投资。

电力线载波通信也存在着一些缺点，如用电量变化、电压波动引起通信的稳定性差，家用电器产生的电磁波对通信产生干扰，电力线载波通信影响短波收音机的效果等问题，人们正在为克服这些缺点进行研究。若这些缺点得到克服，电力线载波通信将值得广泛应用，其价格比宽带有线电视还便宜。

由于交流市电存在电网杂波干扰大、不便于跨变压器传输等特点，从而使其应用受到较大限制。以前 PLC 主要用于一个变压器供电范围内单位、居民住宅区内部简易载波电话。

在高压输电线路中，工频电压很高、电流很大，其谐波分量也很大。当进行直接语音传输时，谐波分量会严重影响语音信号，导致语音信号不能被还原。利用电力线载波通信技术，首先将语音信号调制成 40kHz 以上的高频信号，通过专业设备传输到电力线上去，信号从一个终端沿着电力线传输到另一个终端后，再采用滤波器将高频信号和 50Hz 的工频信号分开。由于采用了高频信号，在传输中对于信号的干扰就会变得相对较小，使语音信号还原后能够被使用。

由于在电力系统中存在着电弧、电火花放电等会产生较大干扰的噪声，为了提高通话的语音质量，使用的电力线载波通信设备发信电平一般比较高。同时电力线载波设备还具有自动电平调节系统，应对电力系统的损耗。

随着 Internet 技术的发展，人们希望能进一步开发 PLC 技术，利用 220V 低压电力线传输高速数据，应用于高速数据接入和室内组网，以节省通信网络的建设成本。因为它具有不用布线、覆盖广、连接方便等优点，因此被认为是提供"最后 1km"解决方案最具竞争力的技术之一。

近几年来，由于大规模集成电路和电子计算机技术的日新月异，以及宽带通信技术和 Internet 技术的飞速发展，国外一些发达国家，尤其是德、英等国，对电力线载波通信技术予以高度的重视，投入了大量的人力、物力进行研究，并取得了重大突破。德国电气和通信巨头西门子公司与德国最大的电力公司 RWE 公司开发的 PLC 技术又叫"电网在线"技术，利用公共电网传输数据与话音信号，从而一举解决了电力线载波通信的难题。PLC 技术解决了多载波调制、调制信号馈送到电力网络、在电力网送传和耦合信号及进行解调等问题。用户用该技术上网只需添加一只专用 Modem，这种数据线顶端与常规电源插头规格完全相同，用户只需把电脑中的网卡与这只外置的 Modem 接通，然后把插头随便插入一个电源插座，就可以上网了。

对于用户来说，不用关心电信网络与电力网如何耦合、高频信息与电流如何调制，也不用关心调制信号在电力网中存在的技术问题。这项技术的最大特点是数据吞吐量大，德国最大的电力设备生产商 RWE 公司承诺，用电力线上网要比 ISDN 拨号上网快 30 倍，而且价格比宽带、有线电视还便宜。

据专家预测，随着高速上网愈来愈普遍，新技术将把电线、无线和电话线这两种技术合二为一，让使用者通过高速网络连线，轻松地将计算机、各种电子装置、安全系统和家电串联成家庭网络。我们有理由相信，PLC 电力线。通信会有广阔的发展前景。

在我国电力通信系统的应用中，电力线载波通信的特点表现为：① 高压载波路由合理，通道建设投资相对较低；② 传输频带受限，传输容量相对较小；③ 可靠性要求高；④ 线路噪声大；⑤ 线路阻抗变化大；⑥ 线路衰减大且具有时变性。

电力线载波通信是我国最早使用的电力通信手段，在早期的电力通信中电力线载波通信是最主要的通信手段，然而随着我国电力事业的迅猛发展，超高压线路、大型发电厂、变电站和电网规模的不断扩大和复杂化，给电网带来了越来越多的无功功率，增加了电力线载波的谐波干扰。电网规模越来越大，而我国电力线载波通信的技术发展跟不上电力事业的发展，其通道干扰大、信息量小、稳定性差等问题严重制约了我国电力事业的发展，对我国电力通信网的稳定是很大的隐患。同时由于微波通信、光纤通信的迅猛发展，电力线载波通信方式已不能满足现有的要求。开发新的电力线载波通信技术，提高传输效果，开发其在各种电压等级下的应用，是电力线载波通信技术未来发展的重要课题。

（3）无线通信。全球科技日新月异，当有线通信发展到一定规模的同时，无线通信已经开始崭露头角。近几年来，无线通信的应用领域正不断地扩大，不断有新的无线通信的技术发展成熟，其中宽带无线接入、蜂窝移动通信、蓝牙技术等已经被广泛地应用于各个领域。

无线网络的覆盖不需要像有线网络那样铺设大规模的电缆，具有覆盖面广泛、覆盖无缝化的特点，用户可以随时随地地接入宽带无限网络。随着技术的不断发展，高速宽带网络将会取代现有的窄带、低速的网络，为数据实时高速的传输提供更有力的保证。宽带网络的无线接入技术，为电力系统的户外作业提供了强大的技术支持，能够有效地帮助工程师分析可能出现的问题。同时随着协同软件的开发，无线的视频会议、无线的数据传输更加提高了管理系统的工作效率，即时掌握各种情况，及时处理各种问题。

蓝牙技术是现在非常流行的无线通信技术。它使用高速跳频和时分多址技术将短距离内的蓝牙设备呈网状链接起来，用无线桥路取代有线的链接。蓝牙技术在电力系统中的应用最为典型的是蓝牙抄表技术。随着技术的不断提高，蓝牙技术将更加广泛地应用于电力设备的检修维护、数据信息的短距离实时交换等领域中。

对于无线通信设备的使用开发，国外的电力公司已经走在了我们的前面。2006年10月报道，美国FCC（联邦通信委员会）已经批准了电力无线通信设备使用分配给数字电视服务的频带。今后低电力无线通信设备可使用数字电视和其他无线通信服务没有使用的频率，标志着无线宽带网络已经从电力通信网开始服务广大的民众。借鉴国外的先进经验，能够帮助我们更好地研究和开发新的电力无线通信的标准和产品，为无线通信在电力系统的普及不断地积累经验。

作为通信领域内的一颗新星，无限通信技术在这几年中得到了极大的发展，各种新技术的涌现更是让它显出了勃勃生机。但对比现阶段无线通信技术发展的水平和我国电力通信网的传输要求，不管在带宽容量、传输速度，还是覆盖范围、投资成本等方面，无线通信技术都只能作为电力通信网的辅助通信方式。如果能解决带宽、稳定性等瓶颈问题，其在电力通信领域还是拥有着广阔的发展空间。

（4）光纤通信。电力通信是电力行业的一部分，但在技术上又受到电信技术发展的影响，处于两大行业的一个交叉点，它随着电网的延伸而延伸，随着通信技术的进步而进步。而近20年来，通信领域发展最快的就是光纤通信了，对电力通信而言，随着电力特种光缆在电力系统的广泛应用，在大部分地区电网通信中，光纤通信逐步取代了微波通信。

光纤通信有许多优点，如频带宽、传输容量大、传输损耗低、距离长、安全性高、体小质轻、便于敷设，因此得到了大量的应用。电力系统有大量的不同电压等级的电力杆线资源，OPGW（光纤复合架空地线）、ADSS（全介质自承式光缆）等电力特种光缆的出现，促进了在电力线上架设大量的电力通信光缆。OPGW光缆（Optical Fiber Composite Overhead Ground Wire，光纤复合架空地线），是将光纤放置在架空高压输电线的地线中，用以构成输电线路上的光纤通信网，这种结构形式兼具地线与通信的双重功能。由于光纤具有抗电磁干扰、自重轻等特点，可以安装在输电线路杆塔顶部而不必考虑最佳架挂位置和电磁腐蚀等问题。因而，OPGW具有较高的可靠性、优越的机械性能、成本也较低等显著特点。OPGW将通信光缆和高压输电线上的架空地线结合成一个整体，将光缆技术和输电线技术相融合，成为多功能的架空地线，既是避雷线，又是架空光缆，同时还是屏蔽线，在完成高压输电线路施工的同时，也完成了通信线路的建设，非常适用于新建的输电线路，常见于220、330、500kV电压等级。我国电力通信系统"十五"期间建设了覆盖全国的通信光缆网，而新一代的OPGW技术在建设中充当重要的角色。ADSS质轻价优，与输电线路独立，且可带电架设，不影响输电线路的正常运行，具有较好的防弹功能，非常适合于已建电力线路及新建电力线路，常见于35、110、220kV电压等级，特别是110kV电压等级基本上都采用ADSS。

由于光纤通信网采用了光为传输载体，光纤为传输介质，避免了电力系统中的电磁干扰和谐波干扰，同时具有绝缘性强的特点，在电力系统中的发展前景广阔。21世纪电信网正在向着光纤化发展，国外多家著名的电信公司其光纤化率已经超过了80%，甚至一些发展迅速的电信公司达到了100%的光纤化率。这样的发展趋势预示着光纤通信将成为未来信息通信的主要传播方式。

然而在原有的电力系统之上建立电力光纤系统，需要投入大量的财力。此外，电力通信网作为电力系统的专业网络，有其特殊的要求，所以把光纤通信网络覆盖电力系统还有很长的探索的道路要走。

我国电力通信网规划要建成全国性的三横四纵的光纤主干网。根据相关的数据显示，各省市的建设光纤网速度快、规模大，超过了原先的预想。如广东省，"九五"期间已架设约2000km光缆，实现珠江三角洲环网。华北地区计划全部500kV线路以及城周边线路均采用OPGW，110kV线路全部用光缆进变电站。又如在三峡要建数条长距离光缆：一是从三峡一电厂至新乡变电站的500kV OPGW线路，全长734km；另一是龙泉换流站至镇平换流站的直流输电线上的OPGW线路，全长902km；再一是三峡通往四川重庆方向的长寿至万县城64km，万县至三峡电站320km的500kVOPGW线路。河南正在建设豫南、豫北环网；湖北省正在建设数千千米三层光纤网络；北京供电局实现北京市内中心网与连接所有县区的外环网。目前全系统已建成的长途干线光纤累计长度超过19 127km，到2005年全国电力通信网已基本形成由光纤通信电路组成的主干网架结构。

在"十一五"规划中，我国正积极推行"三网融合"的战略部署，建设电力光纤复合型"最后10km"配电网，将电力通信网直接覆盖终端客户。抓住这一历史机遇，电力通信系统将迈开步伐，实现以光纤通信为主的现代通信网的目标。

### 9.4.3　电力通信网的特点

我国拥有一个规模宏大的公用通信网，为什么还要另建一个专用的电力通信网？这是由我国的电力系统的特殊需要而形成的。

电力系统的特殊性突出表现在电力生产的不容许间断性、事故出现的快速性，以及电力对国民经济影响的严重性。电力生产是连续的，发电机一旦启动，就将在相当长的时间内日夜运转，将电能经电网送出；电力系统事故，特别是输电线路的故障，往往是在瞬间发生，并且不可预知，一旦因事故中断供电，将使得供电区域陷入瘫痪，给国民经济和社会生活带来严重的影响。正因为如此，电力系统总是把安全生产放在第一位。

为了保证电力系统安全运行，就需要有一个有效、可靠的控制系统，借此及时发现系统故障，并迅速采取相关的应急措施。而电力系统覆盖面积辽阔，这些控制信息必须借助于快速、可靠的通信网才能准确、及时地予以传送。由此可见，电力通信具有以下特点：

（1）稳定性。建立电力通信网的主要目的就是为了保证电力系统的安全运行。电力通信网是电力系统安全稳定运行的三大支柱之一，是电网调度自动化和网络运营的基础。所以对电力通信网稳定运行的要求很高，只有在确保电力通信网稳定运行的条件下才能保证电力系统稳定、安全的运行。电力通信网一旦发生问题，各种监控数据不能及时地传递，就非常容易造成电力系统调度的误操作；同时，不能及时传递故障信息，造成操作人员不能及时地排除故障，从而导致故障的扩大，造成更大面积的故障，将给社会稳定和经济发展带来巨大的负面影响。

（2）实时性。电力系统通信需要为关键运行业务提供远动信号，为数据采集与监视控制系统、能量管理系统、继电保护等提供数据传输，这些数据包括数字信息、图像信息和一些话路通信，信息量一般要求较少，但对数据传输的实时性要求很高。因为只有当数据，特别是发生故障时的数据，被及时地传递，才能有效地控制故障发生、及时地解决问题，为应对方案的快速实施提供可靠的保障。面对日趋复杂的电力通信设备，电力通信系统必须能对电力载波、微波、光纤通信设备等范围广泛的各种通信设备进行实时动态地综合监控，这样才能发挥复合式电力通信网的作用。

（3）复杂性。电力通信网用来传输语音信号、继电保护信号、电力复合信息、电力系统自动控制指令信息等，它有很多复杂的数据种类，各量之间有各种多重逻辑关系，同时电力通信系统中拥有各种不同的通信方式和不同的通信设备，在建成了一个复合式的电力通信网的同时也大大增大了电力通信网结构的复杂性。

（4）广泛性。电力通信网是为了电力系统的稳定运行而建立开发的，同时电力通信网的建设也依靠了现有的电力系统的电力杆塔、输电线等资源，所以电力通信网的覆盖面很广。同时电力通信网服务的对象有发电厂、变电站、供电所等网点，往往很多变电站地处偏远，需要设置长距离的电力通信设备。电力通信系统的广泛性决定了通信设备维护的困难，同样也对通信设备的可靠性提出了更高的要求。

2003 年 9 月 20 日，中国南北地区重要的两大电网——华北电网和华中电网，首次成功连接，组成了目前世界上最大的电网。在此之前，华北电网已与东北电网实现联网，华中电网也已与华东电网实现联网。此次电网成功连接后，将形成全长 4600 余km，横跨 14 个省市自治区，装机容量达到 1.4 亿 kW 的超大规模交流同步电网，其规模远远大于俄罗斯的远东电网，堪称世界第一大电网。众所周知，我国幅员辽阔，地理环境非常复杂，各种地貌地势层出不穷，各种气候环境交互存在，建立一个电力通信网覆盖这样一个庞大的电网，需要克服各种地理气候环境带来的建设困难，需要根据不同的情况采用各种技术保证电力通信网的稳定运行，需要采用各种不同的管理手段。这充分体现出了电力通信网的广泛性，这种广泛性对于电力通信设备、电力公司的运行机制等都提出了不同的要求，针对各种不同的情况，采取相应的对策。

（5）连续性。由于电力生产的不间断性，电力系统的许多信息（如远动信息）是需要占用专门信道、长时间连续传送的，这在公网通信中难以实现。

在电力系统中，很多自动化控制系统需要连续不间断的信息传送，及时地检测电力系统的运行情况，最具代表性的就是电力调度自动化系统。电力调度自动化系统是基于计算机、通信、控制技术的自动化系统，是在线为各级电力调度机构生产运行人员提供电力系统运行信息、分析决策工具和控制手段的数据处理系统。电力调度自动化系统一般包含安装在发电厂、变电站的数据采集和控制装置，以及安装在各级调度机构的主站

设备，通过通信介质或数据传输网络构成系统。电网调度自动化系统是一个总称，由于各级调度中心的任务不同，调度自动化系统的规模也不同，但无论哪一级调度自动化系统，都具有监视控制和数据收集的功能。对于电力系统这样一个复杂的拓扑结构系统而言，保证每一级调度中心的通信传输的畅通，保证第一线的信息长时间、连续传递，对于电力系统的稳定运行有着极其重要的意义。

此外，像 GPS 检测系统、继电保护系统等，在检测和处理故障中，都需要长时间地占用信道进行数据传输，都对电力通信系统的连续性提出了很高的要求。

（6）自动化程度高。由于通信点的分散性，同时一些通信网的数据量较少，所以大部分的电力通信站点采用无人值守方案。这对于电力通信设施的自动化程度提出了很高的要求，同时也由此带来了通信设备维护方面的问题。

（7）信息量较少。鉴于电力通信网的特殊用途，主要是传送电力系统的生产、控制、管理信息，故网上传输的信息量比公网小，电力通信网的触角也只需伸至基层变电站。这些因素都决定了电力通信系统的信息量较少。

随着电力市场和电能自动计费的兴起，以及电力通信参与公用电信市场的竞争，这种格局将逐渐改变，近几年来这种趋势越来越明显。一方面电力系统内部的信息量激增，电网规模的不断扩大、各种新设备的应用使得电力系统更为复杂、电力公司内部的视频会议等各种不同新型信息化管理要求的提出都是引发信息量增大的原因；另一方面电力通信网接入的其他用户的各种要求也在不断地提高，P2P 的下载技术、网络视频等通信业务增加了对于电力通信网信息传输量的要求。这些业务往往加重了电力通信网主干网的负荷，而在一些偏远地区其信息传输量仍然较少，所以针对这些情况应该增加电力通信网主干网的信息传输能力，对于一些信息量要求不高的电力通信基站可以适当地降低标准以节约成本。

网络建设可利用电力系统独特的资源。电力系统拥有庞大的电力网络资源，依托现有的电力网设施建设电力通信网络，将电力通信网覆盖到电力系统涉及的每一个地方，这是电力系统建设通信网的一个突出优势。正如上面所提到的 OPGW 光缆将光纤放置在架空高压输电线的地线中，建成了输电线路上的光纤通信网，将光纤通信网和电力传输网融为一体。在电力通信网的建设中还有很多类似的案例，比如利用高压输电线进行的电力载波通信，利用电力杆塔架设 ADSS 光缆等。利用电力系统独特的资源建设电力通信网，在建设中可以大大降低建设成本，在管理上可以减少相关的管理成本，同时还可以利用电力通信网增强对电力系统的保护，可谓一举多得。

##  9.5　我国电力通信的现状

我国的电力通信网经过几十年整整两代人的努力，已经建设得颇具规模，通过卫星、微波、电力线载波光纤、通信等通信手段，建成了一个覆盖全国 30 个省市的立体交叉电力通信网。尽管有着辉煌的成就，但是，我国电力通信网仍然存在着诸多的问题：

（1）电力通信网网络结构比较薄弱，可扩展能力差。目前电力通信主干网呈树形和星形结构，其拓扑结构相对简单，没有形成良好的纵向保护，一旦通路中一个环节出现问题，不能用其他通信线路分担故障线路的通信负荷，同时现有的网络结构和设备的可扩展能力差。以上海电力通信网为例，早期的 SDH 光端设备只提供 TDM 的业务，不支持数据业务的传送，同时网络拓扑结构又不能支持其他通信网对其支持，存在着网络结构上的问题。

（2）电力通信网带宽偏小，传输容量偏小。过去电力通信网内主干电路的传输容量一般为 34Mb/s，经我国电网改造已经有部分达到了 140Mb/s 到 155Mb/s，但仍然不能满足电力通信的要求。还是以上海电力通信网为例，目前上海电网光通信容量为 155Mb/s，仍然不能满足今后上海电力系统日益增长的通信数据量要求，制约了上海电力系统的进一步发展。

（3）电力通信网的网络管理水平不能适应电力生产对通信的要求。由于我国电力通信网实践和运行的时间相对积累的较少，我国电力通信网管理系统也面临着很多问题，由于电信网络发展情况不一，采用的设备各自不同，使得传输的设备接口、通信规则不同，没有统一的标准，使得电力通信网的管理存在着信息收集和处理上的问题。

（4）电力通信网存在着干线老化、急需改造的问题。电力通信网的主要微波通信线路，有的从 20 世纪 80 年代开始运行，服役时间超过了 10 年，系统设备老化，存在通信稳定隐患；有的数据网络交换机使用已超过或者接近使用年限，已经不能满足当前电力通信发展的要求。

（5）受地区经济发展不平衡的原因，我国电力通信网也呈现出各地发展不平衡的局面，相互之间存在较大差距。

我国的一部分地区，由于经济发展水平高，电力用电负荷量大，相对的电力工业的投入大，电力通信网可以在充沛的资金支持下，引进高科技的通信设备，现代化程度高，设备的更新换代的速度也快；另一部分地区，由于受到经济的制约，电力通信设备相对较为落后，现代化程度不高，有的甚至连调度电话都不能保证正常的运行。

我国电力通信网面临着更多的机遇与挑战，我国电力系统的建设也越来越重视电力通信网的配套发展，投入大量的资金和人力，开发新的技术，解决存在的诸多问题。我们有理由相信，未来电力通信网的发展必将使我国电力通信网走出现在面临的问题，迎来新的发展。

## 9.6 电力通信面临的机遇与挑战

近年来，全球范围内电信体制改革，放松管制、打破垄断、引入竞争已成为势不可挡的潮流；同时，中国的改革开放正在步步深入，其中电力和电信的改革已经走在了前列。

作为全国最大的专网之一，电力通信网在走向市场参与竞争中有其得天独厚的优势，如电力系统有着较为完善的通信基础设施和潜力巨大的路由资源，包括可敷设光纤通信线路等的中高压电力电缆线路、城市地下管道及可用于未来数据传输的低压入户电力线路等，有着强大的科研、设计、施工、运行管理队伍和健全的组织机构，有为用户提供综合业务服务的能力和经验等；但也同样存在很多不足，除以上所述网络结构薄弱等问题外，在经营管理上，由于长期以来电力通信一直从属于电力主业，其经济性寓于整个电力系统的经济性之中，通信人员没有经济效益的观念，缺乏经营管理经验和人才。

总之，经过几十年的建设，我国的电力通信网随着电网的建设取得了长足的进步，基本形成了覆盖全国的电力通信综合业务网，在现代化电力生产和经营管理中发挥越来越重要的作用，名副其实地是现代电网的三大支柱之一。

### 9.6.1 我国电力通信系统的发展趋势

我国的电力通信网服务于电力系统的安全稳定运作，为电力系统自动化提供专业信息，是电力系统的专项网络，所以我国电力通信网首要的任务是发展专用通信。提高各种通信的技术手段，了解通信的技术发展趋势，是更好地建设我国电力通信网的基础。

1. 通信技术的提高

（1）电力线载波通信。电力线载波通信曾经兴盛一时，成为20世纪50、60年代主要的电力通信方式，然而随着通信技术的不断发展，各种通信手段的兴起提供了更加优质的通信效果，电力载波通信逐渐淡出了人们的视线。近几年来，对于电力载波通信技术的开发使其成为一个日益被人们看好，将来可以解决"最后1km"互联网接入的应用方案。

正交频分复用（OFDM）是电力载波通信的一项新技术，采用一种不连续的多音调技术，将载波的不同频率中的大量信号合并成答疑的信号，从而完成信号传送。它采用了并行调制技术、长码元周期、FFT/IFFT调制与解调技术，具有频带利用率高、抗干扰能力强、容易实现的特点，目前已经广泛适用于广播式的音频和视频领域，在高清晰电视（HDTV）、无线局域网（WLAN）中有较多应用。

跳频技术（FH），原先是一种无线电的通信手段，在海湾战争中给人留下了深刻的印象，它在电力载波通信中的应用也是未来研究的主要方向。其原理是通过码控跳频器使载波按一定规则的随机跳变序列发生变化。跳频技术可以适应低压配电网频率选择性衰减，可以抵抗电网的干扰，应用前景十分光明。

"十一五"电力通信规划把电力线载波通信技术的研究列入了重大研究课题之中，表明了我国在将来所执行的电力通信技术政策看好电力载波通信，也反映了电力行业对电力线载波技术和设备发展的需求和要求。这一要求在"十一五"期间将突出地反映在特高压和中压电压等级的电力线载波应用两个方面。特别是在当前，我国大力发展自己的特高压技术，相应的电力通信要求也在不断提高，对于我国电力线载波通信技术来说无疑是一个重大的发展机遇。

同时，利用遍布城乡的低压电力线作为通信介质，在其上构建高速数据通信网，为用户提供高速互联网访问、视频点播、IP电话等服务，从而形成包括电力在内的"四网合一"，提供宽带接入的解决方案，利用各个房间的电源插座组成家庭局域网，电力载波通信的这种便捷性和其技术发展的趋势，为通信网络的专网公用，提供了广阔的想象空间。关于此类的电力线上网的电力线载波技术应用，目前以中电飞华公司为代表，已在北京开通了5个以上的实验小区，取得了大量的第一手资料，对进一步探索、实践和论证，提供了有力的现实依据。

（2）光纤通信。光纤通信是我国电力通信方式的后起之秀，但其发展趋势却是非常迅猛。光波分复用技术、光弧子通信技术、光纤接入技术的开发使得光纤通信给整个通信领域带来了一场新的革命，它的高速稳定成为现阶段一种重要的通信技术，同时也具有很好的开发前景。

FTTH技术作为未来光纤通信的主要发展趋势，被视为下一代宽带接入技术的代表，是未来"最后1km"的最佳解决方案。日本各大运营商已经相继推出了FTTH的应用网络，提供高速的视频、语言、数据传输服务。韩国和美国也在积极地推广FTTH技术，用户量呈现激增状态。

全光网络是未来光纤通信发展的主要研究方向。目前光纤通信网络的结点由于技术上的问题仍然采用电子器件。用光结点替代电结点，使网络全光化可以提供极高的处理速度、巨大的带宽和容量，创造出结构更加简单、更加灵活的通信网络。

近些年来，迅速发展并成熟起来的光纤放大器，尤其是掺铒光纤放大器（EDFA），使光纤通信距离大大延长。EDFA技术和密集波分复用（DWDM）技术一起，大大减小了系统的成本，增加了系统的可靠性，提升了跨距，并且便于升级扩容，使光纤通信技术和光纤通信产业出现了飞跃性的发展。经过多年的研究试验，由EDFA和DWDM支持的大跨距无中继光纤通信技术已经相对成熟，对我国广袤的西北地区电力通信的建设提供了成熟的可行性方案。

目前，面对世界光纤通信的高速发展，我国已经在积极地开发电力系统光纤通信的许多相关技术，很多新技术已经取得了实验成功，为将来的进一步应用打下了良好的基础。据《电力系统通信》报道，2006年11月至2007年2月，国电通信中心组织黑龙江电通自动化公司、中电飞华公司与华为公司、信通华安公司合作，采用华为公司OSN3500设备和遥泵装置，并利用黑龙江省黑河地区现有电力架空光缆线路，构成综合利用遥泵技术和拉曼放大技术的超长距离光传输试验系统，在普通G.652光纤上成功实现了2.5Gb/s、单跨达到345km的超长距传输解决方案。该系统将遥泵放大器的铒纤模块，安装在室外的电力架空光缆接续盒内，经历了最寒冷季节超低温的恶劣环境考验，稳定运行3个月未产生误码。

（3）微波通信。微波通信由于建设周期短、抗灾难性环境能力强，对于我国各省市复杂的地形环境提供了很好的通信解决方案，得到了广泛的应用。我国电力通信网曾经大力建设了微波通信网络，覆盖面很广，多用于长距离传输。

新的数字微波通信技术也正在被不断地研究和开发出来，网格编码调制及维特比检

测技术就是其中的代表。采用维特比算法解码，从而应用网格编码调制技术，可以解决频带利用率的下降问题。在未来发展前景上，微波通信可以作为干线光纤传输的备份和补充、可以支持城市内的短距离支线的连接，开发多点分配业务提供宽带接入服务。

全球微波接入操作系统（WorldInteroperability for Microwave Access，WIMAX）是一种新兴的微波通信技术，提供连接 Internet 的高速接入方案。WIMAX 的无线信号传输距离最远可达 50km，峰值传输速率高达 70Mb，具有更好的可扩展性和安全性，能够实现电信级的多媒体通信服务，WIMAX 以其覆盖面广和高带宽特性成为微波通信发展的一个新热点。WIMAX 技术能够满足电力通覆盖面广、容量要求不大的特点，未来可以在构建地区级的电力通信网中发挥重大作用。

（4）无线通信。作为世界通信的一个新领域，无线通信的新技术不断闪现，包括 3G、UWB、MMDS 等，如何利用这些新技术来强化当前我国电力通信网，满足我国电力通信网不断提升的带宽、传输速度等一系列的要求。

第三代移动通信技术（3G）是目前市场上最为热门的技术，3G 的三种主流的制式：CDMA2000、WCDMA、TD-SCDMA，在技术层面上都已经基本成熟，具备了大规模应用的条件。3G 技术可以提供丰富的移动多媒体业务，其传输速率在高速移动的环境中支持 144Kb/s，慢速移动环境中支持 384Kb/s，静态环境中支持 2Mb/s。对比现在的电力通信网数据流量的要求，3G 技术可以满足省级电力调度数据网的主要生产业务数据的传输需要。随着电力系统规模的不断扩张，3G 技术所能提供的带宽不能满足未来电力通信网络的发展要求，但是作为一条辅助的备用系统，3G 技术无线通信的优势就能被充分地发挥出来。

第四代移动通信技术（4G）是未来无线通信网络发展研究的方向。ITU 公司有关 4G 的提法是 Beyond IMT-2000（3G），提议各会员国于 2010 年实现 4G 的商用。第四代移动通信技术的概念可称为广带（Broadband）接入和分布网络，具有非对称超过 2Mb/s 的数据传输能力，对全速移动用户能提供 150Mb/s 的高质量的影像服务，将首次实现三维图像的高质量传输。它包括广带无线固定接入、广带无线局域网、移动广带系统和互操作的广播网络。此外，广带无线局域网（WLAN）与 B-ISDN 和 ATM 兼容，实现了广带多媒体通信，并可形成综合广带通信网（IBCN），通过 IP 进行通信。第四代移动通信可以在不固定的无线平台和跨越不同频带的网络中提供无线服务，可以在任何地方宽带接入互联网（包括卫星通信），能够提供信息通信之外的定位定时、数据采集、远程控制等综合功能。日本 4G 实验创下了 625Mb/s 的下载速度记录。微软公司将推出音乐手机支持 4G 技术。4G 给我们提供了很多美好的想象。对于我国的电力通信网而言，4G 技术带来的将是一场革命，以光纤通信为主要通信网络的方式将会被无线网络取代。现阶段，4G 技术从开发到成熟还有很长的一段路要走，其稳定性、可靠性还需要进一步地通过实践论证。

本地多点分配接入系统（Local Multipoint Distribute Service，LMDS）作为一种全新的无线宽带接入技术，1998 年被美国电信界评选为十大新兴通信技术之一。该技术可以利用高容量点对多点微波传输，提供双向话音、数据及视频图像业务，具有很高的可靠性，号称是一种"无线光纤"技术。LMDS 采用的是蜂窝方式覆盖整个区域，每个蜂窝站的覆盖区域为 5~7km，要建设覆盖整个电力通信网的 LMDS 蜂窝站，需要极大的投资，所以在当前的形势下将 LMDS 网络作为内部控制系统的辅助网络无疑是一个比较好的选择。

相对于 LMDS 高昂的成本代价，超宽带无线技术（Ultra Wide-Band，UWB）由于其时域通信系统结构简单、成本较低，普及的前景被大为看好。UWB 最引人注目的特点是具有很高的数据传输速率，在 10m 内可以达到几百兆比特每秒，短距离高速传输是 UWB 传输应用的主要领域，是一种可以取代蓝牙的技术，对于电力通信网络中蓝牙系统是一个很好的补充和改进，同时也给无线电力抄表等提供了更多的发展空间。

2. 网络带宽增加

从需求方面来说，随着社会经济发展到不断深入，随着电力系统发展的不断复杂化，随着电力系统规模不断扩大，公司业务和接入用户对于通信业务都有了更高的要求。例如随着电力系统往大容量、大网络的不断发展，自动化水平的不断提高，对统一标准时间提出了更高的要求。GPS 等各种新型的检测系统由于其高精度的定时功能，必将在电力系统发挥更加广泛的应用。而 GPS 等各种新型的检测系统在电力系统中实现流畅地运行需要大量的实时数据传输，提高网络带宽也是大势所趋。所以在可预见的未来解决大容量的数据传输问题是我国电力通信网络主要的发展目标。

从我国通信事业的战略布局上来说，"十一五"期间，我国规划将实现"三网融合"的战略部署。在承担现有的维护电力系统正常运行的通信要求以外，电力通信网将直接面对终端客户，提供诸如配电网的建设与维护检修、业扩报装、抄表收费、用电监察、需求侧管理等，提供更多的增值服务。这些额外需求的增加，极大地增加了电力通信网运行的负荷，现有的网络带宽远远不能满足这些需要。而一旦进行专网公化，电力通信网对民用开放，网络的传输量将急剧上升，所以增加网络带宽势在必行。

从技术方面而言，电力载波通信的发展、光纤通信的出现和各种技术手段的不断提高，使得建立高宽带的电力通信网成为可能。ATM 技术、波分复用技术（WDM）等高新技术为电力通信的宽带化提供了实用且具有可持续发展的通信技术手段。而在开发和实践中的诸如第四代移动通信技术、本地多点分配接入技术等，为其带宽进一步增长提供了更多技术支持。随着电子通信技术、材料物理科学的进一步发展，我们有理由相信，电力通信网带宽的持续增长不再是一个梦。

### 9.6.2 我国电力通信的发展目标和战略布局

电力信息化是目前我国电力通信发展的最为主要的目标。电力信息化是指电子信息技术在电力工业中的应用，是电力工业在信息技术的驱动下由传统工业向高度集约化、高度知识化、高度技术化工业转变的过程。其核心是电力工业管理信息系统（MIS）的建设，主要内容是各级电力企业信息化的实现，其中包括生产过程自动化和管理信息化。

我国的电力信息化从 20 世纪 60 年代起步，开始主要应用在发电厂和变电站自动监

测/监制方面，20世纪80~90年代进入电力系统专项业务应用，即进入了电网调度自动化、电力负荷控制、计算机辅助设计、计算机仿真系统等的使用。进入20世纪90年代后信息技术应用进一步发展到综合应用，由操作层向管理层延伸，实现管理信息化，建立各级企业的管理信息系统；同时，其他专项应用系统也进一步发展到更高的水平。到目前为止，电力系统的规划设计、基建、发电、输电、供电等各环节均有信息技术的应用。然而我国现有的电力通信的应用层面和通信技术都不足以达到信息化的目标。

与英国等较早开展电力改革的国家相比，我国的电力市场开放相对滞后一些。为了增强自身的市场竞争能力，提高电力系统自身的信息化程度，国家电力公司及其下属各地区电力集团公司都相继引进新设备，对自身电力通信网进行了现代化改造。特别是当"电力市场"形成后，电力市场对信息化的进程提出了需求：电力公司、调度中心、电厂、电网、市场管理机构、客户之间的数据通信种类和数量将大幅度增加，这将导致各电厂间更为激烈的竞争，谁的电价低，谁的信息发布及时可靠，谁就会赢得市场，这就要求电力通信网及时、准确地为用户提供信息，并保障电厂及时发布信息的需要。电力通信网要求一网多能，在能满足电力生产调度的同时，电力通信网的发展趋势是向多媒体、多业务、宽带化、综合化通信平台发展。国家电力公司有关部门负责人表示，在电力市场试点中，将逐步扩大竞争范围和力度，让发电企业在"公开、公平、公正"原则下实行更大范围内的报价竞争；深化电价改革，在发电环节实行市场定价的同时，完善销售电价，研究试行居民生活用电峰谷电价，促进低谷生活用电的增长。

我国电力通信事业的发展应该从我国电力通信的实际出发，必须以科技为先导，采用世界上先进、成熟的通信技术和设备，高标准、高起点装备电力通信网，为电力工业提供安全可靠、先进高效的电子信息服务，同时也要面向改革开放的中国市场，面向社会，积极提供最先进的、特殊的电信增值服务。

在21世纪最初的几年内，中国电力通信的具体发展目标是：

（1）积极引进当今先进水平的同步数字序列（SDH）、异步转移模式（ATM）宽带交换和数字移动通信（GSM、CDM）等先进技术及设备。

（2）充分利用现有物质基础和系统的资源优势，有计划、有步骤地将电力通信主干网改造成以光纤为主微波为辅的网络。新建220kV以上的超高压输电线路，积极采用OPGW特殊光缆；现有110kV及以上等级线路，架设GWWOP或ADSS光缆，以此形成光纤通信主干线。

（3）加快开发电信新业务，包括可视图文、电子信箱、传真存储转发、电子数据变换以及多媒体服务。

我国电力通信的发展任重而道远。跨入新世纪的中国电力通信，既面临着许多新的挑战，也存在着许多机遇，只要坚持改革开放，依靠科技，就一定能获得更为蓬勃的发展。

在"十五"期间取得重大成就之后，应对"十一五"规划的重要历史时机，国家电网公司审议通过的国家电网公司"十一五"发展规划，清晰描绘了公司未来发展的宏伟蓝图，即：推进集团化运作，实现公司发展方式转变；建设特高压电网，实现电网发展方式转变；使公司的安全保障能力、资源配置能力、金融运作能力、资产盈利能力、科技创新能力和风险防范能力显著提高，管理现代化水平、优质服务水平、队伍建设水平和品牌价值水平显著提高，在促进电力工业可持续发展、实施国家能源发展战略、推动全面建设小康社会进程中的作用显著提高，初步建成电网坚强、资产优良、服务优质、业绩优秀的现代公司。

建设"一强三优"现代公司的发展战略对公司信息化工作提出了更高要求。"电网坚强"要求以信息化带动生产自动化，实现电网数字化，全面提高电网的安全性、可靠性和灵活性；资产优良要求以信息化强化资产和资金管理，实现资源的优化配置和高效利用，降低经营成本，提高盈利能力；服务优质要求以信息化推动业务流程的进一步规范，提高服务的质量和效率，充分展示公司良好的品牌形象；业绩优秀要求以信息化提升企业的核心竞争能力，促进公司可持续发展，为国民经济和社会发展不断作出新的更大贡献。"建设现代公司"则要求以信息化推动管理创新，推进流程再造和业务重组，进一步提高公司的现代化水平。

公司"十一五"信息发展规划的核心任务，就是在全系统实施国家电网公司信息化"186"工程（SG186工程），即"构筑一体化企业级信息集成平台，建设八大业务应用，建立健全六个保障体系"。

"1"——构筑一体化企业级信息集成平台。该平台由信息网络、数据交换、数据中心、应用集成和企业门户五部分组成，达到畅通信息渠道、促进业务集成、实现数据共享、统一展现内容的建设目标。

"8"——建设八大业务应用。按照企业级信息系统建设思路，采取典型设计、试点示范和成果推广的方式，建设财务（资金）管理、营销管理、安全生产管理、协同办公、人力资源管理、物资管理、项目管理、综合管理等八大业务应用。

"6"——建立健全六个保障体系。进一步建立健全信息化安全防护、标准规范、管理调控、评价考核、技术研究和人才队伍体系，为公司的信息化建设提供必需的资源、技术、管理和人才保障。

"SG186工程"可以定位为"一个系统、二级中心、三层应用"："一个系统"即构筑一体化企业级信息系统，实现信息纵向贯通和横向集成，"集"八大业务应用之合力，"团"六个保障体系之助力，支撑集团化运作；"二级中心"就是建设总部、网省公司两级数据中心，共享数据资源，"集"信息资源之无形资产，"约"纵向贯通之途径和效率，促进集约化发展；"三层应用"即部署总部、网省公司和地市县公司三层业务应用，"精"业务流程，"细"建设、运行维护与管理控制，实现精细化管理。

面对"十一五"的历史机遇，伴随着我国电力事业的高速发展，我国电力通信事业、信息化事业将面临一个跨越式的发展。对于我国电力系统而言，转变现有的电网运行和公司运行方式，通过信息化改革将我国电力通信事业、电力公司管理方式提升到一个新的层次，对于我国电力事业的进一步发展有着极其重要的意义。

### 9.6.3　国外电力通信系统的发展趋势

20世纪90年代，世界各国的电力公司都开始对各自的电力通信网进行改革，通过

不断的实践，现今的电力通信的运营模式主要有专网公化、专网专用和内外兼营三种。

## 一、专网公化

国外一些大型的电力公司在不断改革中，试图将原来隶属于电力系统的电力通信网从电力系统中剥离出来，建立新的通信公司，将电力通信网市场化，在服务于本行业的同时，依靠原先的基础投入，开发出新的市场、产品和客户，提供更为专业的服务。

例如，北欧丹麦、瑞典、挪威、芬兰四国相互开放电力市场，进行资源的优势互补，共同组成了北欧电力市场。北欧电力市场电力价格取决于电能的交换和供需的要求。为此，北欧电力市场建立了每小时的电力供求价格制度。在北欧大约有45%的电能是通过这种战略性的交换在北欧各国中流通。

## 二、内外兼营

内外兼营有别于专网公化，是将其电力通信网专卖给他人，由其他运营商提供通信服务的运营模式。电力通信网内外兼营的运营模式是将电力公司电力通信网租借或者委托其直接控股的子公司运作。一方面对于子公司而言，拥有了覆盖面很广的电力通信网络能够开发出具有竞争力的业务；另一方面对于电力公司而言，没有失去电力通信网的控制权，仍然掌握着其核心价值，又能赚取额外的利益。

## 三、专网专用

专网专用即是指电力系统建立自己独立的电力通信专业网，来满足自身对于电力通信的要求。它可以提供高速的传输速度，保证信道的畅通，同时由于电力通信要求的数据量非常的小，造成了电力系统在电力通信基础建设上投资的资源浪费，系统的利用率很低。包括我国在内的很多电力公司至今还只能保持这样的运营方式。

## 思 考 题

9.1　通信系统一般由哪几部分组成？

9.2　通信领域有哪些新技术？各有哪些特点？

9.3　电力通信网的特点是什么？一般来说，电力通信的主要作用是什么？

9.4　国内外电力通信系统的发展趋势是什么？

# 10

# 自 动 化

自动化是现代化的催化剂。

——茅以升

## 10.1 自动化概念和应用

自动化（Automation），是指机器设备或者是生产过程、管理过程，在没有人直接参与的情况下，经过自动检测、信息处理、分析判断、操纵控制，实现预期的目标、目的或完成某种过程。简而言之，自动化是指机器或装置在无人干预的情况下按规定的程序或指令自动地进行操作或运行。广义地讲，自动化还包括模拟或再现人的智能活动。

自动化是新的技术革命的一个重要方面。自动化是自动化技术和自动化过程的简称。自动化技术主要有两个方面：第一，用自动化机械代替人工的动力方面的自动化技术；第二，在生产过程和业务处理过程中，进行测量、计算、控制等，这是信息处理方面的自动化技术。

自动化有两个支柱技术：一个是自动控制，一个是信息处理。它们是相互渗透、相互促进的。自动控制（Automatic Control）是与自动化密切相关的一个术语，两者既有联系，但也有一定的区别。自动控制是关于受控系统的分析、设计和运行的理论和技术。一般地说，自动化主要研究的是人造系统的控制问题，自动控制则除了上述研究外，还研究社会、经济、生物、环境等非人造系统的控制问题，例如，生物控制、经济控制、社会控制及人口控制等，显然这些都不能归入自动化的研究领域。不过人们提到自动控制，通常指的是工程系统的控制，在这个意义上自动化和自动控制是相近的。

社会的需要是自动化技术发展的动力。自动化技术是紧密围绕着生产、生活、军事设备控制以及航空航天工业等的需要而形成及在科学探索中发展起来的一种高技术。美国发明家斯托特在读书时，为了不交房费替房东看管锅炉，每天清晨 4 点钟只要闹钟一响，他就要从睡梦中醒来，爬出被窝，跑到地下室，打开锅炉炉口，把锅炉烧旺。这当然是谁也不怎么爱干的苦差事。为了摆脱这份劳苦，他想出一个主意：用一根绳子，一头挂在锅炉门上，一头拉到卧室里，当闹钟一响，只要在被窝中拉一下绳子就行了。后来，他干脆把闹钟放到地下室锅炉边上，做一个类似老鼠夹子的东西。当闹钟一响，与发条相连的夹子就动作，夹子带动一根木棍，木棍倒下，炉门便自动打开了。后来，他在此基础上发明了钟控锅炉。这个小故事说明，自动化技术很多是从我们身边生活和生产中发展起来的，而这一技术发展之后又广泛地用于生活、生产的各个领域中。自动化技术发展至今，可以说已从人类手脚的延伸扩展到人类大脑的延伸。自动化技术时时在为人类"谋"福利，可谓无所不在。

自动化技术广泛用于工业、农业、国防、科学研究、交通运输、商业、医疗、服务以及家庭等各方面，如图10-1所示。采用自动化技术不仅可以把人从繁重的体力劳动、部分脑力劳动以及恶劣、危险的工作环境中解放出来，而且能扩展、放大人的功能和创

(a)

(b)

(c)　　　　　　　　　　　　　　　　　(d)

图10-1　自动化的主要应用领域（一）

（a）军事领域；（b）航空航天领域；（c）机器人；（d）医疗诊断

(e)

(f)

(g)

(h)

(i)

图 10-1　自动化的主要应用领域（二）

（e）环境监测；（f）地理信息和资源探测；（g）交通运输；（h）农业领域；（i）安全保卫系统

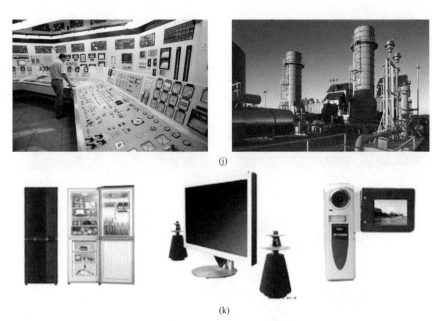

(j)

(k)

图 10-1　自动化的主要应用领域（三）

(j) 工业领域；（k）家用电器

造新的功能，极大地提高劳动生产率，增强人类认识世界和改造世界的能力。自动化技术的研究、应用和推广，对人类的生产、生活方式将产生深远影响。因此，自动化是一个国家或社会现代化水平的重要标志。

自动化正在迅速地渗入家庭生活中，比如用电脑设计、制作衣服；全自动洗衣机，不用人动手就能把衣服洗得干干净净；电脑控制的微波炉，不但能按时自动进行烹调，做出美味可口的饭菜，而且安全节电；电脑控制的电冰箱，不但能自动控温，保持食物鲜美，而且能告诉你食物存储的数量和时间，能做什么佳肴，用料多少；还有，空调机能为你提供温暖如春的环境，清扫机器人能为你打扫房间等。

在办公室里广泛地引入微电脑及信息网络、文字处理机、电子传真机、专用交换机、多功能复印机和秘书机器人等技术和设备，推进了办公室自动化。利用自动化的办公设备，可自动完成文件的起草、修改、审核、分发、归档等工作，利用信息高速公路、多媒体等技术进一步提高信息加工与传递的效率，实现办公的全面自动化。办公自动化的主要目标是企业管理自动化。

工厂自动化主要有两个方面：一是使用自动化装置，完成加工、装配、包装、运输、存储等工作，如用机器人、自动化小车、自动机床、柔性生产线和计算机集成制造系统等；二是生产过程自动化，如在钢铁、石油、化工、农业、渔业和畜牧业等生产和管理过程中，用自动化仪表和自动化装置来控制生产参数，实现生产设备、生产过程和管理过程的自动化。

自动化还有许多其他的应用：在交通运输中采用自动化设备，实现交通工具自动化及管理自动化，包括车辆运输管理、海上及空中交通管理、城市交通控制、客票预订及出售等；在医疗保健事业及图书馆、商业服务行业中，在农作物种植、养殖业生产过程中，都可以实现自动化管理及自动化生产。当代武器装备尤其要求高度的自动化。在现代和未来的战场上，飞机、舰艇、战车、火炮、导弹、军用卫星以及后勤保障、军事指挥等，都要求实现全面的自动化。

自动化技术是发展迅速、应用广泛、最引人瞩目的高技术之一，是推动高技术革命的核心技术，是信息社会中不可缺少的关键技术。从某种意义上讲，自动化就是现代化的同义词。

## 10.2 自动化和控制技术发展历史简介

自古以来，人类就有创造自动装置以减轻或代替人劳动的想法。自动化技术的产生和发展经历了漫长的历史过程。

自动化技术的发展经历了四个典型的历史时期：18 世纪以前的自动装置的出现和应用、18 世纪末至 20 世纪 30 年代的自动化技术形成时期、20 世纪 40~50 年代的局部自动化时期和 20 世纪 50 年代至今的综合自动化时期。

### 10.2.1 自动装置的出现和应用时期

古代人类在长期的生产和生活中，为了减轻自己的劳动，逐渐利用自然界的风力或水力代替人力、畜力，以及用自动装置代替人的部分繁难的脑力活动和对自然界动力的控制，经过漫长岁月的探索，他们造出了一些原始的自动装置。

公元前 14 世纪至公元前 11 世纪，中国和巴比伦出现了自动计时装置——刻漏，为人类研制和使用自动装置之始。图 10-2 所示为置于交泰殿造于公元 1799 年的清朝铜壶滴漏。

国外最早的自动化装置，是公元 1 世纪古希腊人希罗发明的神殿自动门和铜祭司自动洒圣水、投币式圣水箱等自动装置。2000 年前的古希腊，有一个非常出色的技师叫希罗，他经常向阿基米德等科学家请教、学习，制造出了许多机器，有神殿自动门、神水自动出售机、里程表等。神殿自动门的动作过程是当有人拜神时，点燃

图 10-2 清朝铜壶滴漏
（造于公元 1799 年）

祭坛上的油火，油火产生的热量就会使一个箱子里的空气膨胀，然后膨胀的空气就会推动大门，使大门打开；当拜神的人把油火熄灭后，空气受冷缩小，大门于是就会关闭。

公元 2 世纪，东汉时期的张衡利用齿轮、连杆和齿轮机构制成浑天仪。它能完成一定系列有序的动作，显示星辰升落，可以把它看成是古代的程序控制装置。公元 220 ~ 280 年，中国出现计里鼓车，见图 10-3。公元 235 年，三国时期的马钧研制出用齿轮传动的自动指示方向的指南车，见图 10-4。这是一辆真正的指南车，从现在观点看，指南车属于自动定向装置。公元 1088 年，中国苏颂等人把浑仪（天文观测仪器）、浑象（天文表现仪器）和自动计时装置结合在一起建成了具有"天衡"自动调节机构和自动报时机构的水运仪象台。公元 1135 年，中国的燕肃在"莲华漏"中采用三级漏壶并浮子式阀门自动装置调节液位。公元 1637 年，中国明代的《天工开物》一书记载有程序控制思想萌芽的提花织机结构图。

图 10-3　计里鼓车复原模型　　　　　　　图 10-4　指南车的复原模型

17 世纪以来，随着生产的发展，在欧洲的一些国家相继出现了多种自动装置，其中比较典型的有：1642 年法国物理学家 B. 帕斯卡发明能自动进位的加法器；1657 年荷兰机械师 C. 惠更斯发明钟表，利用锥形摆作调速器；1681 年，D. 帕潘发明了带安全阀的压力釜，实现压力自动控制；1694 年德国 G. W. 莱布尼茨发明能进行加减乘除的机械计算机；1745 年英国机械师 E. 李年发明带有风向控制的风磨；1765 年俄国机械师 И. И. 波尔祖诺夫发明浮子阀门式水位调节器，用于蒸汽锅炉水位的自动控制。

## 10.2.2　自动化技术形成时期

1660 年意大利人发明了温度计。1680 年法国人巴本在压力锅上安装了自动调节机构。1784 年瓦特在改进的蒸汽机上采用离心式调速装置，构成蒸汽机转速的闭环自动调速系统，见图10-5。瓦特的这项发明开创了近代自动调节装置应用的新纪元，对第一次工业革命及后来控制理论的发展有重要影响。

在这一时期中，由于第一次工业革命的需要，人们开始采用自动调节装置，来对付工业生产中提出的控制问题。这些调节器都是一些跟踪给定值的装置，使一些物理量保

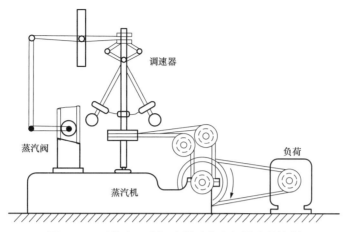

图 10-5　瓦特离心式调速器对蒸汽机转速的控制

持在给定值附近。自动调节器应用标志着自动化技术进入新的历史时期。1830 年英国人尤尔制造出温度自动调节装置。1854 年俄国机械学家和电工学家 K. И. 康斯坦丁诺夫发明电磁调速器。1868 年法国工程师 J. 法尔科发明反馈调节器，并把它与蒸汽阀连接起来，操纵蒸汽船的舵。他把这种自动控制的气动船舵称为伺服机构。到了 20 世纪 20~30 年代，美国开始采用 PID 调节器。PID 调节器是一种模拟式调节器，现在还有许多工厂采用这种调节器。

　　具有离心式调速系统的蒸汽机，经过 70 多年的改进，反而产生了"晃动"现象（即现在所说的不稳定）。英国的物理学家 J. C. 麦克斯韦（创立电磁波理论的伟大科学家）用高等数学的理论研究分析了这种"晃动"现象。1876 年，俄国机械学家 И. A. 维什涅格拉茨基进一步总结了调节器的理论。他用线性微分方程来描述整个系统，问题变成只要研究齐次方程的通解所决定的运动情况，使调节系统的动态特性仅仅决定于两个参量，由此推导出系统的稳定条件，把参量平面划分成稳定域和不稳定域（后称维什涅格拉茨基图）。1877 年英国的 E. J. 劳斯，1885 年德国的 A. 赫尔维茨分别提出判别系统是否会产生"晃动"的准则（称为稳定判据），为设计研究自动系统提供了可靠的理论依据，这一准则至今尚在使用。公元 1892 年俄国数学家 A. M. 李雅普诺夫提出稳定性的严格数学定义并发表了专著。李雅普诺夫第一法又称一次近似法，明确了用线性微分方程分析稳定性的确切适用范围。李雅普诺夫第二法又称直接法，不仅可以用来研究无穷小偏移时的稳定性（小范围内的稳定性），而且可以用来研究一定限度偏移下的稳定性（大范围内的稳定性）。他的稳定性理论至今还是研究分析线性和非线性系统稳定性的重要方法。

　　进入 20 世纪以后，工业生产中广泛应用各种自动调节装置，促进了对调节系统进行分析和综合研究工作。这一时期虽然在自动调节器中已广泛应用反馈控制的结构，但从理论上研究反馈控制的原理则是从 20 世纪 20 年代开始的。1927 年美国贝尔电话实验室的电气工程师 H. S. 布莱克在解决电子管放大器失真问题时首先引入反馈的概念。1925 年英国电气工程师 O. 亥维赛把拉普拉斯变换应用到求解电网络的问题上，提出了

运算微积。此后在拉普拉斯变换的基础上，传递函数的观念被引入到分析自动调节系统或元件上，成为重要工具。1932 年美国电信工程师 N. 奈奎斯特提出著名的稳定判据（称为奈奎斯特稳定判据），可以根据开环传递函数绘制或测量出的频率响应判定反馈系统的稳定性。1938 年前，原苏联电气工程师 A. B. 米哈伊洛夫提出根据闭环（反馈）系统频率特性判定反馈系统稳定性的判据。

1833 年英国数学家 C. 巴贝奇在设计分析机时首先提出程序控制的原理。他想用法国发明家 J. M. 雅卡尔设计的编织地毯花样用的穿孔卡方法来实现分析机的程序控制。1936 年英国数学家图灵 A. M. 提出著名的图灵机，用来定义可计算函数类，建立了算法理论和自动机理论。1938 年美国电气工程师香农 C. E. 和日本数学家中岛，以及 1941 年前苏联科学家 B. И. 舍斯塔科夫，分别独立地建立了逻辑自动机理论，用仅有两种工作状态的继电器组成了逻辑自动机，实现了逻辑控制。

可以说，1922 年 N. 米诺尔斯基发表《关于船舶自动操舵的稳定性》、1934 年美国科学家 H. L. 黑曾发表《关于伺服机构理论》，1934 年前苏联科学家 И. Н. 沃兹涅先斯基发表《自动调节理论》，1938 年苏联电气工程师 A. B. 米哈伊洛夫发表《频率法》，这些论文标志着经典控制理论的诞生。

### 10.2.3 局部自动化时期

在第二次世界大战期间，德国的空军优势和英国的防御地位，迫使美国、英国和西欧各国科学家集中精力解决了防空火力控制系统和飞机自动导航系统等军事技术问题。在解决这些问题的过程中形成了经典控制理论，设计出各种精密的自动调节装置，开创了系统和控制这一新的科学领域。这些经典控制理论对战后发展局部自动化起了重要的促进作用，使得自动化技术得到了飞速的发展。为提高自动控制系统的性能，维纳创立了控制论，提出了反馈控制原理。直到今天，反馈控制仍是十分重要的控制原理。这一时期出现了自动防空火炮、自动飞向目标的 V-2 导弹等自动化系统和装置。

1945 年，美国数学家 N. 维纳把反馈的概念推广到生物等一切控制系统。1948 年他出版了名著《控制论》一书，为控制论奠定了基础。1954 年，中国科学家钱学森全面地总结和提高了经典控制理论，在美国出版了用英语撰写的、在世界上很有影响的《工程控制论》一书。

1948 年，W. 埃文斯的根轨迹法，奠定了适宜用于单变量控制问题的经典控制理论的基础。频率法（或称频域法）成为分析和设计线性单变量自动控制系统的主要方法。

第二次世界大战后工业迅速发展，随着对非线性系统、时滞系统、脉冲及采样控制系统、时变系统、分布参数系统和有随机信号输入的系统控制问题的深入研究，经典控制理论在 20 世纪 50 年代有了新的发展。

战后在工业控制中已广泛应用 PID 调节器，并且电子模拟计算机用来设计自动控制系统。当时在工业上实现局部自动化，即单个过程或单个机器的自动化。在工厂中可以看到各种各样的自动调节装置或自动控制装置。这种装置一般都可以分装两个机柜，一个机柜装各种 PID 调节器，另一个机柜则装许多继电器和接触器，作启动、停止、连锁和保护之用。当时大部分 PID 调节器是电动的或机电的，也有气动的和液压的（直到 1958 年才引入第一代电子控制系统），因而在结构上显得相当复杂，控制速度和控制精度都有一定的局限性，可靠性也不是很理想。

生产自动化的发展促进了自动化仪表的进步，出现了测量生产过程的温度、压力、流量、物位、机械量等参数的测量仪表。最初的仪表大多属于机械式的测量仪表，一般只作为主机的附属部件被采用，结构简单，功能单一。20 世纪 30 年代末至 40 年代初，出现了气动仪表，统一了压力信号，研制出气动单元组合仪表。20 世纪 50 年代出现了电动式的动圈式毫伏计，电子电位差计和电子测量仪表，电动式和电子式的单元组合式仪表。

1943~1946 年，世界上第一台基于电子管的电子数字计算机（Electronic Digit Computer）——电子数字积分和自动计数器（ENIAC）问世。1950 年美国宾夕法尼亚大学莫尔（Moore）小组研制成世界上第二台存储程序式电子数字计算机——离散变量电子自动计算机（EDVAC）。电子数字计算机内部元件和结构，经历了电子管、晶体管、集成电路和大规模集成电路的四个发展阶段。电子数字计算机的发明，为 20 世纪 60~70 年代开始的在控制系统广泛应用程序控制、逻辑控制以及应用数字计算机直接控制生产过程，奠定了基础。我国也在 20 世纪 50 年代中叶开始研制大型电子数字计算机——国产巨型"银河"电子数字计算机系列，见图 10-6。目前小型电子数字计算机或单片计算机已成为复杂自动控制系统的一个组成部分，以实现复杂的控制和算法。

图 10-6　国产巨型"银河"电子数字计算机系列（1983 年 12 月 22 日）

### 10.2.4　综合自动化时期

经典控制理论这个名称是 1960 年在第一届全美联合自动控制会议上提出来的。在这次会议上把系统与控制领域中研究单变量控制问题的学科称为经典控制理论，研究多变量控制问题的学科称为现代控制理论。

20世纪50年代以后，经典控制理论有了许多新的发展。高速飞行、核反应堆、大电力网和大化工厂提出的新的控制问题，促使一些科学家对非线性系统、继电系统、时滞系统、时变系统、分布参数系统和有随机输入的系统的控制问题进行了深入的研究。到了20世纪50年代末就发现把经典控制理论的方法推广到多变量系统时会得出错误的结论，即经典控制理论的方法有其局限性。

1957年，前苏联成功地发射了第一颗人造卫星，继之又出现很多复杂的系统，迫切需要加以解决，用古典控制理论很难解决其控制问题，于是现代控制理论产生了。通过对这些复杂工业过程和航天技术的自动控制问题——多变量控制系统的分析和综合问题的深入研究，使得现代控制理论体系迅速发展，形成了系统辨识（System Identification）、建模（Modelling）与仿真（Simulation）、自适应控制（Self-adaptive Control）和自校正控制器（Self-tuning Regulator）、遥测（Telemetry）、遥控（Remote Control）和遥感（Remote Sensing）、大系统（Large-scale System）理论、模式识别（Image Recognition）和人工智能（Artificial Intelligence）、智能控制（Intelligent Control）等多个重要的分支。

系统辨识是根据系统输入、输出数据为系统建立数学模型的理论和方法。系统仿真是在仿真设备上建立、修改、复现系统的模型。

自适应控制是在对象数学模型变动和系统外界信息不完备的情况下改变反馈控制器的特性，以保持良好的工作品质。自校正控制器具有对被控对象的参数进行在线估计的能力，并借此对控制器参数进行校正，使闭环控制系统达到期望指标。

遥测就是对被测对象的某些参数进行远距离测量。一般是由传感器测出被测对象的某些参数并转变成电信号，然后应用多路通信和数据传输技术，将这些电信号传送到远处的遥测终端，进行处理、显示及记录。遥控就是对被控对象进行远距离控制。遥控技术综合应用自动控制技术和通信技术，来实现远距离控制，并对远距离被控对象进行监测。而遥感是利用装载在飞机或人造卫星等运载工具上的传感器，收集由地面目标物反射或发射出来的电磁波，再根据这些数据来获得关于目标物（如矿藏、森林、作物产量等）的信息。以飞机为主要运载工具的航空遥感发展到以地球卫星和航天飞机为主要运载工具的航天遥感以后，使人们能从宇宙空间的高度上大范围地、周期性地、快速地观测地球上的各种现象及其变化，从而使人类对地球资源的探测和对地球上一些自然现象的研究进入了一个新的阶段，现已应用在农业、林业、地质、地理、海洋、水文、气象、环境保护和军事侦察等领域。

20世纪60年代末，生产过程自动化开始由局部自动化向综合自动化方向发展，出现了现代大型企业的多级计算机管理和控制系统（如大型钢铁联合企业），大型工程项目的计划协调与组织管理系统（如长江三峡施工组织管理系统），全国性或地区性的供电网络的调度、管理和优化运行系统，社会经济系统，大都市的交通管理与控制系统，环境生态系统以及航天运载火箭、洲际导弹等典型的大系统。所谓大系统就是规模宏大、结构复杂的系统。对于这类大系统的建模与仿真、优化和控制、分析和综合，以及稳定性、能控性、能观测性和鲁棒性等的研究，统称为大系统理论。大系统理论研究的对象是规模庞大、结构复杂的各种工程或非工程系统的自动化问题。大系统理论的重要作用在于对大系统进行调度优化和控制优化，通过分解－协调以较短时间计算出优化结果，使需要在线及时求取的大系统优化解并实施优化控制成为可能。目前大系统的研究中，主要有三种控制结构方案，即多级（递阶）控制、多层控制和多段控制。

模式识别使用电子数字计算机并使它能直接接受和处理各种自然的模式消息，如语言、文字、图像、景物等。早期的人工智能研究是从探索人的解题策略开始，即从智力难题、弈棋、难度不大的定理证明入手，总结人类解决问题时的心理活动规律和思维规律，然后用计算机模拟，让计算机表现出某种智能。人工智能的研究领域涉及自然语言理解、自然语言生成、机器视觉、机器定理证明、自动程序设计、专家系统和智能机器人等方面。20 世纪 60 年代末至 70 年代初，美、英等国的科学家们注意到将人工智能的所有技术和机器人结合起来，研制出智能机器人。智能机器人会在工业生产、核电站设备检查及维修、海洋调查、水下石油开采、宇宙探测等方面大显身手；随着人工智能研究的发展，人们开始将人工智能引入到自动控制系统，形成智能控制系统。

智能控制中常用的理论和技术包括专家控制系统（Expert Control System，ECS）、模糊控制系统（Fuzzy Control System）、神经网络控制（Neural Networks Control）和学习控制（Learning Control），这些理论和技术已广泛应用于故障诊断、工业设计和过程控制，为解决复杂的非线性、不确定、不确知系统的控制问题开辟了新途径。另外，一般系统论、耗散结构理论、协同学和超循环理论等也对自动化技术的发展提供了新理论和新方法。

现代控制理论的形成和发展为综合自动化奠定了理论基础。在这一时期，微电子技术有了新的突破。1958 年出现晶体管计算机，1965 年出现集成电路计算机，1971 年出现单片微处理机。微处理机的出现对控制技术产生了重大影响，控制工程师可以很方便地利用微处理机来实现各种复杂的控制，使综合自动化成为现实。20 世纪 70 年代以来微电子技术、计算机技术和机器人技术的重大突破，促进了综合自动化的迅速发展。一批工业机器人、感应式无人搬运台车、自动化仓库和无人叉车成为综合自动化的强有力的工具。

过程控制方面，1975 年开始出现集散型控制系统，使过程自动化达到很高的水平。制造工业方面，在采用成组技术、数控机床、加工中心和群控的基础上发展起来的柔性制造系统（FMS）及计算机辅助设计（CAD）和计算机辅助制造（CAM）系统成为工厂自动化的基础。柔性制造系统是从 20 世纪 60 年代开始研制的，1972 年美国第一套柔性制造系统正式投入生产。20 世纪 70 年代末到 80 年代初柔性制造系统得到迅速的发展，普遍采用搬运机器人和装配机器人。20 世纪 80 年代初出现用柔性制造系统组成的无人工厂。

柔性制造系统是在生产对象有一定限制的条件下有灵活应变能力的系统，其着眼点主要放在具体的硬设备上。为了进一步实现生产的飞跃，自动机械上用的软件就成为突出的问题。最终的目标就是要使整个生产过程软件化，这就要研究计算机集成制造系统（CIMS）。它是指在生产中应用自动化可编程序，把加工、处理、搬运、装配和仓库管

理等真正结合成一个整体，只要变换一下程序，就可以适用于不同产品的全部加工过程。

# 10.3 自动控制系统的组成和类型

  自动控制的目的是应用自动控制装置延伸和代替人的体力和脑力劳动。自动控制装置是由具有相当于人的大脑和手脚功能的装置组成的。相当于人大脑的装置，在自动控制中的作用是对控制信息进行分析计算、推理判断、产生控制作用。它通常是由电脑或控制装置来承担。相当于人手脚的装置，其作用是执行控制信号，完成加工、操作和运动等。它通常是由机械机构或机电机构来完成，其中包括放大信息的装置，产生动力的驱动装置和完成运动的执行装置。没有控制就没有自动化。控制是自动化技术的核心，而反馈控制又是控制理论的最基本原理。

  老鹰捕捉飞跑的兔子就是一个反馈控制的例子。鹰先用眼睛大致确定兔子的位置，就朝这个方向飞去。在飞行中，眼睛一直盯住兔子，测出自己与兔子的距离和兔子逃跑的方向，大脑根据与兔子的差距，不断作出决定，通过改变翅膀和尾部的姿态，改变飞行的速度和方向，使与兔子之间的距离越来越小，直到抓到兔子为止。

  在这里，眼睛是测量机构，大脑是控制机构，驱动机构（执行机构）是翅膀，被控对象是老鹰的身体，目标是兔子。老鹰用眼睛盯住兔子的同时，又反过来把自己的位置与兔子的位置比较，找出与兔子之间的距离差，这就是反馈作用。老鹰根据这个偏差来不断控制自己的身体，不断减小偏差，这叫做反馈控制。由于这种反馈是使误差不断减小，所以又叫负反馈控制。图 10-7 所示为鹰捉兔子的飞行过程。

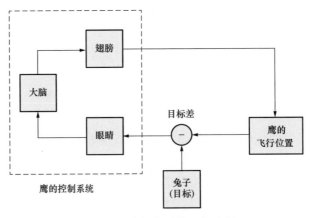

图 10-7 鹰捉兔子的飞行过程

  反馈控制的最基本优点是不管偏差的来源，都可以利用这一控制方法，使偏差消除掉或基本消除掉，从而使被控制对象达到预定目标。用导弹击落飞机和鹰捉兔子完全相似：电脑是导弹的大脑，红外线导引装置就是它的眼睛，舵机及其调节机构能控制弹体运动的速度和方向，相当于鹰用翅膀控制老鹰的身体一样。导弹用负反馈控制跟踪目标，直到击中目标。当然，真正的反馈控制系统比这复杂多了，但基本原理是一样的。

任何一个自动控制系统都是由被控对象和控制器有机构成的。自动控制系统根据被控对象和具体用途不同，可以有各种不同的结构形式。除被控对象外，控制系统一般由给定环节、反馈环节、比较环节、控制器（调节器）、放大环节、执行环节（执行机构）组成。这些功能环节分别承担相应的职能，共同完成控制任务。

图 10-8 所示为一个典型的自动控制系统，由下列几部分组成：

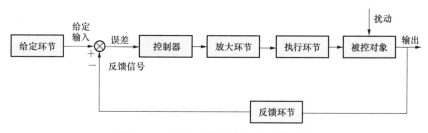

图 10-8　自动控制系统的各环节功能

（1）给定环节：用于产生给定信号或控制输入信号。

（2）反馈环节：对系统输出（被控制量）进行测量，将它转换成反馈信号。

（3）比较环节：用来比较输入信号和反馈信号之间的偏差，产生误差（Error）信号，它可以是一个差动电路，也可以是一个物理元件（如电桥电路、差动放大器、自整角机等）。

（4）控制器（调节器）：根据误差信号，按一定规律产生相应的控制信号。控制器是自动控制系统实现控制的核心部分。

（5）放大环节：用来放大偏差信号的幅值和功率，使之能够推动执行机构调节被控对象，如功率放大器、电液伺服阀等。

（6）执行环节（执行机构）：用于直接对被控对象进行操作，调节被控量，如阀门，伺服电动机等。

（7）被控对象：一般是指生产过程中需要进行控制的工作机械、装置或生产过程。描述被控对象工作状态的、需要进行控制的物理量就是被控量。

（8）扰动：指除输入信号外能使被控量偏离输入信号所要求的值或规律的控制系统内、外的物理量。

按照给定环节给出的输入信号的性质不同，可以将自动控制系统分为恒值自动调节系统、程序控制系统和随动系统（伺服系统）等三种类型的自动控制系统。

恒值自动调节系统（Automatic Regulating System）的功能就是克服各种对被调节量的扰动而保持被调节量为恒值。图 10-9 所示炉温自动控制系统。由给定环节给出的电压 $u_r$ 代表所要求保持的炉温，它与表示实际炉温的测温热电偶的电压 $u_f$ 相比较，产生误差电压 $\Delta u = u_r - u_f$，当 $u_f$ 偏离给定炉温时，$\Delta u$ 通过反馈控制环节的放大器，带动电动机 M 向一定方向旋转，使调节器提高或降低电压，使炉温保持恒定。

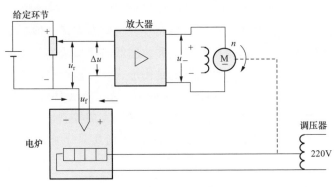

图 10-9　炉温自动控制系统

　　程序控制系统（Programmed Control System）的功能就是按照预定的程序来控制被控制量。自动控制系统的给定信号是已知的时间函数，即系统给定环节给出的给定作用为一个预定的程序。如铣床的加工过程，执行机构根据运算控制器送来的电脉冲信号，操作机床的运动，完成切削成型的要求。

　　在反馈控制系统中，若给定环节给出的输入信号是预先未知的随时间变化的函数，这种自动控制系统称为随动系统（Servo-Mechanism）。国防上的炮跟踪系统、雷达导引系统和天文望远镜的跟踪系统等都属于随动系统。随动系统的功能是，按照预先未知的规律来控制被控制量，即自动控制系统给定环节给出的给定作用为一个预先未知的随时间变化的函数。

## 10.4　自动化的现状与未来

　　自动化技术已渗透到人类社会生活的各个方面。自动化技术的发展水平是一个国家在高技术领域发展水平的重要标志之一，它涉及工农业生产、国防建设、商业、家用电器、个人生活诸多方面。下面就工业自动化技术关键技术的领域来讨论自动化技术未来的发展。

　　自动化技术在工业中的应用尤为重要，是当今工业发达国家的立国之本。自动化技术更能体现先进的电子技术、现代化生产设备和先进管理技术相结合的综合优势。总之，自动化技术属于高新技术范畴，它发展迅速，更新很快。目前国际上工业发达国家都在集中人力、物力，促使工业自动化技术不断向集成化、柔性化、智能化方向发展。

　　我国对自动化技术非常重视，前几个五年计划中对数控技术、CAD 技术、工业机器人、柔性制造技术及工业过程自动化控制技术开展了研究，并取得了一定成果。但也应看到，我国是一个发展中国家，工业基础薄弱、投资强度低、人员素质差、工艺和生产设备落后，因而自动化技术的开发与应用与工业发达国家相比还有很大差距。如目前许多已取得的成果还只停留在样机和阶段性成果上，缺少商品化、系列化和标准化产品；前几个五年计划中攻关和技术引进的重点主要集中在单机自动化以及部件和产品的国产化，因而效益不高。

今后一段时期自动化技术的攻关应从以下几个方面考虑：第一，根据工业服务对象的特点，把过程自动化、电气自动化、机械制造自动化和批量生产自动化作为重点。第二，立足国内已取得的成绩，把着眼点放在提高我国企业的综合自动化水平、发挥企业整体综合效益和增强企业的市场应变能力上，将攻关重点从单机自动化技术转移到综合自动化技术和集成化技术上。第三，开发适合我国国情的自动化技术，加速对已有成果的商品化。对市场前景较好的技术成果，如信息管理系统、自动化立体仓库、机器人等应进一步研究开发，形成系列化和商品化。第四，开展战略性技术研究。对计算机辅助生产工程、并行工程、经济型综合自动化技术进行研究。

下面就自动化技术在几个典型领域的现状和未来发展作进一步的介绍。

## 10.4.1　机械制造自动化

机械制造自动化技术自 20 世纪 50 年代至今，已经历了自动化单机、刚性生产线，数控机床、加工中心和柔性生产线、柔性制造三个阶段，今后将向计算机集成制造（CIM）发展。微电子技术的引入，数控机床的问世以及计算机的推广使用，促进了机械制造自动化向更深层次、更广泛的工艺领域发展。

### 一、数控技术和数控系统

在市场经济的大潮中，产品的竞争日趋激烈，为在竞争中求得生存与发展，各企业纷纷在提高产品技术档次、增加产品品种、缩短试制与生产周期和提高产品质量上下功夫。即使是批量较大的产品，也不可能是多年一成不变，因此必须经常开发新产品，频繁地更新换代。这种情况使不易变化的"刚性"自动化生产线在现代市场经济中暴露出致命的弱点。在产品加工中，单件与小批量生产的零件约占机械加工总量的 80%以上，对这些多品种、加工批量小、零件形状复杂、精度要求高的零件的加工，采用灵活、通用、高精度、高效率的数字控制技术就显现出其优越性了。数控技术是一门以数字的形式实现控制的技术。传统的数控系统，是由各种逻辑元件、记忆元件组成的随机逻辑电路，是采用固定接线的硬件结构，它是由硬件来实现数控功能的。随着半导体技术、计算机技术的发展，数字控制装置已经发展成为计算机数字控制装置。计算机数字控制系统是由程序、输入/输出设备、计算机数字控制装置、可编程序控制器（PC）、主轴驱动装置和进给驱动装置等组成的，由软件来实现部分或全部数控功能。

数控技术在近年来获得了极为迅速的发展，它不仅在机械加工中越来越普遍得到应用，而且在其他设备中也广泛应用。值得一提的是数字控制机床，它是一种机床，是综合地应用了自动控制、精密测量、机床结构设计和工艺等各个技术领域里的最新技术成就而发展起来的一种具有广泛的通用性的高效自动化新型机床。数控机床的出现，标志着机床工业进入了一个新的发展阶段，也是当前工业自动化的主要发展方向之一。

### 二、柔性制造系统

柔性制造系统（Flexible Manufacturing Systems，FMS）是在计算机直接数控基础上发展起来的一种高度自动化加工系统。它是由统一的控制系统和输送系统连接起来的一

组加工设备，包括数控机床、材料和工具自动运输设备、产品零件自动传输设备、自动检测和试验设备等，不仅能进行自动化生产，而且还能在一定范围内完成不同工件的加工任务。

柔性制造系统一般包括以下要素：

（1）标准的数控机床或制造单元（制造单元是指具有自动上下料功能或多个工位的加工型及装配型的数控机床）。

（2）在机床和装卡工位之间运送零件和刀具的传送系统。

（3）发布指令，协调机床、工件和刀具传送装置的监控系统。

（4）中央刀具库及其管理系统。

（5）自动化仓库及其管理系统。

柔性制造系统是在成组技术、数控技术、计算机技术和自动检测与控制技术的迅速发展的基础上产生的综合技术产物，是当前机械制造技术发展的方向。它具有高效率、高柔性和高精度的优点，是比较理想的加工系统，能解决机械加工高度自动化和高度柔性化的矛盾。

### 三、计算机集成制造系统

计算机集成制造系统（Computer Integrated Manufacturing System，CIMS）是在计算机集成制造思想指导下，逐步实现企业生产经营全过程计算机化的综合自动化系统。

计算机集成制造的初始概念产生于 20 世纪 50 年代。随着数字计算机及其相关新技术的出现，对于制造业产生了积极的影响，导致了数控机床的产生。接着陆续出现了各种计算机辅助技术，如计算机辅助设计（CAD）、计算机辅助制造（CAM）等。到了 20 世纪 60 年代早期，现代控制理论与系统论概念和方法的迅速发展并运用于制造业中，产生了利用计算机不仅实现单元生产柔性自动化，并把制造过程（产品设计、生产计划与控制、生产过程等）集成为一个统一系统的设想，同时试图对整个系统的运行加以优化。这样，计算机集成制造的概念在 20 世纪 60 年代后期便产生了。当前，我国的CIMS 已经改变为现代集成制造系统（Contemporary Integrated Manufacturing System）。它已在广度与深度上拓展了原 CIMS 的内涵。其中，"现代"的含义是计算机化、信息化、智能化。"集成"有更广泛的内容，包括信息集成、过程集成及企业间集成等三个阶段的集成优化，企业活动中"三要素"及"三流"的集成优化，CIMS 有关技术的集成优化及各类人员的集成优化等。CIMS 不仅仅把技术系统和经营生产系统集成在一起，而且把人（人的思想、理念及智能）也集成在一起，使整个企业的工作流程、物流和信息流都保持通畅和相互有机联系，所以，CIMS 是人、经营和技术三者集成的产物。

从功能层方面分析，CIMS 大致可以分为生产/制造系统、硬事务处理系统、技术设计系统、软事务处理系统、信息服务系统和决策管理系统六层。CIMS 的技术构成包括：① 先进制造技术（Advanced Manufacturing Technology，AMT）；② 敏捷制造（Agile Manufacturing，AM）；③ 虚拟制造（Virtual Manufacturing，VM）；④ 并行工程（Concurrent Engineering，CE）。

计算机集成制造系统是多学科的交叉，涉及许多不同的技术领域。涉及的自动化技术包括：

（1）数控技术。

（2）计算机辅助设计（CAD）与计算机辅助制造（CAM）。

（3）立体仓库与自动化物料运输系统。

（4）自动化装配与工业机器人。

（5）计算机辅助生产计划制定。

（6）计算机辅助生产作业调度。

（7）质量监测与故障诊断系统。

（8）办公自动化与经营辅助决策。

我国在 1987 年开始实施"863 高技术计划"的 CIMS 主题，这一时期国外 CIMS 技术强调计算机集成制造系统的核心是"集成系统体系结构"。我国在实施中不可避免地受其影响。实施计算机集成制造系统的企业需要具有相当好的技术基础与管理基础，需要有比较高的经济效益支持。另外，计算机集成制造系统的实施需要高的投入，而我国绝大多数企业在近期内仍不具备这些条件。经过 10 多年的努力实施，我国取得的主要成绩概括为：在高校、企业已经培养了一大批掌握计算机集成制造系统技术及相关技术的人才；通过计算机集成制造系统计划示范项目的实施，推动了企业应用信息技术，提高了生产效率和经营管理水平，为探索我国大中型企业在现有条件下发展计算机集成制造系统高技术及其产业化道路提供了经验和教训；建立了计算机集成制造系统工程技术研究中心和一批实验网点与培训中心，为计算机集成制造系统技术的研究、试验、人员培训打下了良好的基础，如清华大学的 CIMS 中心、西安交通大学 CIMS 中心等完成了一系列重点示范工程。但是，为了进一步发展和推广应用计算机集成制造系统技术，仍然存在一些值得思考的问题，包括：① 基础研究与工程应用的关系问题。在未来实施计算机集成制造系统项目时，一定要把基础研究和工程应用严格区分开来。未经实验验证的基础研究成果不能直接应用于工程实际。② 局部集成与企业整体集成的关系问题。在实施计算机集成制造系统的企业中，不能单纯强调企业的整体集成，必须根据企业发展的实际状况以及对计算机集成制造系统的需求，有步骤、有计划地实施单项技术的局部集成，条件成熟后再进行整体集成。③ 做好试点与推广的问题。计算机集成制造系统本身属于多学科、多专业知识的高度综合，也是管理科学与技术科学的高度综合。因此，开展计算机集成制造系统的研究与试点工作是必要的，等条件成熟后再大面积推广。

计算机集成制造系统必定是未来制造业的发展方向。其未来的发展趋势在自动化技术方面表现在以下几个方面：

（1）以"数字化"为发展核心。"数字化"不仅是"信息化"发展的核心，而且也是先进制造技术发展的核心。数字化制造就是指制造领域的数字化，它是制造技术、计算机技术、网络技术与管理科学的交叉、融和、发展与应用的结果，也是制造企业、制造系统与生产过程、生产系统不断实现数字化的必然趋势。

（2）以"自动化"技术为发展前提。"自动化"从自动控制、自动调节、自动补偿、自动辨识等发展到自学习、自组织、自维护、自修复等更高的自动化水平；而且今天自动控制的内涵与水平已远非昔比，从控制理论、控制技术、控制系统、控制元件，都有着极大的发展。制造业发展的自动化不但极大地解放了人的体力劳动，而且更为关键的是有效地提高了脑力劳动，解放了人的部分脑力劳动。因此，自动化将是现代集成制造技术发展的前提条件。

（3）"智能化"是 CIMS 未来发展的美好前景。制造技术的智能化是制造技术发展的前景。智能化制造模式的基础是智能制造系统。智能制造系统既是智能和技术的集成而形成的应用环境，也是智能制造模式的载体。制造技术的智能化突出了在制造诸环节中，以一种高度柔性与集成的方式，借助计算机模拟的人类专家的智能活动，进行分析、判断、推理、构思和决策，取代或延伸制造环境中人的部分脑力劳动；同时，收集、存储、处理、完善、共享、继承和发展人类专家的制造智能。目前，尽管智能化制造道路还很漫长，但是必将成为未来制造业的主要生产模式之一。

### 10.4.2　工业过程自动化

工业过程自动化起步较早，比较成熟，经历了就地控制、控制室集中控制和综合控制三个阶段。采用分散型控制系统和计算机对生产进行综合控制管理，已成为工业自动化的主导控制方式。

现代工业包含许多内容，涉及面非常广。但从控制的角度出发，人们可以把现代工业分成连续型、混合型和离散型三类。在离散型工业中，主要对系统中的位移、速度、加速度等参数进行控制，如数控机床、机器人控制、飞行器控制等都是离散型工业中的典型控制问题。在连续型工业中，主要对系统的温度、压力、流量、液位（料位）、成分和物性等六大参数进行控制。至于混合型，则介于两者之间，往往是两种控制系统均被采用。

习惯上，把连续型工业称之为过程工业（Process Industries），过程工业包括电力、石油化工、化工、造纸、冶金、制药、轻工等国民经济中举足轻重的许多工业，研究这些工业的控制和管理成为人们十分关注的领域。

人们一般把过程工业生产过程的自动控制称为过程控制，它是过程工业自动化的核心内容。过程控制研究过程工业生产过程的描述、模拟、仿真、设计、控制和管理，旨在进一步改善工艺操作，提高自动化水平，优化生产过程，加强生产管理，最终显著地增加经济效益。

虽然早期的过程控制系统所采用基地式仪表、气动单元组合式仪表、电动单元组合式仪表等工具在过程工业的多数工厂中还在应用，但随着微处理器和工业计算机技术的发展，目前广泛采用可编程单回路、多回路调节器以及分布式计算机控制系统（Distributed Computer Control System，DCS）。近年来迅速发展起来的现场总线网络控制系统，更是控制技术和计算机技术高度结合的产物。正是由于计算机技术的高速发展，才使得在控制工程中研究和发展起来的许多新型控制理论和方法的应用成为可能，复杂控制系统的解耦控制、时滞补偿控制、预测控制、非线性控制、自适应控制、人工神经网络控制、模糊控制等理论和方法开始在过程控制中发挥越来越重要的作用。

典型的基于计算机控制技术的过程控制系统有直接数字控制系统、分布式计算机控制系统（又称集散控制系统）、两级优化控制系统和现场总线控制系统。直接数字控制（DDC）在许多小型系统中还有一定的应用。大型过程工业的用户普遍采用的分布式计算机控制系统（DCS）是在硬件上将控制回路分散化，而数据显示、实时监督等功能则集中化。两级优化控制系统采用上位机和分布式控制系统或电动单元组合式仪表相结合，构成两级计算机优化控制系统，实现高级过程控制和优化控制。这种过程控制系统在算法上将控制理论研究的新成果，如多变量解耦控制、多变量约束控制、预测控制、推断控制和估计、人工神经网络控制和估计以及各种基于模型的控制和动态或稳态最优化等，应用于工业生产过程并取得成功。现场总线控制系统是近年来快速发展起来的一种数据总线技术，主要解决工业现场的智能化仪器仪表、控制器、执行器等现场设备间的数字通信问题，以及这些现场控制设备和高级控制系统间的信息传递问题。现场总线采用全数字化、双向传输、多变量的通信方式，用一对通信线连接多台数字智能仪表。现场总线正在改变传统分布式控制系统的结构模式，把分布式控制系统变革成现场总线控制系统。

与机械制造系统中的计算机集成制造系统（CIMS）类似，计算机集成生产系统（Computer Integrated Production Systems，CIPS）将计划优化、生产调度、经营管理和决策引入计算机控制系统，使市场意识与优化控制相结合，管理与控制相结合，促使计算机控制系统更加完善，将产生更大的经济效益和技术进步。为了强调与计算机集成制造系统的区别，人们常将计算机集成生产系统（CIPS）称为生产过程计算机集成控制系统。生产过程计算机集成控制系统是一种综合自动化系统，由信息、优化、控制和对象模型等组成，具体可分为决策层、管理层、调度层、监控层和控制层五层。分布式控制系统、先进过程控制及计算机网络技术、数据库技术是实现计算机集成生产系统的重要基础。

计算机集成控制系统是过程工业自动化的最新成就和发展方向，是未来自动控制与自动化技术非常重要的应用领域。

### 10.4.3　机器人技术

机器人作为人类 20 世纪最伟大的发明之一，已经不仅成为先进制造业不可缺少的自动化装备，而且正以惊人的速度向海洋、航空、航天、军事、农业、服务、娱乐等各个领域渗透。

机器人主要分为两大类：用于制造环境下的工业机器人，如焊接、装配、喷涂、搬运等的机器人；用于非制造环境下的特种机器人，如水下机器人、农业机器人、微操作机器人、医疗机器人、军用机器人、娱乐机器人等。

机器人是最典型的电子信息技术和经典的机构学结合的产物，按国际机器人联合会定义：用于制造环境的操作型工业机器人，为具有自动控制的、可编程的、多用途的三轴以上的操作机器。高级机器人，近年来国际上泛指具有一定程度感知、思维及作业的机器。这里感知是指装上各种各样传感器，内检测机器能处理各种参数；思维泛指一定

信息综合处理能力及局部动作规划及决策；作业泛指各种操作及行走、游泳（水下机器人）及空间飞翔等。按作业环境来划分，机器人又可分为作业于结构环境的及非结构环境的两大类。结构环境指作业环境是固定的，作业动作次序在相当一时期内也是固定的，工业机器人就是工作于这样一类环境中的，因此一旦编好程序后，即可全自动进行规定好的作业，当环境或作业方式变更时，只需改变相应的程序。图 10-10 所示为用于汽车生产线上的机器人。非结构环境指作业环境事先是未知的或环境是变化的，作业总任务虽是事先规定的，但如何去执行则要视当时实际环境才能定。非制造业用机器人，如建筑机器人、采用机器人及极限条件下的作业机器人，核辐射环境下的机器人、水下机器人等，由于这类机器人工作环境复杂，目前大都采用遥控加上局部自治来操纵。

图 10-10　用于汽车生产线上的机器人

日本使用工业机器人近 20 年来的经验证明，随着社会经济的改变，需要柔性自动化及机器人化生产，特别是使用机器人化生产后可大大提高质量，提高劳动生产率。

机器人的应用近几年也有了很大变化，过去主要用于汽车工业，作业主要是车身组装点焊及底盘弧焊等工序。1988 年第一次用于电子电气工业的装配机器人总数已超过了用于汽车工业的点焊机器人。

我国发展机器人计划有两个：一个是"七五"攻关计划（1985~1990 年）主要发展工业机器人，包括点焊、弧焊、喷漆、上下料搬运等机器人及有缆遥控水下机器人；一个是"863"计划智能机器人主题（1986~2000 年），在第七个五年计划期间，按国家不重复投资的规定，除布置研究机器人基础技术外，主要以特种机器人为主。

21 世纪工业生产大致可分为两种类型：一种是最终产品的生产，一种是主要元部件的生产。由于产品更新的速度快，批量起来越小，所以对生产最终产品的设备的柔性的要求越来越高。一般来说元部件的更新周期长，因此仍适宜于大规模生产，但也需具有一定柔性。以汽车为例，汽车外形日新月异，目前一年一个新式样，但引擎的变化要七八年才有一种新的产品出现；又以电冰箱为例，外形、功能变化繁多，但压缩机变化较慢。对这两类生产，前者将以发展机器人化柔性加工与装配生产线为主，这种生产装配设备易于重组。后者将以可变组合头的组合机床为主，配上机器人的快速实时检测及配装系统组成的高效生产设备。这两类设备都离不开机器人化生产概念，机器人在这些系统中起着重要作用：首先是保证产品的一致性，保证质量，做到固定节奏、均衡生产；第二是极大程度提高劳动生产率；第三是随着技术进步产品越来越精巧，加工装配过程需要超净环境，有些情况下不用机器人已到了无法进行的地步。因此机器人化生产、装配系统将是一个重要发展方向。

20 世纪 70 年代，日本知名的机器人学教授，加藤一郎创造了"Mechantronic"一词，即把传统机构与电子技术相结合，中文翻译成机电一体化，作为今后机器进化的方向，最具代表性的是数控机床及机器人。又经过 20 年的发展，"Mechantronic"已不能完全概括当今的发展，因此机器人化的机器更能概括当前技术的发展与机器进化的方向。所谓机器人化机器，即机器具有一定程度上的"感知、思维、动作"功能，更通俗地说就是将传感技术、计算机技术、各种控制方法与传统机械相结合的新一代机器。目前智能制造中相当多内容为发展装有丰富传感器的机器，实质上就是机器人化机器。另外，非结构环境产业，如采矿、运输、建筑等的自动化也是一个重要发展方向，就是在传统作业机器上加上传感器及信息处理功能实现机器人化。

随着机器人技术的发展，各式各样的机器人的应用，从工业到家庭服务必将得到进一步的普及。

### 10.4.4　飞行器的智能控制

在地球大气层内或大气层外的空间（太空）飞行的器械统称为飞行器。通常飞行器分为航空器、航天器、火箭和导弹三类。在大气层内飞行的飞行器称为航空器，如气球、滑翔机、飞艇、飞机、直升机等。在空间飞行的飞行器称为航天器，如人造地球卫星、载人飞船、空间探测器、航天飞机等。它们在运载火箭的推动下获得必要的速度进入太空，然后在引力作用下完成轨道运动。火箭是以火箭发动机为动力的飞行器，可以在大气层内飞行，也可以在大气层外飞行。导弹是装有战斗部的可控制的火箭，有主要在大气层外飞行的弹道导弹（见图 10-11）和装有翼面在大气层内飞行的地空导弹、巡

图 10-11　东风洲际弹道导弹

航导弹等。飞行器是人类征服自然、改造自然过程中发明的重要工具。不管是何种飞行器均离不开自动控制系统。不同的飞行器其控制系统也各不相同，系统的性能、功能和结构可能截然不同。因此飞行器是自动控制最重要的应用领域，许多先进的、新型控制理论和技术正是为了适应飞行器工程的高要求而发展起来的。

飞行器控制的内容非常丰富，以下仅以导弹的控制问题为例简要说明飞行器控制这一重要的应用领域。

导弹是依靠液体或固体推进剂的火箭发动机产生推进力，在控制系统的作用下，把有效载荷送至规定目标附近的飞行器。导弹的有效载荷一般是可爆炸的战斗部，有效载荷最终偏离目标的距离是导弹系统的关键指标（命中精度）。目标可以是固定的，也可以是活动的。导弹控制系统的主要任务是：控制导弹有效载荷的投掷精度（命中精度）；对飞行器实施姿态控制，保证在各种条件下的飞行稳定性；在发射前对飞行器进行可靠、准确地检测和操纵发射。实现飞行器控制功能涉及导航、姿态控制、制导等方面。

所谓导航，是指利用敏感器件测量飞行器的运动参数，并将测量的信息直接或经过变换、计算来表征飞行器在某种坐标系的角度、速度和位置等状态量。而由测量、传递、变换、计算几个环节组成并给出飞行器初始状态和飞行运动参数的系统则称为导航系统。对飞行器进行测速、定位的系统称为无线电导航系统。近几年发展和完善起来的全球卫星定位系统，如美国的 GPS，就是无线电导航系统。GPS 接收机的恰当组合还可以测量出飞行器的姿态角度、角速度等。

制导系统的主要功能是利用导航系统提供的飞行器运动参数，对质心运动进行控制，使飞行器从某一飞行状态达到期望的终端条件，保证飞行器以足够的精度命中目标。制导系统俗称大回路。

飞行器姿态控制系统又称为稳定控制系统，俗称小回路。姿态控制系统的作用是控制飞行器姿态、保证飞行稳定性，同时实施制导系统（制导规律）产生的制导指令。

飞行控制电子综合系统是实现导航、制导、姿态控制等功能的电子系统，主要包括控制信息的传输、变换、综合，控制信号（指令）生成等涉及系统功能的综合实现，动作指令分配，电源配电，发射前飞行控制系统对准等。

测试与发射控制系统是导弹武器系统的重要组成部分，用以对导弹进行测试、监视和控制发射。为确保导弹准确无误地飞行，在发射前必须检查、测试飞行控制系统各个部分的功能和参数，以及各部分间的匹配性及相关性能。发射控制在发射阵地进行，用于临射状态的过程监视、指挥决策、远距离对导弹的状态操纵、控制点火发射等。

20 世纪 80 年代末以来，世界形势发生了巨大的变化，未来的战场将具有高度立体化（空间化）、信息化、电子化及智能化的特点，新武器也将投入战场。为了适应这种形势的需要，导弹控制方面正向精确制导化、机动化、智能化、微电子化的更高层次发展。

## 10.5　自动化类专业介绍

按教育部 1998 年颁发的本科专业目录，大学的本科学科分为学科门类、学科类、专业三级。学科门类是最大的学科，学科门类下设学科类，学科类下设专业，专业是学科的最小划分单位。本科有 11 个学科门类，11 个学科门类下设学科类 71 个，共 249 种本科专业，另外，工学中还设有 9 个工科引导性专业，即本科专业 258 种。工学门类下设学科类 21 个，70 种专业。近几年来，由于市场经济的需要及大学本科教育发展的需要，加上经教育部批准设置的目录外专业，本科目录内、外专业已达 560 种之多。

1996~2000 年期间进行的我国高等教育改革，把原电工学二级类下的工业自动化和电子与信息类中的自动控制等专业合并为自动化专业，专业口径大大地拓宽。所以目前在我国的高等院校中，有的学校设置的是自动化系，有的学校设置的是自动控制系，它们都是同样属性的系。为了强调信息在自动化或自动控制中的重要作用，有的高等院校将该类专业系名取为信息与控制工程系。

自动化是一个涉及学科较多、应用广泛的综合性科学技术，归属于控制科学与工程的范畴。自动化的研究内容有自动控制和信号处理两个方面，包括理论、方法、应用硬件和软件等。从应用观点来看，研究内容有过程工业自动化、机械制造自动化、电力系统自动化、武器及军事自动化、办公室自动化和家庭自动化等。采用自动化技术不仅可以使人从繁重的体力劳动、部分脑力劳动以及恶劣、危险的工作环境中解放出来，而且能扩展人的器官功能，极大地提高劳动生产率，增强人类认识世界和改造世界的能力。

在系统总结自动控制中反馈等思想的基础上，1948 年 N. 维纳（Wiener）提出了控制论（Cybernetics），将控制论定义为"研究动物和机器中控制和通信的科学"。但随着电子计算机技术的高速发展和应用，控制论已经成为研究各类系统中共同的控制规律的科学。由于自动化或自动控制具有明显的工程特点，一般又将本学科称为控制科学与工程（Control science and Technology），以此作为本类专业较有包容性的统称。

控制科学与工程的核心问题是信息，包括信息提取、信息传播、信息处理、信息存储和信息利用等。控制科学与工程和一般的信息学科不同，控制科学与工程是在理论上用较抽象的方式来研究一切控制系统的信息传输和信息处理的特点和规律，研究不同的控制规律，达到不同的控制目的。一般的信息学科研究信息的测度（Measure），并在此基础上研究实际系统中信息的有效传输和有效处理等问题，如编码、译码、信道容量及传输速率等。控制和通信存在不可分割的关系，人控制机器，或者计算机控制机器，都是一种双向的信息流的过程。

我国大学的一级学科排名和国家重点学科是根据研究生学科、专业目录进行的，而本科生的专业目录与研究生学科、专业目录相比有些不同。作为我国一级学科的控制科学与工程，下设有控制理论与控制工程、检测技术与自动化装置、系统工程、模式识别与智能系统和飞行器导航、制导与控制等二级学科。它和不同的学科相结合，形成了许

多相互联系又相互区别的研究领域，如飞机控制、导弹控制、卫星控制、船舶控制、车辆控制、交通自动化、通信系统自动化、化工自动化、冶金自动化、电力系统自动化、机械制造自动化、农业自动化、图书馆自动化、办公自动化和家庭自动化等。

一句话，自动化类专业是一个口径宽、适应面广的专业，具有明显的跨学科特点。自动化类专业的课程除了基础课外，还有专业基础课，其学时约占总学时的30%，包括电类、计算机类和控制类三类，主要课程有专业外语、电路、电磁场与电磁波、数字逻辑电路、超大规模集成电路基础、数字信号处理、程序设计语言、微机原理与接口技术、信号与系统、自动控制原理、检测技术与传感器技术等；还有专业课和专业选修课，其学时约占5%~10%，专业课程有现代控制理论、非线性控制，计算机控制技术、数字控制技术等，专业选修课包括智能控制技术、分布式控制技术、系统辨识、自适应控制、图像处理与模式辨识、计算机图形学等。自动化类课程呈现以下特点：① 因为专业基础课和专业课的需要，基础课中高等数学和工程数学比例很大；② 专业的理论和技术发展迅速，选修课程非常丰富；③ 重视理论教学的同时，为提高动手能力和解决实际问题的能力，课程中有大量的实验环节和计算机实践。

## 思 考 题

10.1　何谓自动化？自动化技术主要应用在哪些领域？

10.2　简述自动控制系统的组成和类型。

10.3　何谓计算机集成制造系统？

10.4　简述我国自动化技术的发展趋势。

# 11

# 建筑电气与智能楼宇

十全十美是天堂的尺度，而要达到十全十美的这种愿望，则是人类的尺度。

——歌德

## 11.1 建 筑 电 气 概 述

利用电工技术、电子技术及近代先进理论，在建筑物内外人为创造并合理保护理想环境，充分发挥建筑物功能的一切电工、电子设备系统，统称为建筑电气。

随着建筑技术的迅速发展和现代建筑的出现，建筑物中电气设备的应用内容越来越多，已由原来单一的供配电、照明、防雷和接地，发展到在建筑物中安装空调、冷热源、通风、给排水、污水处理、电梯、电动扶梯、安全防范、信息通信等建筑设备。这些设备的数量庞大、分布区域广，不仅需要提供安全可靠的电源，更需要对成千上万个参数进行实时监视与控制，以实现对建筑物的供配电系统、保安监视系统、给排水系统、空调制冷系统、自动消防系统、通信及闭路电视系统、经营管理系统实行最佳控制和最佳管理。

尽管各类建筑电气系统作用不同，但一般都是由用电设备、配电线路、控制和保护设备三大部分组成。用电设备如照明、家用电器、电动机、电话等，作用各异，分别体现出各种系统的功能特点；配电线路用于传输电能和信号，如各类系统的线路均为各种型号的导线或电缆，其安装和敷设方式大致相同；控制、保护等装备是对相应系统实现控制保护的设备。这些设备通常集中安装在一起，组成如配电盘或配电柜。若干配电盘、柜集中装在同一房间，形成建筑电气中配电室、公用电视天线系统前端控制室、消防中心监测和控制室等。这些房间需结合具体功能，在建筑设计中统一安排布置。构成建筑电气系统的三大基本部分的性质不同，组成的建筑电气系统的功能也不同，且种类繁多。

从电能的输入、分配、传输和消耗来划分，全部建筑电气系统还可以分为供配电系统和用电系统两类。供配电系统是指接受发电厂电源输入的电能，并进行检测、计量、变压等，然后向用户和用电设备分配电能的系统，包括一次接线（主接线）和二次接线；用电系统包括将电能转化为光能的建筑电气照明系统，将电能转化为机械能的建筑动力系统和满足各种信息获取和保持相互联系，电能转化为弱电信号的建筑弱电系统。

随着现代建筑与建筑弱电系统的进一步融合，智能建筑或智能楼宇也随之出现，从某种意义上讲，建筑物的智能化的高低取决于它是否具有完善的建筑弱电系统，见图 11-1。

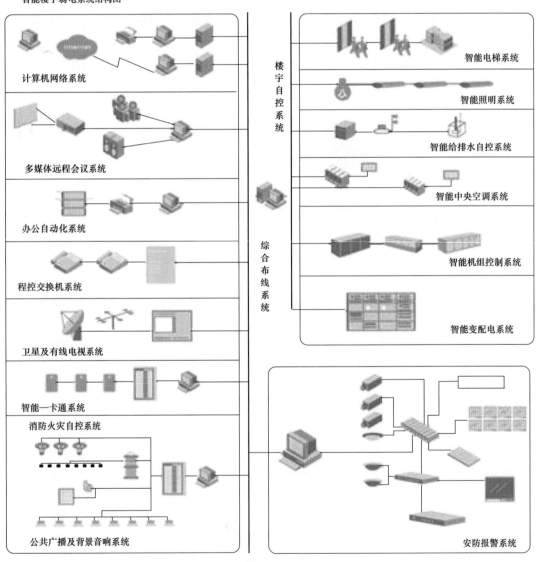

智能楼宇弱电系统结构图

计算机网络系统

多媒体远程会议系统

办公自动化系统

程控交换机系统

卫星及有线电视系统

智能一卡通系统

消防火灾自控系统

公共广播及背景音响系统

楼宇自控系统

综合布线系统

智能电梯系统

智能照明系统

智能给排水自控系统

智能中央空调系统

智能机组控制系统

智能变配电系统

安防报警系统

图 11-1　智能化建筑的弱电系统

## 11.2 建筑电气技术的产生、特点和发展趋势

建筑电气关联的学科领域门类众多，已逐步形成广义电气工程中的一门与应用对象——建筑物紧密结合，具有多学科交叉特征和广阔应用前景的专业——建筑电气技术。

虽然建筑电气技术是随着建筑业的发展而形成的，但是它具有现代电气工程的鲜明特征与内涵，综合了电工技术，电子技术、控制技术与信息技术等现代先进技术。以建筑物的供电为例，高低压开关柜的断路器设有微处理器，以测控供电回路状态；供电系统中的断路器及测控电路构成的计算机控制系统，能对整个供电系统的运行状态进行实时监视、负荷调控以及综合管理。因此，建筑物的供电系统已不是单纯的强电设备，而是综合了电工、电子、控制与信息技术的应用系统。大多数建筑电气是多台设备构成一个系统，如冷冻水系统（由多台水泵、冷冻机组、调节阀等组成），其中每台设备的运行状态影响着系统的工作，而每台设备的运行状态又受到系统中其他设备工作参数的干扰。这些设备所采用的变频器不仅要能实现反馈控制，而且需要有通信接口提供变频器全部的运行数据，受到上级管理系统的监控与协调，以取得最佳的工作状态并实现节能。建筑物中的电话、电视及计算机网络等数字化设备，往往受到雷电、电火花、电网瞬变、高次谐波等各种电磁脉冲的干扰，在建筑电气工程中更要精心处理防雷、接地、浪涌电压吸收、静电泄放、屏蔽、滤波及布线等技术措施。通信与信息系统等数字化弱电设备在工程中的问题，需要以电气工程中最基础的电磁兼容技术来解决。

早在 1982 年，中国建筑工程界就意识到建筑电气已不是一个依附于土建工程的配套工种，而有其特殊地位。当时的国家建设局核准成立建筑电气专业组织。

1992 年，建设部颁布了 JGJ/T 16—1992《民用建筑电气设计规范》，2002 年国家技术质量监督局颁布了国家标准 GB 50303—2002《建筑电气工程施工质量验收规范》。

1992 年起，国际电工组织发布 IEC 60364《建筑物电气装置》的第 1~7 部分标准。

2004 年中国注册电气工程师开考，鉴于全国建筑电气行业设计人员有近 7 万人，专门分类设置了建筑电气执业范围的内容。

建筑电气不仅在技术进步上完成了它的成长历程，而且已得到了行业、教育界及政府的认可。1985 年同济大学"建筑电气工程"专业开始招生。1997 年，同济大学招收"智能建筑电气技术"专业硕士研究生。2004 年国家教育部在发布的"普通高等学校高职高专教育指导性专业目录"中，将"建筑电气工程技术"定为土建大类下建筑设备类的四个专业之一，"楼宇智能化工程技术"是其中的另一个专业。

随着人们对工作与生活的环境要求不断地提高，建筑物的功能与相应的标准也逐步提升。建筑电气技术作为现代建设技术的核心，面临着新的挑战。

近年来，城市建设与管理提出了许多重大课题，对于建筑电气技术的发展有着重大的意义。城市的规模使建筑群的功能特征日趋明显，出现了具有各种特定功能的区域，

图 11-2　中央商务区（图中最高楼为芝加哥西尔斯大厦 1973~1998 年世界最高建筑）

如中央商务区 CBD（Center Business District, 见图 11-2）、休闲商务区 RBD（Recreation Business District）、工业园区、经济开发区、住宅小区等，现代城市管理必须采用信息化、自动化的手段对这些区域的建筑群与建筑设备进行综合管理。

人们对建筑物的防灾、减灾及反恐安全问题日益重视，建筑物中的消防、安防、防灾等电子设备及应急供电设备已是不可缺少的装备，这些装备须处于全天候自动工作状态，只有借助智能化的应用系统，才能使之精准、有效、稳定与可靠地工作。所以，智能化成为建筑电气技术发展的重要趋势。

在可持续发展的国策指导下，"绿色、生态建筑"已不仅仅是一个口号，而是在建设、运行过程中充分注重的新标准。在"绿色、生态建筑"中，选择节能与环保的电气设备材料，如采用低损耗的铁磁材料制造电机与变压器，采用低烟无卤的绝缘材料，采用高效的光源等。

建筑物电气工程的设计更加复杂，不仅要满足建筑物对信息流与能源流的分配与控制，而且要采用智能化与信息化的技术实现各种节能控制与优化管理，进而为整个区域的建筑群综合事务管理提供技术基础。

综上，数字化、节能环保和智能化，将是现代建筑电气技术发展的趋势。

## 11.3　智能楼宇的定义和基本功能

随着计算机技术、控制技术、通信技术及信息技术的迅速发展和人们对生活和办公环境的安全性、舒适性的要求日渐增长，智能楼宇应运而生。

智能楼宇，也称智能大厦或智能建筑（Intelligent Building, IB），是楼宇发展的高级阶段。由于智能化技术的不断发展，智能楼宇至今仍无统一的定义。

国际智能建筑物研究机构认为："通过对建筑物的结构、系统、服务和管理方面的功能以及其内在联系，以最优化的设计，提供一个投资合理又拥有高效率的优雅舒适、便利快捷、高度安全的环境空间。智能楼宇能够帮助楼宇的主人、财产的管理者和拥有者等意识到，他们在诸如费用开支、生活舒适、商务活动和人身安全等方面将得到最大利益的回报。"这一定义为多数业内人士所接受。

美国计算机与信息科学专家麦里森教授在他的《智能大厦发展趋势》中对智能大

厦作了定义："智能大厦是一幢或一组大楼，其内部拥有居住、工作、教育、医疗、娱乐等一切设施；大楼拥有内部的电信系统，为大楼居住的人员提供广泛的计算机和电信服务；大楼还拥有供暖、通风、照明、保安、消防、电梯控制和进出大楼的监控等子系统，从而为大楼内的居住人员建立一个更加富有创造性、更高的效率和更为安全舒适的环境。"

美国智能化建筑学会（AIB Institute）对智能楼宇（IB）的定义是："IB 是将结构、系统、服务、运营及其相互联系全面综合，达到最佳组合，获得高效率、高功能与高舒适性的建筑。"

欧洲智能建筑界认为："IB 是能以最低的保养成本最有效地管理本身资源，从而让用户发挥最高效率的建筑。"它强调高效率地工作、环境的舒适及低资源浪费等方面。

日本对智能建筑的定义，主要包括以下四个方面的内容：

（1）作为收发信息和辅助管理的工具。

（2）确保在里面工作的人满意和便利。

（3）建筑管理合理化，以便用低廉的成本提供更周到的管理服务。

（4）针对变化的社会环境、多样复杂化的办公以及主动的经营策略作出快速灵活和经济的响应。

新加坡要把全岛建成"智能花园"，其规定 IB 必须具备以下条件：一是具有先进的自动化控制系统，能够自动调节室温、湿度、灯光以及控制、保安和消防等设备，创造舒适安全的环境；二是具有良好的通信网络设施，使信息能方便地在建筑内或与外界进行流通。

国家质量技术监督局和建设部于 2000 年 7 月联合批准和发布了国家标准 GB/T 50314—2000《智能建筑设计标准》，将智能楼宇定义为："它是以建筑为平台，兼备建筑设备、办公自动化及通信网络系统，集结构、系统、服务、管理及它们之间的最优化组合，向人们提供一个安全、高效、舒适、便利的建筑环境。"其基本内涵是：以综合布线系统为基础，以计算机网络系统为桥梁，综合配置建筑物内的各功能子系统，全面实现对通信系统、办公自动化系统、大楼内各种设备（空调、供热、给排水、变配电、照明、电梯、消防、公共安全）等的综合管理。

上述各种定义基本上分为两类：一类是与国际智能建筑物研究机构相类似的抽象定义，另一类是从工程实用的角度以智能化设备的配置情况和实现的功能来定义的。前一类定义方法比较全面和准确，但较难理解。后一类定义由于智能化技术的不断进步，人们对智能楼宇要求的不断提高，具体的定义很容易受到时间和空间的限制。因此，往往是把两类定义方法结合起来阐述和理解智能楼宇。

根据上述定义可以推知，智能楼宇应具有以下基本功能：通过其结构、系统、服务和管理的最佳组合提供一种高效和经济的环境；能在上述环境下为管理者实现以最小的代价提供最有效的资源管理；能够帮助其业主、管理者和住户实现他们的造价、舒适、便捷、安全、长期的灵活性以及市场效应的目标，见图 11-3。

世界上最早期称得上是智能楼宇的大厦，是 1984 年建成的美国康涅狄格州哈特福

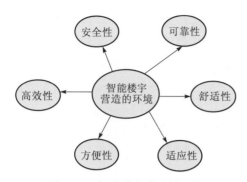

图 11-3　智能楼宇营造的环境

德（HARTFORD）市的"都市办公大楼"（City Palace Building）和 1985 年 8 月在日本东京青山建成的青山大楼。

"都市办公大楼"是由这幢大楼的住户之一的"联合技术建筑系统"（United Technologies Building System，UTBS）公司承包，负责大楼的空调设备、照明设备、防火和防盗系统、通信系统。这幢大厦高 38 层，总建筑面积达 10 多万 m²，被誉为世界上最早的智能大厦，见图 11-4。

该大厦具有公共的昂贵设备，而各住户只要以分租的方式即可获得其使用权，这样既节省空间，又节省费用。同样，这幢大楼拥有计算机、程控用户交换机（Private Automatic Branch Exchange，PABX）和计算机局域网络（Local Area Network，LAN），能为用户提供话音通信、文字处理、电子邮件、情报资料检索和科技计算机等服务。如住户想得到道琼斯美国股票行情，资料检索费可以降低至原来的几分之一。再如，大楼住户中的小型事务所若有 10 家以上要求案例方面资料的检索服务，UTBS 公司同样可用契约方式提供廉价服务。UTBS 公司通过向电话公司整批租用通信线路，还能使住户的市内电话费和长途电话费得到优厚的折扣。大厦内的建筑设备实现了综合管理自动化，大楼配有空调设备、防火设备、电梯系统，这些设备都是以提高节

图 11-4　世界第一座智能
大厦——都市办公大楼

约能源和达到综合安全性为目标，不仅由于节约能源而使住户的租金费用降低了，同时还使住户感到更安全、更舒适、更方便。

1984 年 1 月大楼落成开幕，标志着传统建筑工程与新兴信息技术相结合的新领域——智能楼宇的出现。由于智能楼宇拥有较好的投资回报率，世界各国建筑业纷纷效仿，在世界各地相继掀起了智能楼宇的建设热潮。

1985 年 8 月在东京青山建成的青山大楼同样具有良好的综合功能。这幢大楼的管理、办公自动化和通信设备等是采用水田公司与 IBM 公司合作开发的"HARMONY 综合办公系统"，具备上下班签到、食堂记账、进出门户等都使用身份证（Identification，ID）卡检验系统；楼内使用电子邮件、录像机等装置，尽量减少桌上文书，以提高办公效率；大楼的安全性极高，配有各种设备以应付各种灾害，确保楼内安全；设计有水的循环利用系统、自然能源的有效利用系统、排热的回收利用系统等，以达到节约能源的目的。楼内很少有柱子及固定的隔墙，保持最大的弹性，便适应于用户的各种

需要。

从这些早期的智能楼宇功能来看，实现智能楼宇功能主要依赖于计算机技术（Computer）、自动控制技术（Control）、通信技术（Communication）和图像显示技术（CRT）（即所谓"4C"技术）以及集成技术等，以它们为主构成了楼宇智能化技术，即实现智能楼宇功能所需要的高新技术。美国、日本最早的智能楼宇为日后兴起的智能楼宇勾画了基本的特征。随后，智能楼宇便蓬勃发展，以美国和日本兴建的最多。此外，在法国、瑞典、英国等欧洲国家和香港、新加坡、马来西亚等国家和地区的智能楼宇也方兴未艾。据有关方面统计，美国的智能楼宇超过万幢，日本新建的大楼中约60%是智能楼宇。我国智能楼宇的起步较晚，直到20世纪80年代末才有较大的发展，近几年发展速度已名列世界前茅。我国已建成或在建的智能楼宇超过2000幢，如北京的京广中心、中国国际贸易中心、中华大厦，上海环球金融中心（见图11-5）、上海金茂大厦、上海花园饭店、上海商城、中远两湾小区等。

图11-5　上海环球金融中心（前）和金茂大厦（后）

## 11.4　智能楼宇系统组成

智能楼宇系统的组成按其基本功能可分为三大块：楼宇自动化系统（Building Automation System，BAS）、办公自动化系统（Office Automation System，OAS）和通信自动化系统（Communication Automation System，CAS），即"3A"系统。通过三者的有机结合，使建筑物能够提供一个合理、高效、舒适、安全、方便的生活和工作环境（见图11-6）。

图11-6　智能楼宇的内涵

智能楼宇不是多种带有智能特征的系统产品的简单堆积或集合。"3A"系统共用楼宇内的信息资源和各种软、硬件资源，它们完成各自的功能，并且相互联动、协调、统一在智能楼宇总系统中。在智能楼宇中，要实现上述三个功能子系统的一体化集成，需要将各个部门、各个房间的语音、数据、视频、监控等不同信号线进行综合布线，形成楼宇内或楼宇群之间的结构化综合布线系统，这个综合布线系统是上述三个功能子系统的物理基础。

### 11.4.1　楼宇自动化系统

楼宇自动化系统（Building Automation System，BAS），又称为建筑物自动化系统。

它采用最新的传感技术、自动控制技术、计算机组态、网络集成、信息交换技术等，对楼宇内所有机电设备施行自动控制，这些机电设备包括变配电、给电、采暖、通风、运输、火警、保安等。而楼宇的管理人员又通过计算机对上述设施实行综合监控管理，包括空调管理系统、保安系统、消防系统、停车场监视系统等（见图11-7），保证设备高效、可靠运行，为用户提供安全、便利、舒适的工作和生活环境。

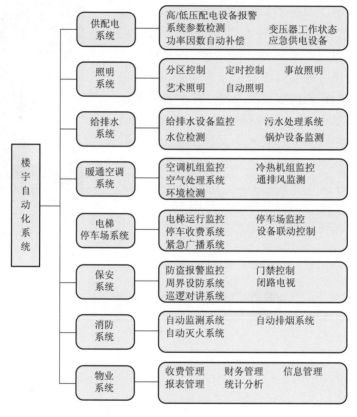

图 11-7　楼宇自动化系统

## 11.4.2　通信自动化系统

通信自动化系统（Communication Automation System，CAS），是利用最新的信息技术构成智能楼宇的信息游走系统，通过星罗棋布的通信系统保证各种语音、数据、图像在楼宇内传输，并通过专线系统和卫星系统保证楼宇内的通信网络与楼宇外各种通信网络的连接与信息传递。

通信自动化系统是利用一种具有高度数字化能力的综合业务数字网，实现在一个数字网中传输、交换、处理语音、数据、图文等，实现信息收集、存储、传送、处理和控制，即只通过一个网络为用户提供电话、传真、电报、图文、电子邮政、电视会议、数据通信及移动通信等服务。

### 11.4.3 办公自动化系统

办公自动化系统（Office Automation System，OAS），是借助于各种先进的办公设备，提供文字处理、模式识别、图像处理、情报检索、统计分析、决策支持、计算机辅助设计、印刷排版、文档管理、电子商务、电子数据交换、来访接待、电视会议、同声传译等功能，以提高办公效率，使各类业务来往更加规范、快捷和便利。

按处理内容划分，办公自动化可分为两类：一是基于文字和数据的办公自动化系统，这类系统相对来讲发展较早，技术也相对比较成熟，实现的方式也多样化。它通常是由各种文字处理机、各种高档微机及办公室网络工作站构成，实现办公自动化的软件也是多种多样、且已成为具有不同版本的成熟产品。二是基于声、像的办公自动化系统，这类系统是针对语音、图形、图像的处理，它主要使用可以同时传输、交换语音、数据、图形和图像的多媒体网络，而连接在多媒体网络的终端也必须是能够处理语音、图形、图像信号的终端设备和各类网络服务器。通过多媒体网络与终端设备的不同组合，我们可以构造出各种各样的办公系统，像电话会议系统、电视会议系统等，这些系统可以提供语音的扩音、记录、压缩检索等各项服务，还能够提供各类图像的传送、存储及检索服务。

### 11.4.4 综合布线系统

综合布线系统是通过整体化设计，将楼宇自动化系统、办公自动化系统和通信自动化系统中的语音、数据、视频等信号综合在一套标准的布线系统中，构成智能楼宇的感知、思考和决策体系。

综合布线系统应用高品质的标准材料，以非屏蔽双绞线和光纤作为传输介质，采用组合压接方式，统一进行规划设计，组成一套完整而开放的布线系统。采用星型拓扑结构、模块化设计的综合布线系统，主要表现在系统具有开放性、灵活性、模块化、扩展性、可靠性及独立性等特点。

综合布线系统为智能大厦和智能建筑群中的信息设施提供了多厂家产品兼容、模块化扩展、更新与系统灵活重组的可能性。它既为用户创造了现代信息系统环境，强化了控制与管理，又为用户节约了费用，保护了投资。因此，综合布线系统已成为现代化建筑的重要组成部分。

综合布线系统按照其应用环境和处理对象的不同，可以分为建筑群布线系统（Premises Distribution System，PDS）、智能楼宇布线系统（Intelligent Building System，IBS）和工业布线系统（Industry Cabling System，IDS）。建筑群布线系统应用于各类商务环境和办公环境，主要传输数字网络信号。智能楼宇布线系统以楼宇环境控制及管理为主，主要包括数据处理系统、数据通信系统、语音通信系统、图像传输系统和楼宇自动化系统。工业布线系统用于工业系统的传感器信息、控制信息、管理信息的传递和共享。

智能建筑的核心是系统集成（System Integrated Center，SIC）。SIC借助综合布线系统实现对 BAS、OAS 和 CAS 的有机整合，以一体化集成的方式实现对信息、资源和管理服务的共享。

可见，系统集成 SIC 是智能楼宇的"大脑"，建筑群布线系统 PDS 是"血管和神经"，BAS、OAS、CAS 所属的各子系统是运行实体的功能模块。

有些单位、部门为了宣传和突出某些功能，提出消防自动化系统（Fire Automation System，FAS）和保安自动化系统（Security Automation System，SAS），形成"5A"系统。后来又提出信息管理自动化系统（Management Automation System，MAS），出现了"6A"智能建筑。但按国际惯例，FAS 和 SAS 均置于 BAS 中，而 MAS 也属于 CAS 的子系统，因此，根据国家标准智能楼宇一般由系统集成、综合布线系统和"3A"系统五部分组成，其总体结构如图 11-8 所示。

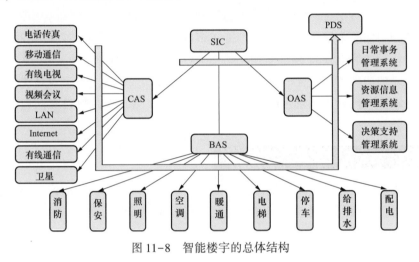

图 11-8　智能楼宇的总体结构

## 11.5　智能楼宇的现状与未来

智能楼宇是现代高科技技术的结晶，它赋予了建筑物更强的生命力，提高了其使用价值。智能化建筑具有广泛的使用前景，其发展是社会进步的必然。

智能楼宇产业是综合性科技产业，涉及建筑、电力、电子、仪表、钢铁、机械、计算机、通信和环境等多种行业。可以说，智能楼宇的水平是一个国家综合国力和科技水平的具体体现。随着信息化和新材料技术的发展，智能楼宇也将成为 21 世纪世界建筑发展的主流。

智能楼宇的发展是科学技术和经济水平的综合体现，它已成为一个国家、地区和城市现代化水平的重要标志之一。在我国步入信息社会和国内外正加速建设信息高速公路的今天，智能楼宇将成为城市中的"信息岛"或"信息单元"，它是信息社会最重要的基础设施之一。

随着社会的进步、科技的腾飞以及人类的需求，智能楼宇在我国的发展将呈现以下趋势：

（1）业主已把建筑设计中智能部分的设计列为其基本要求之一，而政府亦高度重视，在科研、资金和政策等方面积极地进行支持和引导，使智能楼宇正朝着健康和规范化的方向发展。

（2）采用最新高科技成果，向系统集成化、综合化管理以及智能城市化和高智能人性化的方向发展。

（3）正在迅速发展成为一个新兴的技术产业、政府和各大学、科研机构以及有关厂商等正将智能楼宇作为一个新的研究课题和商业机会，积极投入力量，开发相关的软硬件产品，使智能楼宇实施便利、成本降低。

据统计，智能楼宇中智能系统的成本回收期在 3 年左右，远快于建筑的其他部分投资回收期。从全球来看，1985~1990 年间智能楼宇的销售增长了 61%，其技术和产品已成为一个迅速成长的新兴产业。我们确信，智能楼宇将成为建筑业发展的主流。

（4）智能楼宇的功能朝着多元化方向发展。由于用户对智能楼宇功能要求有很大差异，智能楼宇的设计也要分门别类，有针对性地设计出符合用户使用功能要求的智能楼宇。

目前，在国际上，智能楼宇已从单一地建造发展到成群的规划和建造。智能楼宇已经向"智能建筑群"和"智能城市"发展，日本建设省提出了以智能楼宇为核心，建设所谓"智能城市"的设想，并且已在大阪兴建了"大阪商业公园"（Osaka Business Park），显露出这种新动向。如韩国的"智能半岛"计划，新加坡的"智能花园"计划，日本的"海上智能城"和美国的"月球智能城市"计划等，都显现出智能楼宇未来的建设趋势。

智能楼宇也不仅限于智能办公大楼，且已正在向公寓、医院、学校、体育场馆等建筑领域扩展，特别是住宅扩展而出现智能住宅的前景，将使智能楼宇未来有更广阔的发展天地。

楼宇智能化技术是随着智能楼宇的发展而进步的，一方面，它对智能化技术提出了更多更高的要求，如现有的"3A"的重点发展方向可归纳为：

（1）BAS：智能物业管理系统，事故监测控制系统，开放协议/面向对象技术，性能测量及查对控制系统，大范围的报警/监视系统，面貌识别系统。

（2）OAS：办公公文结构，基于网络的办公系统，智能化专家系统，自然语言理解，多媒体数据库技术。

（3）CAS：高带宽网络系统，语音识别与语音合成，智能通信服务，无线和私人通信系统。

另一方面，它也需要智能化技术的全面支持。可以预料，随着智能楼宇的发展，除了对"3A"有进一步要求外，对效率、舒适、便捷等方面要求将更高，将有更多学科的高新技术应用到智能楼宇中。智能楼宇将不断地利用成熟的新技术，实现人、自然、环境的和谐统一。

 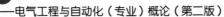

### 思 考 题

11.1  建筑电气和智能楼宇包含哪些内容？有哪些特点？

11.2  智能楼宇有哪些基本功能？

11.3  简述楼宇自动化系统的主要内容。

11.4  简述办公自动化系统的基本组成。

# 参 考 文 献

[1] 刘志运. 大学学习理论与方法. 武汉：武汉大学出版社，1995.

[2] 万百五. 自动化概论. 武汉：武汉理工大学出版社，2005.

[3] 朱高峰，沈士团. 21世纪的工程教育. 北京：高等教育出版社，2001.

[4] 沈颂华. 浅析社会对工程技术专业人才需求的多样化与高等学校工科专业人才培养目标的定位.
电气电子教学学报，2004，26（2）：1-4.

[5] 刘涤尘. 电气工程与自动化导论（讲义）. 武汉大学，2003.

[6] 王兆安. 面向新世纪，深入搞好电气工程与自动化专业的教学改革. 第四届全国高校电气信息类
专业面向21世纪教学改革研讨会论文集. 西安交通大学，2000.

[7] ［美］卡约里. 物理学史. 戴念祖，译. 桂林：广西师范大学出版社，2002.

[8] 刘兵，杨舰，戴吾三. 科学技术史二十一讲. 北京：清华大学出版社，2006.

[9] 江晓原. 科学史十五讲. 北京：北京大学出版社，2006.

[10] 青峰. 简明物理学史. 南京：南京大学出版社，2007.

[11] 清华大学自然辩证法教研组. 科学技术史讲义. 北京：清华大学出版社，1982.

[12] 曹顺仙. 世界文明史. 北京：北京航空航天大学出版社，2006.

[13] 宗占国. 现代科学技术导论. 北京：高等教育出版社，2004.

[14] 马廷钧. 现代物理技术及其应用. 北京：国防工业出版社，2002.

[15] 李裕能，夏长征. 电路. 武汉：武汉大学出版社，2004.

[16] 夏承铨. 电路分析. 武汉：武汉理工大学出版社，2006.

[17] 唐海. 建筑电气设计与施工. 北京：建筑工业出版社，2000.

[18] 李莉，窦春菊，徐海东. 火力发电对环境的影响. 山东电力技术，2006，（3）：66-67.

[19] 钱海平. 火力发电技术的发展方向和设计优化. 浙江电力，2006，25（3）：23-26.

[20] 李书恒，郭伟，朱大奎. 潮汐发电技术的现状与前景. 海洋科学，2006，（12）：84-88.

[21] 戎晓洪. 潮汐能发电的前景. 中国能源，2002，（5）：40-41.

[22] 邹树梁. 世界核电发展的历史、现状与新趋势. 南华大学学报：社会科学版，2005，6（6）：
38-42.

[23] 王长贵，崔容强，周篁. 新能源发电技术. 北京：中国电力出版社，2003.

[24] 文国志. 能源分类. 时事报告：大学生版，2003，（7）：76-77.

[25] 胡成春. 让世界更洁净——新能源. 北京：中国电力出版社，2003.

[26] 杨义波. 热力发电厂. 北京：中国电力出版社，2006.

[27] 陈虹. 电气学科导论. 北京：机械工业出版社，2006.

[28] 舒印彪. 落实科学发展观加快建设特高压电网. 第一届特高压输变电基础理论与关键技术研讨会
特邀报告，武汉大学，2007，3.

[29] 陈维贤. 内过电压基础. 北京：电力工业出版社，1981.

[30] 梁曦东，陈昌渔，等. 高电压工程. 北京：清华大学出版社，2003.

[31] 刘继. 电气装置的过电压防护. 北京：水利电力出版社，1986.

[32] 吴维韩，张芳榴. 电力系统过电压数值计算. 北京：科学出版社，1988.

[33] 徐喜佑，张嘉祥，等. 实用高电压技术问答. 北京：水利电力出版社，1991.

［34］解广润. 电力系统过电压. 北京：水利电力出版社，1985.

［35］张纬钹，何金良，高玉明. 过电压防护及绝缘配合. 北京：清华大学出版社，2002.

［36］吴薛红，濮天伟，廖得利. 防雷与接地技术. 北京：化学工业出版社，2008.

［37］川濑太郎. 接地技术与接地系统. 冯允平，译. 北京：科学出版社，2001.

［38］吴广宁. 高电压技术. 北京：机械工业出版社，2007.

［39］张仁豫，陈昌渔，王昌长. 高电压试验技术. 2 版. 北京：清华大学出版社，2003.

［40］范瑜. 电气工程概论. 北京：高等教育出版社，2006.

［41］陈虹. 电气学科导论. 北京：机械工业出版社，2006.

［42］浣喜明，姚为正. 电力电子技术. 2 版. 北京：高等教育出版社，2004.

［43］贾正春，马志源. 电力电子学. 北京：中国电力出版社，2001.

［44］堀孝正. 电力电子学. 李世兴，程君实，译. 北京：科学出版社，2001.

［45］金海明，郑安平，等. 电力电子技术. 北京：北京邮电大学出版社，2005.

［46］何耀三，唐卓尧，林景栋. 电气传动的微机控制. 重庆：重庆大学出版社，1999.

［47］储钟圻. 现代通信新技术. 2 版. 北京：机械工业出版社，2004.

［48］曹宁，胡弘莽. 电网通信技术. 北京：中国水利水电出版社，2003.

［49］殷小贡，刘涤尘. 电力系统通信工程. 武汉：武汉大学出版社，2000.

［50］罗伟其，刘永清. IP 电话的原理、技术、发展. 计算机工程与应用，2000，36（2）.

［51］王洁新，吉万山. 蜂窝移动电话的过去、现在和未来. 移动通信，1998，（6）.

［52］唐建群. 刘启华. 电磁学与电信技术发展简述. 南京工业大学学报（社会科学版），2004，3（2）：73-78.

［53］信息产业部电信研究院通信信息研究所行业发展研究部. 信息通信技术：推动可持续发展、建设信息社会. 世界电信，2004，（5）.

［54］WillianStallings. 数据通信和计算机网络. 杜锡吾，译. 北京：北京航空学院出版社，2000.

［55］纪越峰. SDH 技术. 北京：北京邮电大学出版社，1998.

［56］王令朝. 造福人类社会的现代通信技术. 现代通信，2001，（9）：3-4.

［57］阜厚杰. 现代通信技术的发展趋势. 中国工程科学，2000，2（8）：31-34.

［58］苟永明. 现代通信技术的发展与展望. 微波与卫星通信. 1998，（2）：53-56.

［59］冯锡钰. 现代通信技术. 北京：机械工业出版社，1999.

［60］（日）正田英介. 通信技术. 吉永淳，徐固鼎，薛培鼎，译. 北京：科学出版社，2001.

［61］［美］AnnabelZ. Dodd. 电信技术入门. 2 版. 马震晗、刘永健，译. 北京：机械工业出版社，2001.

［62］王兴亮，达新宇，林家薇，等. 数字通信原理与技术. 西安：西安电子科技大学出版社，2000.

［63］赵梓森. 光纤通信的发展历程以及未来应用. 人民邮电报，2006-12-8.

［64］李莉敏. 掌舵"十一五"——国家电网公司"十一五"信息发展规划展现. 电力信息化，2006，4（5）.

［65］汤效军. 电力线载波通信技术的发展及特点. 电力系统通信，2003，24（1）.

［66］王红军，陆飞飞，朱斌. 徐州电力通信网实时监控系统的建设. 电力系统通信，2003，（12）.

［67］罗道斌，丁昱. 湖南电力通信网的监控与无人值守站的管理. 湖南电力，1997，17（6）.

［68］鲁庭瑞，丁正阳. 江苏电力宽带信息网的建设及应用. 电力系统通信，2003，24（1）.

［69］中国大百科全书总编委员会自动控制与系统工程编辑委员会. 中国大百科全书——自动控制与系统工程卷. 北京：中国大百科全书出版社，1985.

［70］蒋新松. 机器人与工业自动化. 石家庄：河北教育出版社，2003.

[71] 万百五. 自动化（专业）概论. 武汉：武汉理工大学出版社，2003.

[72] 项国波. 自动化时代. 武汉：武汉理工大学出版社，2004.

[73] 林青，孙学琛，胡海棠. 人类手、脚、脑的延伸. 北京：科技出版社，1998.

[74] 吴仲阳. 自动控制原理. 北京：高等教育出版社，2004.

[75] 施颂椒，陈学中，杜秀华. 现代控制理论基础. 北京：高等教育出版社，2005.

[76] 王万良. 人工智能及其应用. 北京：高等教育出版社，2005.

[77] 张化光. 智能控制基础理论及应用. 北京：机械工业出版社，2005.

[78] 中国科学技术协会. 航空科学技术学科发展报告. 北京：中国科学技术出版社，2007.

[79] 邵裕森. 过程控制系统及仪表. 北京：机械工业出版社，2005.

[80] 王细洋. 航空概论. 北京：航空工业出版社，2004.

[81] 教育部高等学校自动化专业教学指导分委员会. 高等学校本科自动化指导性专业规范（试行）. 北京：高等教育出版社，2007.

[82] 张振昭. 楼宇自动化技术. 北京：机械工业出版社，2001.

[83] 徐超汉. 智能大厦楼宇自动化系统设计方法. 北京：科学技术文献出版社，1998.

[84] 李宏毅. 建筑电气设计及应用. 北京：科学出版社，2001.

[85] 沈瑞珠. 楼宇智能化技术. 北京：中国建筑工业出版社，2004.

[86] 陈虹. 楼宇自动化技术与应用. 北京：机械工业出版社，2003.

[87] 马小军. 建筑电气控制技术. 北京：机械工业出版社，2003.

[88] 秦兆海，周鑫华. 智能楼宇安全防范系统，北京：清华大学出版社，2005.

[89] 刘国林. 建筑物自动化系统. 北京：机械工业出版社，2002.

[90] 胡道元. 智能建筑计算机网络工程. 北京：清华大学出版社，2002.

[91] 罗国杰. 智能建筑系统工程. 北京：机械工业出版社，2002.

[92] 王战果. 智能建筑办公自动化. 北京：中国电力出版社，2005.

[93] 电力工业发展规划问题. 国家电力信息网（www.sp.com.cn）

[94] 工业电器网（www.dian168.com）

[95] 中国电力体制改革. 中国竞争法网（www.CompetitionLaw.cn）

[96] http：//www.tepco.co.jp/en/index-e.html Tokyo Electric Power（TEPCO）案例（5.3.2）

[97] http：//www.fingrid.fi/portal/in_english/Fingrid 案例（5.3.1）

[98] http：//liuzhiqi1.spaces.live.com/电力张望

[99] http：//it.sohu.com/20041031/n222770395.shtml（微波通信4.2）

[100] http：//www.zte.com.cn/赞比亚光纤网络架设

[101] http：//www.autoage.net/autoage/Article.asp？id＝754 中国电力通信网发展综述

[102] http：//xibei.ccw.com.cn/apply/200304/0407_13.asp 陕西电力信息化现状与发展

[103] http：//www.jxganyuan.com/news/newsdetail.asp？NewsId＝9406 "十一五" 345 亿巨资投入陕西电网

[104] www.sdepri.com/data/qikan/20051018163026.doc 湖北电力通信发展

[105] 电力科普：中国核电论坛（www.china.muclcan.com）

[106] 百度百科：电力系统（www.baidu.com）

[107] http：//baike.baidu.com/view/7011.htm 蓝牙技术